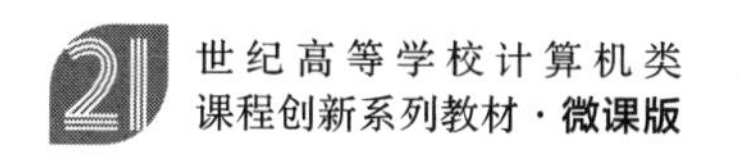

Python语言程序设计

微课视频版

刘 洋　王永全　曹永胜 / 主编

清华大学出版社
北京

内容简介

随着科学技术的快速发展，信息技术在社会各个领域进行不断深入运用和融合。“新工科”教改的一波浪潮之后，“新文科”教改也接踵而至。高校专业建设面临着新的时代使命和挑战，需培养出符合未来社会与经济发展需求的新型人才。

本书通过大量实例，深入浅出地介绍了 Python 的基础语法，让读者在解决实际问题的过程中，掌握 Python 语言程序设计的基础和应用。通过案例引导读者学习，弱化语法规则，突出领域应用，强调数据分析，让非计算机专业的学生也能通过数据分析实践感受人工智能的魅力。

全书共 12 章，主要内容有计算机科学基础，Python 入门，编程基础，语句和控制结构，字符串、列表和元组，函数，字典和集合，文件及文件管理，模块和面向对象，数据分析基础，数据可视化基础和其他常用库介绍等。全书提供了大量应用实例，每章后均有练习题。

本书可作为高等院校各专业，特别是非计算机专业通识教育中计算机程序设计相关课程的教材，也可供各领域 Python 自学者参考和使用。

图书在版编目(CIP)数据

Python 语言程序设计：微课视频版/刘洋，王永全，曹永胜主编. —北京：清华大学出版社，2023.6
21 世纪高等学校计算机类课程创新系列教材：微课版
ISBN 978-7-302-62410-3

Ⅰ. ①P… Ⅱ. ①刘… ②王… ③曹… Ⅲ. ①软件工具－程序设计－高等学校－教材
Ⅳ. ①TP311.561

中国国家版本馆 CIP 数据核字(2023)第 019301 号

责任编辑：黄 芝 张爱华
封面设计：刘 键
责任校对：郝美丽
责任印制：杨 艳

出版发行：清华大学出版社
网 址：http://www.tup.com.cn，http://www.wqbook.com
地 址：北京清华大学学研大厦 A 座 **邮 编**：100084
社 总 机：010-83470000 **邮 购**：010-62786544
投稿与读者服务：010-62776969，c-service@tup.tsinghua.edu.cn
质量反馈：010-62772015，zhiliang@tup.tsinghua.edu.cn
课件下载：http://www.tup.com.cn，010-83470236
印 装 者：三河市龙大印装有限公司
经 销：全国新华书店
开 本：185mm×260mm **印 张**：14.75 **字 数**：362 千字
版 次：2023 年 7 月第 1 版 **印 次**：2023 年 7 月第1 次印刷
印 数：1～1500
定 价：49.80 元

产品编号：097033-01

前言

随着科学技术的不断进步、信息技术在社会各领域的广泛运用和融合以及世界各国“大数据”“云计算”“人工智能”等战略规划目标的实施,人类社会已经逐渐进入“智慧时代”。当前,创新已成为经济社会发展的主要驱动力,知识创新则是国家竞争力的核心要素。这些都离不开复合、创新型卓越人才的培养。随着人工智能、大数据等技术的快速发展和不断深入应用以及未来人类社会的快速变化,教育的目标应侧重学生优秀的自学能力、快速的适应能力以及数据素养的培养,造就基础扎实、知识面宽、能力强、素质高、富有创新精神的复合型人才。

Python 自 1989 年被开发以来,热度不断攀升,被誉为“人工智能的必经之路”。Python 语言具有简洁明了、易于上手等特点,而且 Python 具有强大的社区和生态环境,具有丰富的第三方库,开发者不需要手动从底层开始一行一行地编写代码,而可以直接通过调用封装好的函数,实现“积木式”编程,因此非常适合非计算机专业和零编程基础的学生学习。

在此背景下,本书从计算机的概念出发,深入讲解“计算”的含义,提出以解决实际计算问题为目标并在实践过程中学习的 Python 程序设计教学思想,帮助学生在学习 Python 的程序编写方法基础上,使用 Python 利用计算机进行“计算”,包括数值的计算、图形的计算、语言的计算以及人工智能应用等。

本书共 12 章,主要内容有计算机科学基础,Python 入门,编程基础,语句和控制结构,字符串、列表和元组,函数,字典和集合,文件及文件管理,模块和面向对象,数据分析基础,数据可视化基础和其他常用库介绍等。

本书内容全面系统、构思新颖,在实际编程案例完成中,引导学生学习程序设计,具有趣味性、前沿性和实践性等。本书可作为高等院校各专业,特别是非计算机专业通识教育中计算机程序设计相关课程的教材,也可供各领域 Python 自学者参考和使用。

本书第 1 章由王永全编写,第 2 章和第 3 章、第 5～10 章由刘洋编写,第 4 章由张权编写,第 11 章和第 12 章由曹永胜编写。全书由刘洋、王永全和曹永胜担任主编,完成全书的修改及统稿。

本书在编写过程中得到华东政法大学刑事法学院的大力支持,受到上海市教委重点课程建设项目资助,以及华东政法大学刑事法学院计算机科学与技术专业史少卓同学的帮助,在此表示衷心的感谢!同时,本书的编写还参考引用了相关学者的资料或研究成果,在此一并表示衷心的感谢!

由于编者水平有限,书中不当之处在所难免,欢迎广大同行和读者批评指正。

编　者

2023 年 2 月

目　录

计算机科学基础

本章重点内容： 计算机的基本概念、计算机的功能、计算的概念、在计算机中信息的表示方法以及算法和程序的概念。

本章学习要求： 通过本章的学习，深入理解计算机的概念、作用以及计算机中信息的处理，理解什么是算法、什么是程序。

1.1 什么是计算机

恩格斯说过，社会上一旦有对某种技术的需求，则这种需求对技术进步的推动力要超过10所大学。计算机(computer)就是在这种情况下发明的。第二次世界大战中，美国军方出于战争的需要，在设计炮弹的过程中要计算导弹的弹道轨迹，而这种计算量的规模通常很大，人工手动计算费时费力且容易出错，这往往导致开发周期延长，因此对可以帮助计算的某种机器的强烈需求就产生了。由此可见，人们最初设计计算机的目的就是要用它来完成大规模的计算(compute)，所以“计算机”这一命名非常形象。现在大多数人在使用计算机时，仅仅将计算机作为一个“狭隘”的工具：打游戏、看电影、发邮件和写文档等，虽然在这个过程中也有“计算”，但计算机的本质和强大功能并没有被发挥出来。随着“大数据时代”以及“人工智能时代”的到来，人们对处理大量数据和进行快速的计算有了新的要求，各行各业都是如此，只要有数据，就有计算。如何利用计算机帮助人们计算？答案是编写程序。编写程序的Python无疑是最好的选择，尤其是针对非计算机专业人士，特别是没有编程基础的人来说。Python以其众多的第三方库、简约优美的语法以及繁荣的生态环境，成为智能数据处理的第一选择(后续会详细介绍)。既然计算机的本质是计算，那么它最强大的功能也是计算。那么什么是“计算”？

1.1.1 计算的概念

计算就其本质而言太复杂。但从一般情况看，计算应是依据一定的法则对有关符号串的变换过程。狭义来说，计算可以是针对数学的，按照数学的法则，对数值进行转换的过程。人类最早的有记载的数学计算应该是结绳计算。围棋的术语中也有“计算”：在对局的具体接触战中，计算即棋手所做出的演算(有时也指棋手的演算能力)，经计算，落子往往具有周密思虑的特点，与一瞬间做出判断的着手(感觉)通常不同，计算越深远越精确，棋手的棋力也越强，比如著名的AlphaGo。从广义方面讲，计算的概念就大得多，甚至人类大脑的思考与逻辑推理也可以称为计算。计算的本质应是获得信息、处理信息的一种过程,是人类分析问题所采用的方法。计算是动态的,而信息的获得是计算的静态延伸。当今世界,每个学科的研究都涉及大量的计算。

在计算机领域中,计算是计算机对数据进行操作(或处理)的过程。人类最初研发计算机的目的是用于数学计算,而随着计算机计算能力的不断提高,可处理的数据对象包含的范围也逐渐宽泛起来,如图像识别、语音识别以及自然语言处理等热门领域。虽然从表面上看,计算机可以处理图像、声音以及语言,但究其本质,还是将这些形式的信息载体转换为某种数字载体,从而让计算机实现"计算"的。

美国总统信息技术咨询委员会(PITAC)2005年6月给美国总统提交的报告《计算科学:确保美国竞争力》(*Computational Science: Ensuring America's Competitiveness*)中明确指出计算本身也是一门学科,同时在报告中指出了计算科学的重要性,以及对其他学科的发展的促进作用。美国著名计算机杂志 *Communications of The ACM* 前主编 Peter Denning 教授,2003年11月在 *Communications of The ACM* 上发表了《伟大的计算原理》(*Great Principles of Computing*),文中指出,许多非计算机专业的学生从来都没有体验过计算的愉悦——计算原理的相互影响以及问题有效解决的思维方式。

1.1.2 计算的发展

按照计算方式的不同,计算的发展可分为三个阶段,如表1-1所示。

表1-1 计算的发展

时间段	阶段	特点
1990—1940年	打卡阶段(the tabulating era)	机械式
1950年至现在	编程阶段(the programming era)	自主输入
2011年至将来	认知计算阶段(the cognitive era)	自动思考

注:计算方式的发展是随着计算机技术的变化而来的,具体阶段的时间段没有精确到某一年,而且有的阶段是相互重叠的。

随着人工智能技术的不断发展,人们已经或者正在进入"认知计算"阶段。认知计算代表一种全新的计算模式,它包含信息分析、自然语言处理和机器学习领域的大量技术创新,能够助力决策者从大量非结构化数据中揭示隐含的规律。认知系统能够以对人类而言更加自然的方式与人类交互;认知系统专门获取海量的不同类型的数据,根据信息进行推论;认知系统从自身与数据以及与人们的交互中学习。

人类的认知、理解与学习都涉及广义的"计算",广义的计算区别于狭义的数学中的数字计算。从认知的生物学角度出发,人们能够学到知识,基本都是从接收原始信号出发,最初在底层做抽象,通过层层神经网络,逐渐向高层抽象迭代和信息传输,在不断的迭代中抽象出更高层的模式。人类很早就开始利用工具来帮助计算,如古代的结绳计数、算盘,后来的机械式计算器,以及近现代的电子计算机。这些技术的发展,都是人们在尝试探索和研究辅助的工具来帮助计算。计算的发展一直伴随着人类科技的进步,从最初的完全依靠硬件实现计算(机械),到现在的软件(编程)与硬件结合的方式,尤其是随着人工智能技术的出现及发展,人们希望可以开发出"可以像人脑一样思考与学习"的"计算机器",于是出现了认知计算，能够让机器自动学习。以深度学习为代表的人工智能算法技术，目前在视觉和语音领域都取得了颠覆性的效果，相关技术已经成功应用到社会的很多方面，也许在不久的未来，人类终将找到如何处理"抽象概念"这个亘古难题的方法，实现类脑的自动认知计算。

1.1.3　计算的分类

从计算使用的对象和计算服务的对象角度，计算可以分为多种类别。

1. DNA计算

DNA计算是利用DNA双螺旋结构和碱基互补配对的规律进行信息编码，将要运算的对象映射成DNA分子链，通过生物酶的作用，生成各种数据池，再按照一定的规则将原始问题的数据运算高度并行地映射成DNA分子链的可控的生化反应过程。最后，利用分子生物技术（如聚合链反应（PCR）、超声波降解、亲和层析、克隆、诱变、分子纯化、电泳、磁珠分离等），检测所需要的运算结果。计算机中用0和1两种状态进行编码，而DNA中，单链的DNA可以视为由符号A、C、G、T构成，有四种情况可以用来编码信息，特定的酶可充当"软件"来完成所需的各种信息处理工作。目前，DNA计算的研究还仅限于纸面，其中很多设想和方案都是理想化的，并没有条件付诸实践，如何实现DNA计算并制造DNA计算机，还存在许多技术障碍。对于DNA计算构造的现实性及计算潜力、DNA计算中错误的减少、有效的通用算法以及人机交互等问题都需要进行进一步的研究。相比现代计算机的运算靠电路完成，DNA计算借助酶的催化作用，靠反应完成，这种新型的计算思路对当代计算产生了补充作用。

2. 量子计算

量子计算是一种依照量子力学理论进行的新型计算。量子计算的基础和原理以及重要量子算法为在计算速度上超越图灵机模型提供了可能。传统计算机在存储时，一位只有两种变化——0和1，相当于平面上的两个维度，而量子的重叠与牵连使得一个量子位可以在多维空间存储大于两种的变化，同一位上可记录得到更多数据，从而获得更强的计算能力。

3. 社会计算

目前对社会计算还没有一个明确和公认的定义。笼统地说，社会计算是一门现代计算技术与社会科学之间的交叉学科。国内有学者将其定义为面向社会活动、社会过程、社会结构、社会组织和社会功能的计算理论和方法。社会计算的内涵包括两个层面：一是社会的计算化；二是计算的社会化。社会的计算化是指通过人们在互联网上留下的海量而且相互关联的数据足迹，对人们的社会活动进行追踪、检索、汇编、计量和运算。计算的社会化则是指互联网创造了一种环境、一个平台，使人们能够广泛地参与计算过程，从而在数据的挖掘、分析和应用等方面获得更高的效率。

4. 计算法律学

计算法律学也被称为法律计算学，是法律的一个分支。像计算机科学的其他分科一样，计算法律学关注定量模拟和法律文本分析技术，例如，使用计算法律学可以对法律问题进行计算和建模。很多使用了计算法律学的技术都源于自然语言处理和大数据分析领域。1958年，在英国国家物理试验室召开的"思维过程机器化"会议上，法国科学家吕西安·梅尔提交了一篇论文，提出了使用计算解决法律的问题的益处，论文还提到使用像人工智能杰出人物明斯基提出的一种研究方法。吕西安·梅尔认为法律可由两个不同的部门来组成：一是

“文件或信息机器”；二是“咨询机器”。前者可以为法律研究者提供相关的案例和法学研究方法，后者可以回答人们提出的任何法律问题，可以替代很多律师回答一些简单的并且有确切答案的问题。我国的计算法律学起步较晚，2016年年初互联网法治专家、中国版权协会副理事长石小白先生在广州发表《商业变革与技术大爆炸时代的创新之路》的主题演讲，首次在公开场合对计算法律学下定义：广义上，计算法律学是指通过计算机技术实现法律逻辑；狭义上或者更加严格的定义，计算法律学是指通过区块链、大数据、人工智能等技术在数字社区实现法律逻辑并可以针对案例进行智能分析和判断。目前计算法律学仍处于发展阶段，但无疑计算法律学对于构建互联网法治的基础、法学研究及智慧社会都是至关重要的。

1.1.4 现代电子计算机

世界上第一台计算机诞生于1946年2月，到目前为止经历了70多年的发展，从总体上，计算机可分为模拟计算机和数字计算机，现代人们使用的是后者，它能够处理数字、文字、图像、声音和视频等信息，所以今天的计算机已经不再是计算的工具，而是一种信息处理机。当然，信息的处理也可以视为广义上的计算。现代计算机的主要特征来源于通用图灵机，主要构成来源于冯·诺依曼理论，包含五大部分：存储器、控制器、运算器、输入设备和输出设备。现代计算机由逻辑电路组成，最基本的逻辑电路为门电路，它通常只有两个状态：开和关。更多的门电路组合称为组合门电路，用于执行复杂的运算，包括逻辑运算和二进制运算。

1.2 数据表示

1.2.1 二进制数据

如前文所述，计算机最基本的组成单元是门电路，它只有两种状态，刚好可以用1和0表示，且二进制只有两个数码，刚好与逻辑代数中的“真”和“假”对应，二进制易于同其他进制相转换而且抗干扰能力强，所以计算机中普遍采用二进制。这一选择一方面由计算机的组成特点决定，另一方面由二进制计算的特点决定。

现在我们经常提到的数字化，是指将任何连续变化的输入如图画的线条或声音信号转换为一串分离的单元，在计算机中用0和1表示和处理，将模拟量转换为二进制的数字量之后，可以用计算机进行处理。由于数字化处理会造成图像质量、声音质量的损失，换句话说，经过模拟→数字→模拟的处理，多少会使图像质量、声音质量有所降低。严格地说，从数字信号恢复到模拟信号，将其与原来的模拟信号相比，不可避免地会受到“信息损失”。随着计算机处理能力的不断增强，这种“损失”会变得越来越小。

1.2.2 计算机中的数据

在计算机中，数据是指所有能输入计算机并被计算机程序处理的符号的介质的总称，是用于输入电子计算机进行处理，具有一定意义的数字、字母、符号和模拟量等的通称。数据(data)是事实或观察的结果，是对客观事物的逻辑归纳，是用于表示客观事物的未经加工的原始素材。

数据是信息的表现形式和载体，可以是符号、文字、数字、语音、图像、视频等。数据和信息是不可分离的，数据是信息的表达，信息是数据的内涵。数据本身没有意义，数据只有对实体行为产生影响时才成为信息。数据可以是连续的值，如声音、图像，称为模拟数据；也可以是离散的，如符号、文字等，称为数字数据。

现实世界中的信息要想能够被计算机处理，都需要转换为计算机能够处理的类型，有一个量化到数字化的过程。

1.3　算法

1.3.1　什么是算法

让计算机学会"自动计算"以及机器智能的一切基础皆依赖算法。算法(algorithm)是指解决一个问题的准确而完整的过程。算法代表着用系统的方法描述解决问题的策略和过程。也就是说，对一定规范的输入，在有限时间内，通过算法的处理可以获得所要求的输出。一些经典的算法包括排序算法、查找算法等。算法是程序设计的基础。

每一个经典算法的出现，背后总是一段曲折的过程，在需要寻找对一个算法的解释时，多数人直接就看到关于算法逻辑的描述，却看不到整个算法的诞生过程背后的思想。建议在学习之余应该寻找算法的原始出处，寻根究底，多做功课，要知其所以然。只有理解算法的诞生过程，才可以站在一个更高的高度去审视计算过程，才可以举一反三，灵活运用。

1.3.2　排序算法

Python 有自己的列表排序方法，就是 sorted()函数和 sort()函数，二者的区别是：sorted()函数返回一个有序的序列副本，它是一个内建函数，可以对所有的可迭代的对象进行排序操作；sort()函数直接在当前列表进行排序，不创建副本，故 sort()函数返回值为 None。一般来说，返回 None 表示是在原对象上进行操作的，而返回排序的结果则表示创建了一个副本(函数的具体使用详见第 6 章)。代码和结果如下：

```
>>> List1 = []
>>> List1 = [55, 91, 63, 71, 72, 7, 74, 16, 4, 31, 100, 51, 94, 35, 49, 46, 43, 59, 18, 17]
>>> print (sorted(List1))
[4, 7, 16, 17, 18, 31, 35, 43, 46, 49, 51, 55, 59, 63, 71, 72, 74, 91, 94, 100]
>>> List1
[55, 91, 63, 71, 72, 7, 74, 16, 4, 31, 100, 51, 94, 35, 49, 46, 43, 59, 18, 17]
>>> print (List1.sort())
None
>>> List1
[4, 7, 16, 17, 18, 31, 35, 43, 46, 49, 51, 55, 59, 63, 71, 72, 74, 91, 94, 100]
```

下面用 Python 实现一个冒泡排序。冒泡排序的基本思想是从第一个元素开始，每每相邻的两个元素进行比较，若前者比后者大则交换位置。最后两个相邻元素比较完成后，最大的元素形成，然后再次从头开始进行比较。若元素个数为 $n+1$ 个，则总共需要进行 n 轮比较就可完成排序(n 轮比较后，n 个最大的元素已经形成，最后一个元素当然是最小的，就不用再比了)。每轮比较中,都找出一个最大的元素,下一轮比较时就少比较一次,第一轮需要比较 n 次,第二轮需要比较 $n-1$ 次,以此类推,第 n 轮(最后一轮)只需要比较 1 次就可以。具体代码如下:

```
import random
unsortedList = []
#generate an unsorted list
def generateUnsortedList(num):
    for i in range(0,num):
        unsortedList.append(random.randint(0,100))
    print (unsortedList)

#冒泡排序
def bubbleSort(unsortedList):
    list_length = len(unsortedList)
    for i in range(0,list_length - 1):
        for j in range(0,list_length - i - 1):          #比较次数
            if unsortedList[j]> unsortedList[j + 1]: #当次参与比较的个数
                unsortedList[j],unsortedList[j + 1] = unsortedList[j + 1],unsortedList[j]
    return unsortedList

generateUnsortedList(20)
print (bubbleSort(unsortedList))
```

上述代码利用 random 库随机生成包含 20 个整数的列表,并对这个列表进行排序。这段代码的作用和 Python 自带的 sorted()函数的作用是一样的。在 Python 中还有很多其他类似的函数可以方便地直接拿来使用,凸显了 Python 语言的简洁和容易上手的特点。

对于经典的排序算法,还有很多种,如选择排序、插入排序、归并排序、快速排序等,本书限于篇幅不再赘述。

1.4 程序

1.4.1 什么是程序

程序是计算机可执行的指令集合,可以通过程序"教"计算机如何处理信息。程序的本质是逻辑演绎的形式化表达,记载的是人类对这个世界的数字化理解。如果说算法代表了对问题求解的过程,程序则是用特定语言实现的、机器可执行的算法描述。且算法是一个有穷序列指令,描述语言随意,是解决问题的理论基础。它需要满足以下性质:由外部提供的量作为算法的输入;算法计算完毕会得到至少一个量作为输出;算法的指令过程是明确的、无歧义的,计算机可以准确执行;算法的执行时间和指令执行次数是有限的。针对最后一条性质,程序可以不满足,如操作系统,就是一个在无限循环中执行的程序。

1.4.2 程序设计的方法

常用的程序设计方法有两种:结构化程序设计和面向对象程序设计。

1. 结构化程序设计

结构化程序设计由 E. W. Dijikstra 在 1965 年提出，是以模块化设计为中心，将待开发的软件系统划分为若干相互独立的模块，从而使得完成每一个模块的工作变得单纯而明确，为设计一些较大的软件打下了良好的基础。结构化程序设计的基本要点包括：

(1) 采用自顶向下、逐步求精的程序设计方法。在需求分析、概要设计中，都采用了结构化的方法。

(2) 使用三种基本控制结构构造。任何程序都可以由顺序、选择、循环三种基本控制结构构造。

- 用顺序方式对过程分解，确定各部分的执行顺序。
- 用选择方式对过程分解，确定某个部分的执行条件。
- 用循环方式对过程分解，确定某个部分进行重复的开始和结束的条件。

结构化程序设计的特点是程序中的任意基本结构都具有唯一入口和唯一出口，并且程序不会出现死循环。在程序的静态形式与动态执行流程之间具有良好的对应关系。其优点是整体思路清楚，目标明确；设计工作中阶段性非常强，有利于系统开发的总体管理和控制；在系统分析时可以诊断出原系统中存在的问题和结构上的缺陷。其缺点是用户要求难以在系统分析阶段准确定义，致使系统在交付使用时产生许多问题；用系统开发每个阶段的成果来进行控制，不能适应事物变化的要求；系统开发周期长。

2. 面向对象程序设计

面向对象程序设计设计方法产生于 1967 年，挪威计算中心的 Kisten Nygaard 和 Ole Johan Dahl 开发了 Simula 67 语言，它被认为是第一个面向对象语言。汇编语言出现后，程序员可以更方便地编写程序；当 FORTRAN、C 等高级语言出现之后，程序员们可以更好地应对程序日益增加的复杂性。但是，如果软件系统达到一定规模，局势仍将变得不可控制。作为一种降低复杂性的工具，面向对象语言产生了，面向对象程序设计也随之产生。如 Smalltalk、Java，这些语言本身往往吸取了其他语言的精华，另外一些则是对现有的语言进行改造、增加面向对象的特征演化而来的。如由 Pascal 发展而来的 Object Pascal，由 C 发展而来的 Objective-C、C++，由 Ada 发展而来的 Ada 95 等，这些语言保留着对原有语言的兼容，并不是纯粹的面向对象语言。这种程序设计方法的优点是数据抽象的概念可以在保持外部接口不变的情况下改变内部实现，从而减少甚至避免对外界的干扰；通过继承大幅减少冗余的代码，并可以方便地扩展现有代码，提高编码效率，也减低了出错概率且降低软件维护的难度；结合面向对象分析、面向对象设计，允许将问题域中的对象直接映射到程序中，减少软件开发过程中中间环节的转换过程；通过对对象的辨别、划分可以将软件系统分割为若干相对独立的部分，在一定程度上更便于控制软件复杂度。

1.4.3 简单示例

一个简单的例子：输入三个变量，按由小到大顺序输出。要解决这个问题，可以分三步：输入数据、比较大小并调整位置、顺序输出。代码如下：

```
x = int(input('please input x:'))
y = int(input('please input y:'))
z = int(input('please input z:'))
```

```
if x > y :
    x, y = y, x
if x > z :
    x, z = z, x
if y > z :
    y, z = z, y
print(x,y,z)
```

前三行是第一步,输入数据;中间的 if 语句是程序的核心,比较并调整顺序;最后用 print 语句输出结果。

1.5 练习

1. 简述什么是程序,什么是算法,程序和算法之间的关系是什么。

2. 随着信息技术的快速发展,社会逐渐迈入智能时代,大数据分析建立在算法上,各种算法快速发展的同时也带来很多问题。查找资料,思考什么是大数据杀熟,什么是算法黑箱。

3. 目前算法治理的相关法律法规有哪些?理解其中的含义。

4. 尝试运行 1.4.3 节中的例子,查看运行结果,思考程序的运行过程。

Python入门

本章重点内容：了解 Python 语言的起源，掌握 Python 语言的编程特点，掌握 Python 的安装过程和编程环境，了解 Python 语言的应用领域。

本章学习要求：掌握 Python 编程环境的安装和配置，会用一种 Python 第三方编辑器。

2.1 Python 简介

2.1.1 Python 的起源

Python 的创始人是吉多·范·罗苏姆(Guido van Rossum)。1989 年的圣诞节期间，吉多·范·罗苏姆为了在家打发假期的时间，决心开发一个新的脚本解释程序，作为 ABC 语言的一种继承。之所以选择 Python 作为语言的名字，是因为他是 BBC 电视剧——蒙提·派森的飞行马戏团(Monty Python's Flying Circus)的爱好者。Python 是纯粹的自由软件，其源代码和解释器 CPython 遵循 GPL(GNU General Public License，GNU 通用许可证)协议。目前由 Python 软件基金会(PSF)负责其发展。

Python 是一种面向对象、解释型的计算机程序设计语言，它不仅包含了一组功能完整的标准库，还拥有丰富和强大的第三方扩展库，能够轻松完成很多常见的任务。它的语法非常简单，与其他大多数程序设计语言使用大括号不一样，它使用缩进来定义语句块。

Python 的设计哲学是“优雅”“明确”“简单”。Python 开发者的哲学是“用一种方法，最好是只有一种方法来做一件事”。在设计 Python 语言时，如果面临多种选择，Python 开发者一般会拒绝花哨的语法，而选择明确没有或者很少有歧义的语法。这些准则被称为“Python 格言”。常有这样的比喻：完成同一个任务，C 语言要写 1000 行代码，Java 只需要写 100 行，而 Python 可能只要 20 行。

由于 Python 语言的简洁，在国外，越来越多的大学选择用 Python 教授计算机程序设计课程。例如，卡内基-梅隆大学的编程基础、麻省理工学院的计算机科学及编程导论就使用 Python 语言讲授。同时，许多大公司、大型网站也使用 Python 进行开发，包括 Google、Yahoo、YouTube、Instagram、国内的豆瓣等，甚至美国航空航天局(National Aeronautics and Space Administration，NASA)都大量地使用 Python。众多开源的科学计算软件包也提供了 Python 的调用接口。Python 语言及其众多的扩展库所构成的开发环境十分适合工程技术、科研人员处理实验数据、制作图表，甚至开发科学计算应用程序。

Python 有时还被称为胶水语言(glue language)。因为它提供了丰富的、功能强大的、使用便捷的 API 和工具，以便程序员们能够在 Python 环境中轻松地调用如 C、C++ 以及

Java 等其他语言编写的扩充模块。例如,Google App Engine 使用 C++编写性能要求极高的部分,然后用 Python 调用相应的模块。除此之外,Python 程序也可以作为独立模块,被 Java、C# 等其他语言编写的程序集进行调用。

随着人工智能的第三次浪潮到来,无论我们愿意与否,人类社会都正在或者即将迈入智慧社会。目前,人工智能在图像识别、语音识别和机器翻译等领域都取得了令人瞩目的成就,并逐渐渗透到其他领域,因此越来越多的人加入人工智能的行列,而 Python 被称为通向人工智能之路,它具有丰富的数据处理库,如 Numpy 和 Pandas; 支持深度学习的成熟库 TensorFlow 和日渐赶超的 PyTorch 库; 面向机器学习的 Sklearn 库等。

Python 自出现以来,连续迭代了多个版本,其中 Python 2.0 于 2000 年 10 月 16 日发布,增加了实现完整的垃圾回收,并且支持 Unicode。Python 3.0 于 2008 年 12 月 3 日发布,3.0 以后版本不完全兼容之前的 Python 源代码。不过,很多新特性后来也被移植到 Python 2.6/2.7 版本。Python 3.7.1 于 2018 年 10 月 20 日发布[①]。2017 年 10 月,Numpy 团队的一份声明引发了数据科学社区的关注: 这一科学计算库即将放弃对于 Python 2.7 的支持,全面转向 Python 3。Numpy 并不是唯一宣称即将放弃对 Python 旧版本支持的工具,Pandas 与 Jupyter Notebook 等很多产品也在即将放弃支持的名单之中。Python 2.X 和 Python 3.X 在语法和使用上稍有不同。本书的代码均用 Python 3.X 版本编写。

Python 已经成为最受欢迎的程序设计语言之一。自从 2004 年以后,Python 的使用率呈线性增长。世界编程语言排行榜(TIOBE)是编程语言流行趋势的一个指标,每月更新,这份排行榜排名基于互联网有经验的程序员、课程和第三方厂商的数量。排名使用著名的搜索引擎(诸如 Google、MSN、Yahoo、Wikipedia、YouTube 以及 Baidu 等)进行计算。Python 自 20 世纪 90 年代初首次录入 TIOBE,经过近 20 年的沉淀和积累,于 2018 年 3 月首次进入前 3 名,并于 2022 年 1 月位于榜首,成为 TIOBE 指数第一的编程语言。随着它的不断应用与发展,尤其在网络安全与数据科学等领域大放异彩,近年来随着人工智能与深度学习技术的大热,Python 也得到了前所未有的关注,目前在全球范围内它已经是大学乃至高中和小学的首选编程语言,与此同时,Python 也征服了工业界。越来越多的人使用 Python,反映在 TIOBE 指数上就是它稳扎稳打地一步步向上升。

2.1.2 Python 语言的特点

Python 作为一门高级编程语言,虽然它的诞生有些偶然,但它得到大家的喜爱和广泛的认可却是必然,它具有诸多优点。

(1) 面向对象: Python 是完全面向对象的语言,是支持面向对象的风格和代码封装在对象的编程技术。面向对象程序设计降低了程序的复杂性,使得程序设计更贴近现实生活。Python 语言具有完全的面向对象特性,函数、模块、数字、字符串都是对象。并且完全支持继承、重载、派生、多重继承,有益于增强源代码的复用性。

(2) 易于学习: Python 有相对较少的关键字,有明确定义的语法,代码简洁,易于阅读; Python 还具有一系列的开源生态,其源代码和解释器都遵循 GPL 协议。

(3) 稳健性: Python 提供了强大的异常处理机制,能够捕获程序运行过程的异常情况。通过堆栈跟踪,能够指出程序出错的位置及其出错的原因。

---

① 参见 Python 官方网站 https://www.python.org/downloads/。

（4）交互模式：Python 拥有交互型解释器，可以从终端输入执行代码并获得结果，互动地测试和调试代码片段。

（5）跨平台性：使用 Python 语言编写的程序不需要进行额外的操作即可运行在 Windows、UNIX、macOS、Linux 等平台上。在程序每次运行前，Python 编译器会先将其源代码编译为字节码并交给 Python 虚拟机，虚拟机一条一条地执行字节码指令，从而完成程序的执行。

（6）可扩展性：在 Python 环境中可轻松地调用如 C、C++、Java 等其他语言编写的扩充模块。如果需要一段高性能的关键代码，或者想要实现一些不希望公开的算法，可以使用 C 或 C++语言完成那部分的编码，然后从 Python 程序中对其进行调用。

（7）丰富的库：Python 拥有一个强大的标准库和活跃的生态环境，提供了系统管理、网络通信、多线程、文本处理、数据库接口、GUI 编程、XML 处理等异常丰富的功能。

（8）GUI 编程：Python 提供了多个图形开发界面的库，包括 Tkinter、wxPython、Jython 等。使用 Python 的 GUI 包可用于开发跨平台的桌面软件，其运行速度快，与用户的桌面环境相契合。

2.1.3 Python 的应用

Python 是一个优秀的程序设计语言，它能够独当一面，作为独立程序的工具。同时，也可以充当“胶水”，作为一个独立模块，被其他语言调用。Python 的应用角色几乎是无限的，几乎可以在任何场景使用它，从系统运维、Web 程序、游戏开发到科学计算和仪器控制，Python 的身影无处不在。

由于篇幅限制，本书根据 Python 主要的应用领域，介绍其经常被使用的应用场景并做一定归纳。

1. Web 程序

Python 经常被用于 Web 开发。例如，通过 mod_python 模块，Apache 可以运行用 Python 编写的 Web 程序。使用 Python 语言编写的 Gunicorn 作为 Web 服务器，也能够运行 Python 语言编写的 Web 程序。一些 Web 框架，如 Django、Pyramid、TurboGears、Tornado、web2py、Zope、Flask 等，都可以用来轻松地开发和管理复杂的 Web 程序。Python 对于各种网络协议的支持很完善，因此经常被用于编写服务器软件、网络爬虫。第三方库 Twisted 支持异步在线编写程序和多数标准的网络协议（包含客户端和服务器）等，并且提供了多种工具，被广泛用于编写高性能的服务器软件。另外，使用 gevent 这个流行的第三方库，同样能够支持高性能、高并发的网络开发。

2. GUI 开发

Python 本身包含的 Tkinter 库能够支持 GUI 的开发，不需要做任何改动，就可以编写出强大的跨平台用户界面程序。越来越多的人使用 wxPython、Tkinter 或 PyQt 等 GUI 包来开发跨平台的桌面软件。通过 PyInstaller 还能将程序发布为独立的安装程序包。

3. 操作系统

在很多操作系统里，Python 是标准的系统组件。大多数 Linux 发行版和 macOS 都集成了 Python，无须额外安装，可以在 Terminal 终端下直接运行 Python。有一些 Linux 发行版的安装器使用 Python 语言编写，如 Ubuntu 的 Ubiquity 安装器、Red Hat Linux 和 Fedora 的 Anaconda 安装器。除此之外，Python 内置对操作系统服务的接口，使其也成为管理与维护操作系统的良好工具(常被称为 Shell 工具)。Python 标准库包含了多个调用操作系统的库。如通过 pywin32 这个第三方软件包,Python 能够访问 Windows 的 COM 服务及其他 Windows API。使用 IronPython,Python 程序能够直接调用.NET Framework 等。

4. 科学计算

针对科学计算,Python 具有丰富的包,如 Numpy、SciPy、Pandas 以及用于可视化的 Matplotlib 包。与专业软件 Matlab 相比,Python 是一门通用的程序设计语言,具有更多更广泛的库支持,可用于普遍的数据挖掘与数据分析。Python 常因运行效率低而被人诟病,但开发者可以使用 Python 快速生成程序原型,然后用 C/C++语言重新编写程序中对计算速度要求较高的部分,最后封装为 Python 可以调用的扩展类库,其表面看还是使用 Python,而且还不影响其使用效率。

Python 的应用领域很广,远不止本书中所提到的应用场景。例如,很多游戏使用 C++语言编写图形显示等高性能模块,而使用 Python 或者 Lua 编写游戏的逻辑、服务器;使用 NLTK 包进行自然语言分析和处理;使用 Python 数值计算工具实现动画、3D 可视化、并行处理等功能;使用 Pygame 开发游戏等。

2.2 安装 Python

2.2.1 在 Windows7 系统中安装 Python

访问 Python 官方网站 https://www.python.org/downloads/windows/,可以获取 Windows 系统 Python 安装包,如图 2-1 所示。安装包可分为 32 位和 64 位,可根据当前操

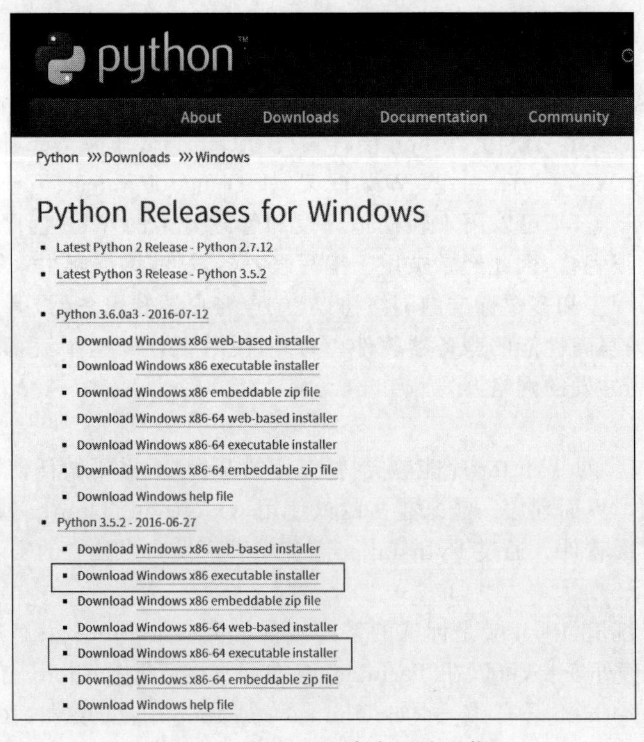

图 2-1 在 Python 官方网站下载

作系统位数选择匹配版本进行下载。

这里以 Python 3.5 版本为例，介绍 Python 的安装。安装包下载完成之后，双击文件可打开 python-3.5.2.exe 进行安装，勾选 Add Python 3.5 to PATH 复选框（设置将 Python 命令添加到环境变量中，若此处不勾选，也可以在安装结束后配置环境变量），并单击 Install Now 按钮开始安装，操作如图 2-2 所示。安装过程如图 2-3 所示。

图 2-2　在 Windows 系统中安装 Python

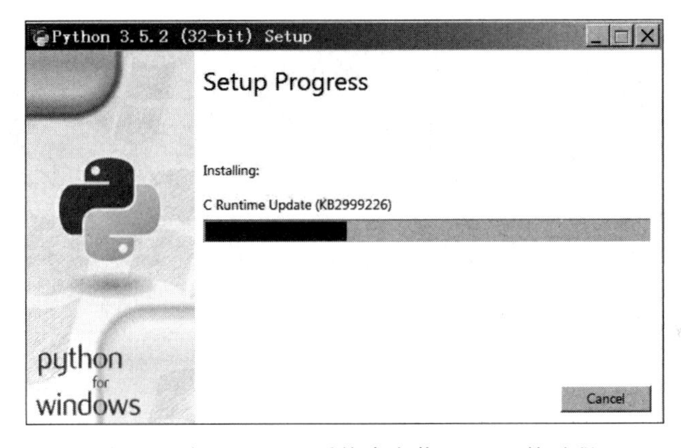

图 2-3　在 Windows 系统中安装 Python 的过程

安装完成后，单击 Close 按钮，如图 2-4 所示。

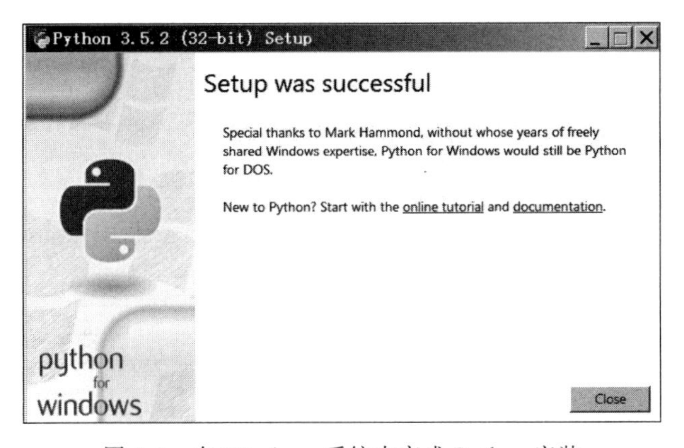

图 2-4　在 Windows 系统中完成 Python 安装

在 Windows 控制台中输入 python,若出现如图 2-5 所示的提示,则说明已正确安装。

```
管理员: C:\Windows\system32\cmd.exe - python
Microsoft Windows [版本 6.1.7601]
版权所有 (c) 2009 Microsoft Corporation。保留所有权利。

C:\Users\test>python
Python 3.5.2 (v3.5.2:4def2a2901a5, Jun 25 2016, 22:01:18) [MSC v.1900 32 bit (In
tel)] on win32
Type "help", "copyright", "credits" or "license" for more information.
>>>
```

图 2-5　在 Windows 系统中已正确安装 Python

2.2.2　在 macOS X 系统中安装 Python

类似地,可以访问 https://www.python.org/downloads/mac-osx/获取最新的 macOS X 系统下的 Python 安装包,如图 2-6 所示。

图 2-6　在官方网站下载 Python

在 macOS X 系统中,默认已安装 Python,通过在终端中输入 python,可启动 Python 交互模式,如图 2-7 所示。

由于 macOS X 中有多种系统组件依赖于 Python 2.X,所以最好不要删除系统原生安装的 Python 2.X。通过在官方网站上下载并安装 Python 3.X,可以实现多版本同时兼容使用。在终端中输入 python3,即可启动 Python 3 的交互模式,如图 2-8 所示。

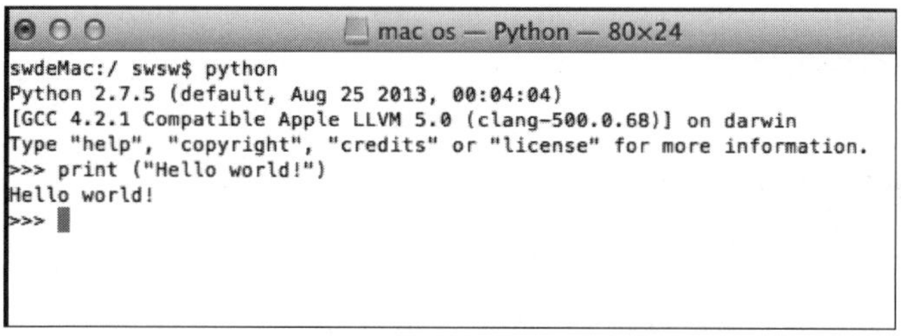

```
mac os — Python — 80×24
swdeMac:/ swsw$ python
Python 2.7.5 (default, Aug 25 2013, 00:04:04)
[GCC 4.2.1 Compatible Apple LLVM 5.0 (clang-500.0.68)] on darwin
Type "help", "copyright", "credits" or "license" for more information.
>>> print ("Hello world!")
Hello world!
>>>
```

图 2-7　在 macOS X 系统中的 Python 交互模式

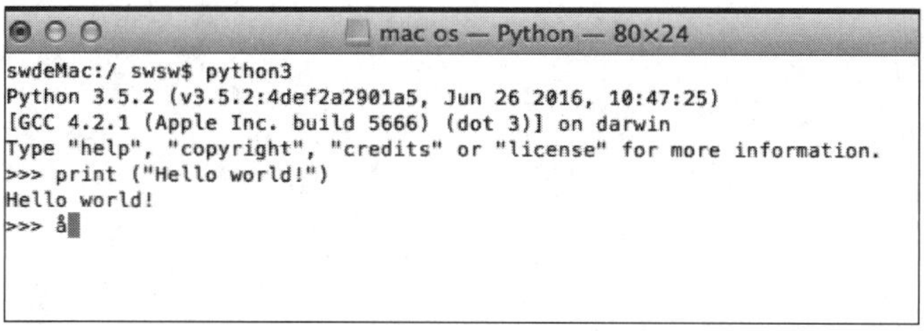

```
mac os — Python — 80×24
swdeMac:/ swsw$ python3
Python 3.5.2 (v3.5.2:4def2a2901a5, Jun 26 2016, 10:47:25)
[GCC 4.2.1 (Apple Inc. build 5666) (dot 3)] on darwin
Type "help", "copyright", "credits" or "license" for more information.
>>> print ("Hello world!")
Hello world!
>>> å
```

图 2-8　启动 Python 3 的交互模式

2.2.3　在 Ubuntu 系统中安装 Python

在 Linux 的 Ubuntu 系统中，由于多种系统默认安装组件依赖于 Python，因此在对 Ubuntu 系统初始化安装完成后，便自带 Python 编译与解释器环境，可在 Terminal 中输入 python 以验证是否可以正常使用 Python 环境。

若未安装 Python 环境，可在 Terminal 下输入以下指令即可完成 Python 环境的安装：

```
sudo apt - get install python3
```

在 Ubuntu 系统中，在 Terminal 中输入 python 默认运行的 Python 为 2. X 版本(为 Python 2 中的任意版本)。由于 Ubuntu 底层很多程序采用的是 Python 2. X，且 Python 3 和 Python 2 是互相不兼容的，所以此时不能卸载 Python 2，若希望输入 python 指令后，默认运行的 Python 环境为 Python 3. X 版本，则需将默认 Python 环境修改为 Python 3，可输入以下命令，结果如图 2-9 所示。

```
sudo rm /usr/bin/python
sudo ln - s /usr/bin/python3.5 /usr/bin/python
```

```
sw@ubuntu: ~/Desktop
sw@ubuntu:~/Desktop$ sudo rm /usr/bin/python
sw@ubuntu:~/Desktop$ sudo ln -s /usr/bin/python3.5 /usr/bin/python
sw@ubuntu:~/Desktop$ python
Python 3.5.2 (default, Jul  5 2016, 12:43:10)
[GCC 5.4.0 20160609] on linux
Type "help", "copyright", "credits" or "license" for more information.
>>>
```

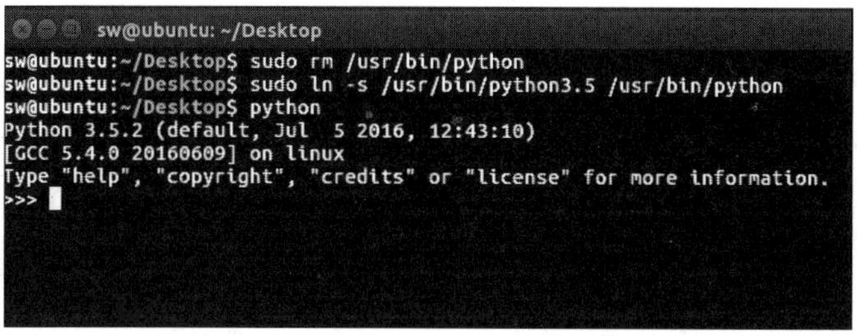

图 2-9　修改默认 Python 环境为 3. X 版本

2.3 运行 Python

2.3.1 进行指令交互操作

Python 是一种解释型语言，通过操作指令可实现交互操作。在 Windows 环境下，通过在控制台输入 python 进入该交互环境，如图 2-10 所示。

```
管理员: C:\Windows\system32\cmd.exe - python
Microsoft Windows [版本 6.1.7601]
版权所有 (c) 2009 Microsoft Corporation。保留所有权利。

C:\Users\test>python
Python 3.5.2 (v3.5.2:4def2a2901a5, Jun 25 2016, 22:01:18) [MSC v.1900 32 bit (In
tel)] on win32
Type "help", "copyright", "credits" or "license" for more information.
>>> print("hello world!")
hello world!
>>> _
```

图 2-10 在 Windows 环境中进入 Python 交互环境

在 Linux 的 Ubuntu 系统中操作类似，在 Terminal 中输入 python 进入该交互环境，如图 2-11 所示。

```
sw@ubuntu:~$ python
Python 3.5.2 (default, Jul  5 2016, 12:43:10)
[GCC 5.4.0 20160609] on linux
Type "help", "copyright", "credits" or "license" for more information.
>>> print("Hello world!")
Hello world!
>>>
```

图 2-11 在 Ubuntu 环境中进入 Python 交互环境

2.3.2 运行 Python 脚本

当然，也可以通过 Python 运行环境运行 Python 脚本。在 Windows 环境下，通过控制台运行 Hello. py 脚本，如图 2-12 所示。

同样，在 Linux 的 Ubuntu 环境中，使用以下方法也可以运行 Hello. py 的脚本程序，如图 2-13 所示。

```
管理员: C:\Windows\system32\cmd.exe

C:\>python Hello.py
Hello World!

C:\>a_
```

图 2-12 在 Windows 环境下运行 Python 脚本

```
sw@ubuntu: ~/Desktop
sw@ubuntu:~/Desktop$ python Hello.py
Hello World!
sw@ubuntu:~/Desktop$ a
```

图 2-13 在 Ubuntu 环境下运行 Python 脚本

2.4 Python 解释器

Python 是一门解释型语言，必须通过解释器执行其代码。Python 中存在多种解释器，分别基于不同的语言开发，每个解释器都有各自不同的特点，但都能正常运行 Python 代码。以下是常用的几种 Python 解释器。

1. CPython

CPython 是使用最广的 Python 解释器。当从 Python 官方网站上下载并安装 Python 安装程序后，可直接获得一个官方版本的 Python 解释器，该解释器由 C 语言编写，所以称为 CPython。CPython 将 Python 代码编译成字节码，并通过一个虚拟机去解释执行。

2. PyPy

PyPy 是另一个 Python 解释器，它的目标是具有更快的执行速度。PyPy 采用 JIT 技术，对 Python 代码进行动态编译，并生成机器码，所以可以显著提高 Python 代码的执行速度。如果希望提高 Python 代码的性能，可以使用 PyPy。虽然绝大部分 Python 代码都可以在 PyPy 下运行，但是 PyPy 和 CPython 互相不兼容，因此相同的 Python 代码在两种解释器下执行可能会有不同的结果。

3. Jython

Jython 是用 Java 语言实现的一个解释器。它可以将 Python 代码编译成 Java 字节码，生成 jar 包，并通过 JVM(Java Virtual Machine，Java 虚拟机)来运行。另外，通过导入由 Python 代码生成的 jar 包，还可以在 Java 程序中调用 Python 程序。

4. IronPython

IronPython 是一个使用 C#语言编写的解释器，可将 Python 代码编译成.Net 的字节码，并实现.NET Framework 对 Python 代码的调用。

5. IPython

IPython 是基于 CPython 的一个交互式解释器，只是在交互方式上有所增强，而执行 Python 代码的功能和 CPython 是完全一样的，好比很多浏览器虽然外观不同，但其内核实质上都是调用了 IE。

2.5 常用的第三方编辑器

Python 的学习过程少不了 IDE(集成开发环境)或者代码编辑器。工欲善其事，必先利其器。这些 Python 开发工具可以帮助开发者加快使用 Python 开发的速度、提高效率以及管理程序。常用的 Python 第三方编辑器有以下几种。

1. IDLE

IDLE 是一个纯 Python 下使用的由 Tkinter 编写的基本 IDE。当安装好 Python 环境以后，IDLE 就自动安装好了，不需要另外安装。打开 IDLE 后出现一个增强的交互式命令行解释器窗口(相比基本的交互命令行提供更好的剪切、粘贴、回行等功能)。

2. Sublime Text

Sublime Text 是一款在开发者中广为流行的编辑器，它体积较小，运行速度快，支持多种编程语言的语法高亮，拥有优秀的代码自动完成功能，在开发者社区非常受欢迎。

Sublime Text 拥有自己的包管理器,通过安装插件包,可以安装第三方组件和插件,大大提升了用户的编码体验。

3. PyCharm

PyCharm 是一款优秀的跨平台 Python IDE,由著名的 JetBrains 公司开发,著名的 IntelliJ IDEA IDE、ReSharper 插件都出自 JetBrains 公司。PyCharm 具备调试、语法高亮、Project 管理、代码跳转、智能提示、自动完成、单元测试、版本控制等丰富的功能。PyCharm 支持 Windows、macOS 以及 Linux 等系统,分为专业版和社区版(遵循 Apache 协议)。

4. Eclipse

Eclipse 是一款优秀的、开放源代码的、基于 Java 语言编写的可扩展开发平台,支持多语言开发。它提供强大的插件开发环境(Plug-in Development Environment)。在 Eclipse 中的每样东西都是插件,通过安装 PyDev(http://www.pydev.org/),可实现用 Eclipse 进行 Python 开发。

5. Vim

Vim 是一个类似于 Vi 的著名的、功能强大以及高度可定制的文本编辑器。它从 Vi 发展而来,具备代码补全、编译及错误跳转等方便编程的丰富功能,在程序员中被广泛使用,和 Emacs 并列成为类 UNIX 系统用户最喜欢的文本编辑器。

6. Anaconda

Anaconda 是一个基于 Python 的环境管理工具。相比其他库管理工具和编辑器,它是一个非常大的软件,包含非常多的与数据科学相关的库,因此它更适合数据分析相关工作。在 Anaconda 的帮助下,开发者可以更容易地处理不同项目下对软件库甚至是 Python 版本的不同需求。Anaconda 包含 conda、Python 和超过 150 个科学相关的软件库及其依赖。在安装了 Anaconda 之后,可以在安装路径……Anaconda3\Lib\idlelib 下,双击其中的 idle.bat 启用 Python IDLE 解释器,也可设置其为桌面快捷方式,方便人们快速学习和编写程序。

2.6 PyCharm 的下载和安装介绍

2.6.1 下载与安装过程

PyCharm 是一种用于计算机编程的集成开发环境(Integrated Development Environment,IDE),主要用于 Python 语言开发,提供代码分析、图形化调试器、集成测试器、集成版本控制系统,并支持使用 Django 进行网页开发。

PyCharm 同时也是一个跨平台的开发环境,拥有 Windows、macOS 和 Linux 版本。对于每一种操作系统,PyCharm 都提供有专业的版本(Professional Edition)和免费的版本(Community Edition)。

由于免费的社区版本便已经能满足初学者全部的开发需求,因此将介绍社区版本的下载与安装过程,安装地址如下。

Windows:https://www.jetbrains.com/zh-cn/pycharm/download/#section=windows

macOS:https://www.jetbrains.com/zh-cn/pycharm/download/#section=mac

在相应的网址选择社区版本直接下载,下载完成后单击安装包开始安装。

1. Windows 环境下的安装过程

在 Windows 环境下，相应的安装过程如图 2-14 和图 2-15 所示。

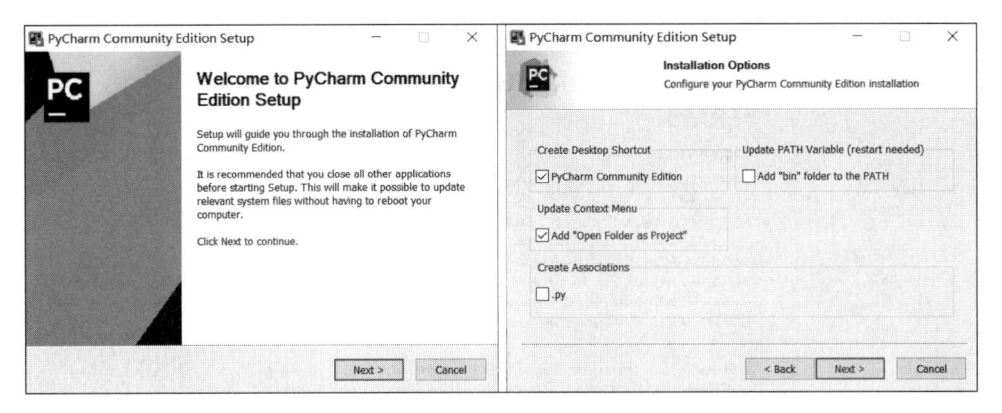

图 2-14　在 Windows 环境下 PyCharm 的安装

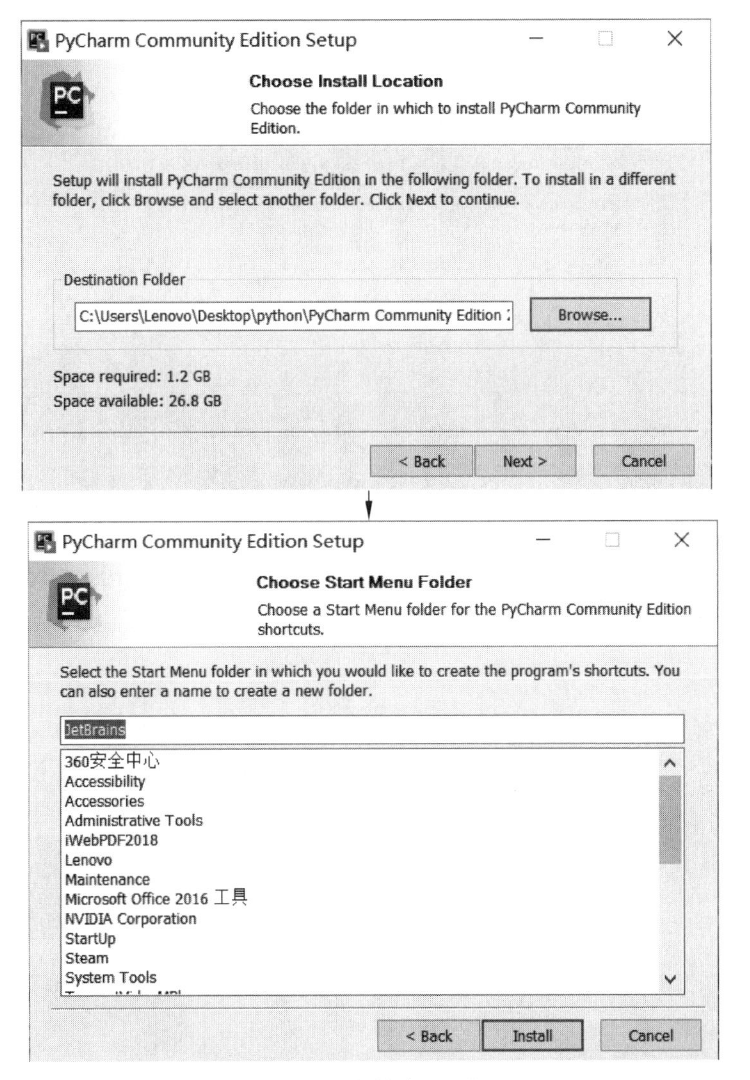

图 2-15　安装路径选择

安装完毕后,双击 bin 文件夹下的 pycharm64. exe 文件将其打开,启动 PyCharm,如图 2-16 所示。

图 2-16　启动 PyCharm

安装结束后单击 New Project 上方的新建项目(文件夹)按钮,新建项目并打开 PyCharm,如图 2-17 所示。

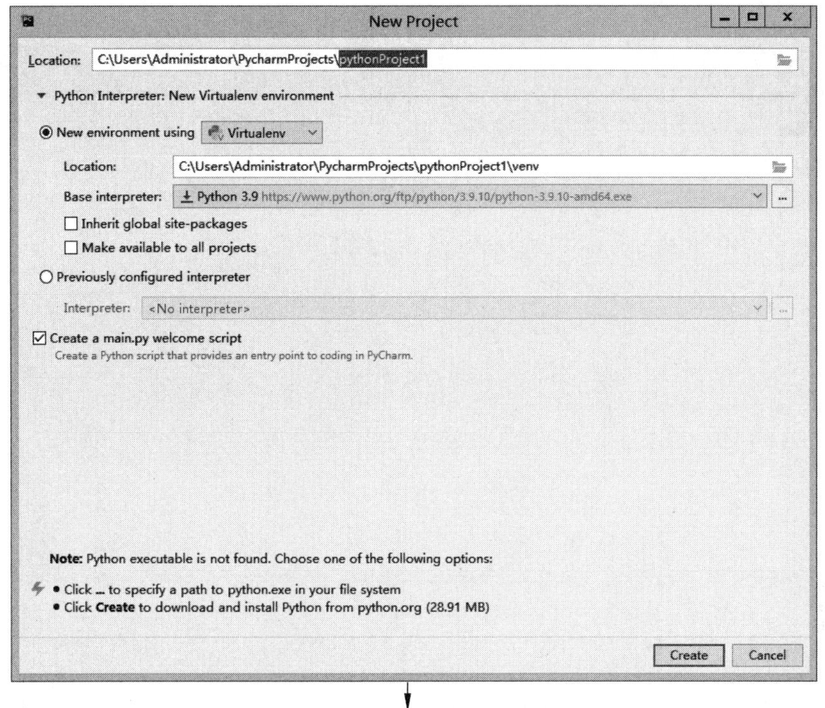

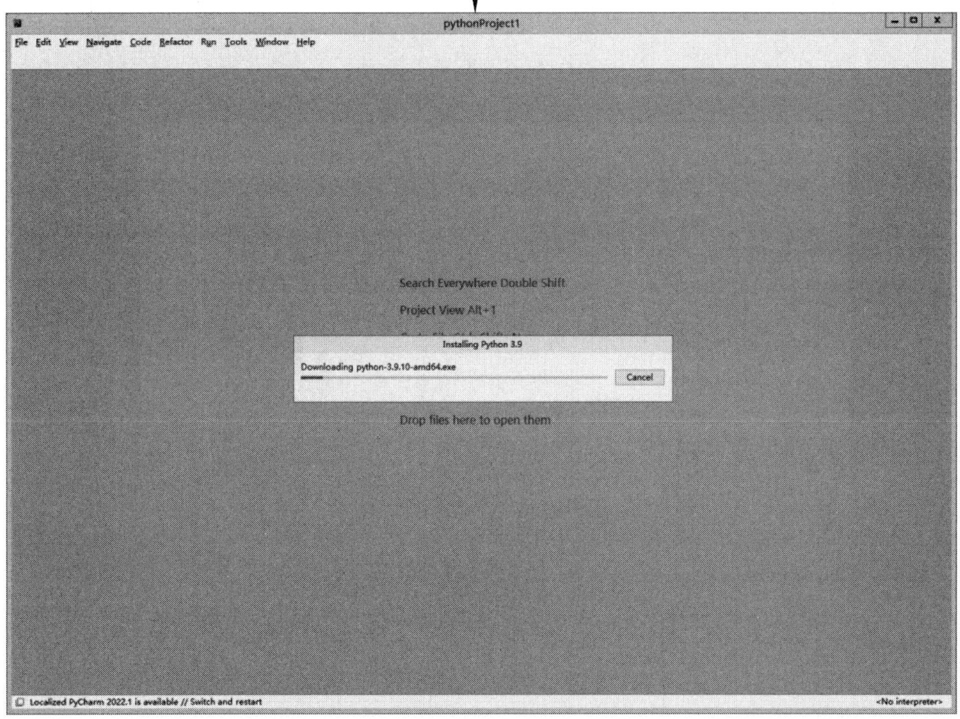

图 2-17　新建项目

右击左侧文件栏中的 main. py 文件,在弹出的快捷菜单中选择 New 选项,新建 Python File,开始编辑代码,编辑完成后,在左侧文件栏中右击写好的文件,在弹出的快捷菜单中选择 Run 选项即可运行,如图 2-18 所示。

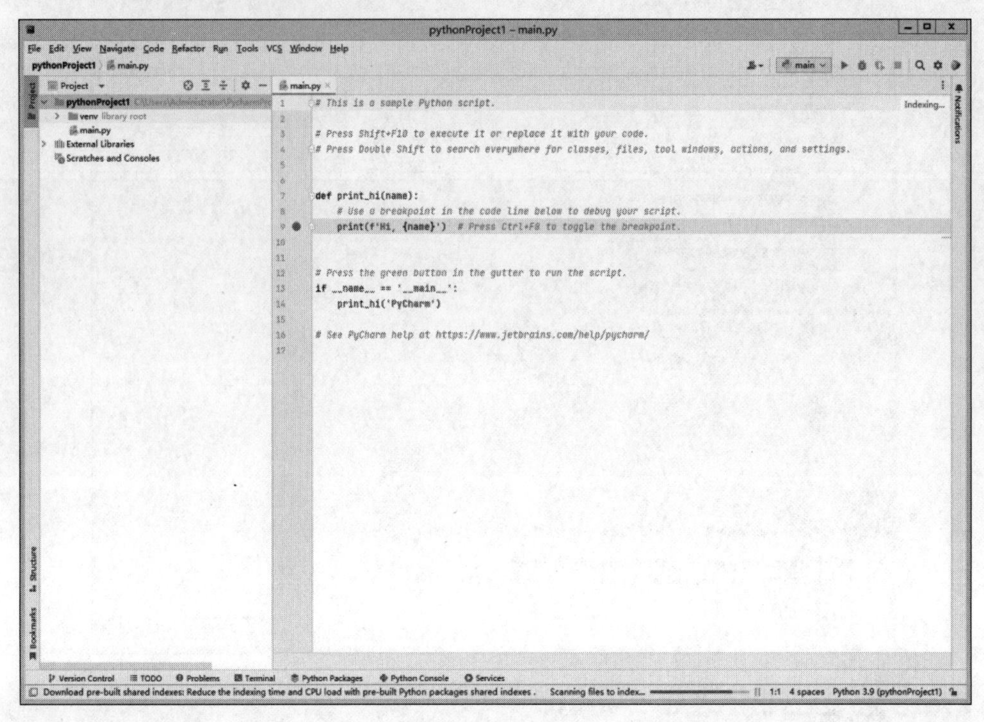

图 2-18　创建文件

2. macOS 环境下的安装过程

在 macOS 环境下,相应的安装过程如图 2-19 所示。

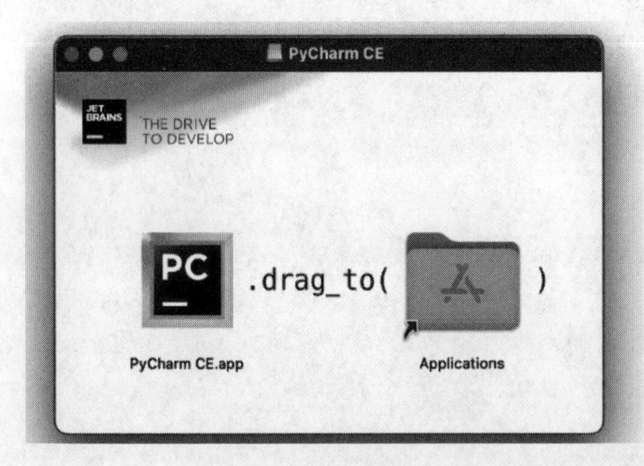

图 2-19　macOS 环境下 PyCharm 的安装

将 PyCharm 图标拖到 Applications 中完成安装,并在 Mac 文件管理系统"访达"中双击打开 PyCharm,在弹出的对话框中单击"打开"按钮。

在如图 2-20 所示的界面中单击"新建"项目按钮,新建 Project(文件夹)。在"位置"框中选择新建项目的位置(也可以选择默认路径),然后单击"创建"按钮,如图 2-21 所示。

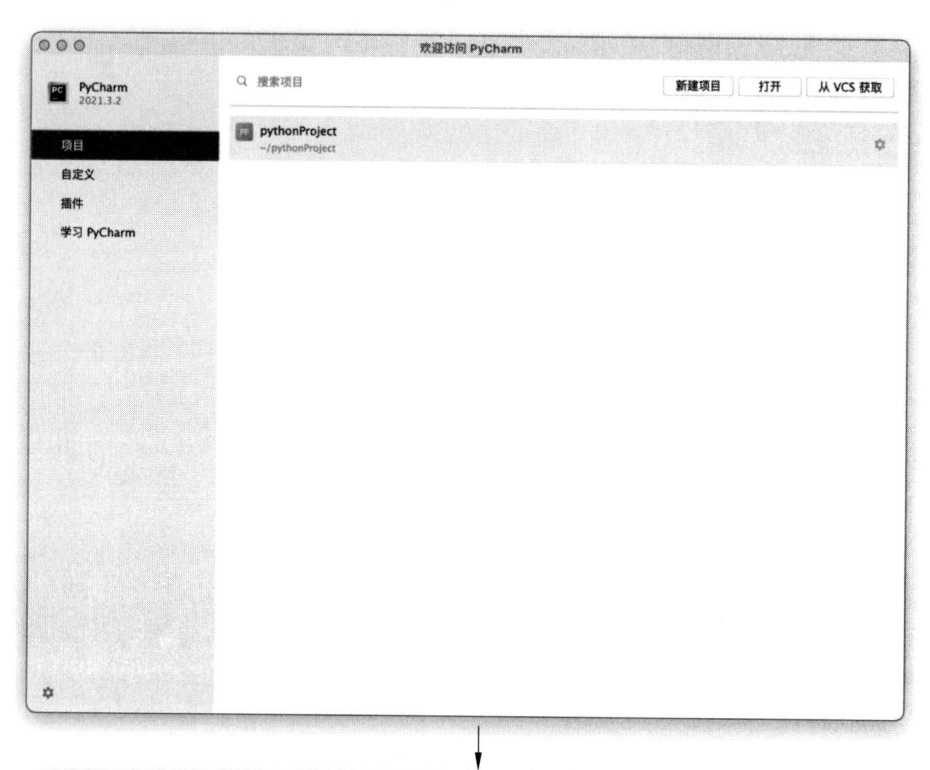
欢迎访问 PyCharm
PyCharm
2021.3.2
项目
自定义
插件
学习 PyCharm
搜索项目
新建项目
打开
从 VCS 获取
pythonProject
~/pythonProject

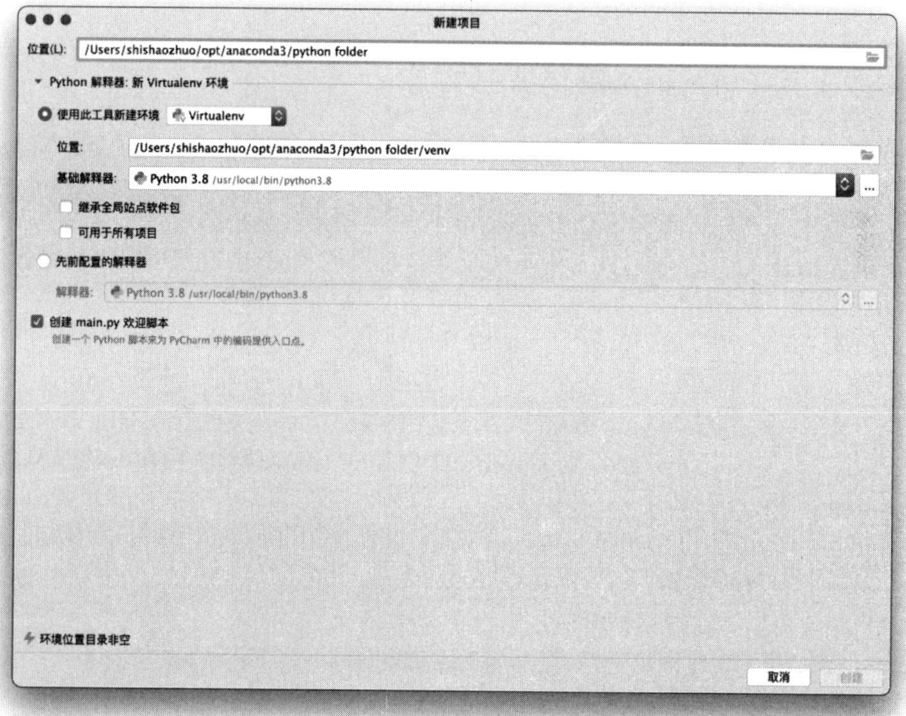
新建项目
位置(L): /Users/shishaozhuo/opt/anaconda3/python folder
Python 解释器: 新 Virtualenv 环境
使用此工具新建环境 Virtualenv
位置: /Users/shishaozhuo/opt/anaconda3/python folder/venv
基础解释器: Python 3.8 /usr/local/bin/python3.8
继承全局站点软件包
可用于所有项目
先前配置的解释器
解释器: Python 3.8 /usr/local/bin/python3.8
创建 main.py 欢迎脚本
创建一个 Python 脚本来为 PyCharm 中的编码提供入口点。
环境位置目录非空
取消
创建

图 2-20　创建项目

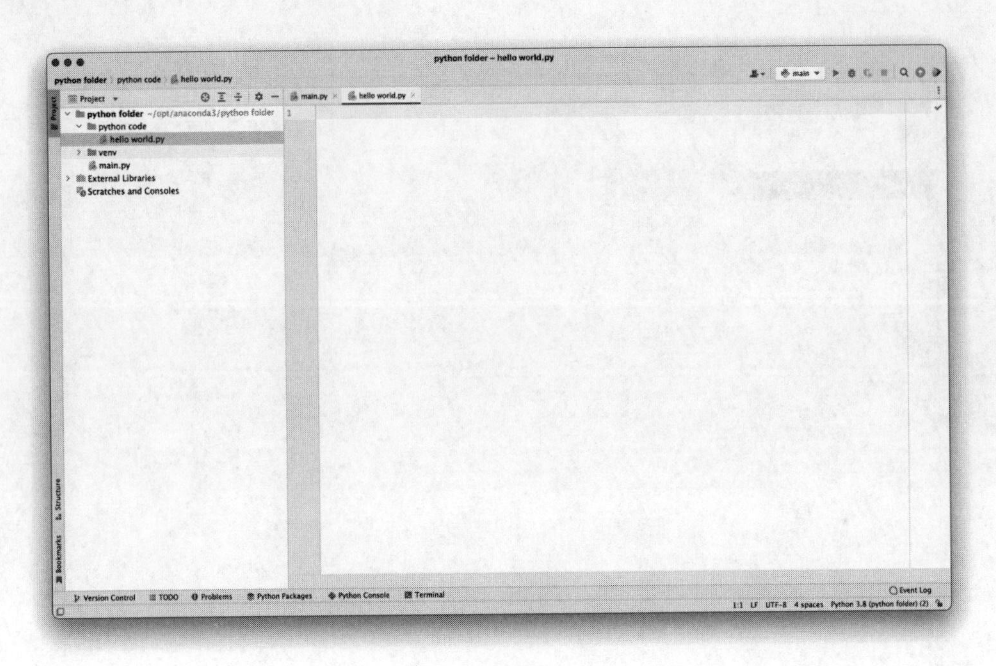

图 2-21 创建文件

右击左侧文件栏中第一个文件夹，这里是(python folder)，新建文件夹，而后右击该文件夹，创建 Python 文件，开始编辑代码，编辑完成后，在文件栏中右击写好的文件，选择 Run 选项即可运行。

2.6.2 用 PyCharm 安装第三方库

Python 有着丰富的第三方库资源，第三方库对于 Python 来说是一大优势，可以让人们省去“造轮子”的工夫，直接调用别人已经设计好的第三方库。

作为一款优秀的集成开发环境，PyCharm 提供了便捷的第三方库安装方式，有时直接下载第三方库的速度十分缓慢，并常常下载失败。可以调整配置，改使用国内的镜像源解决这一问题。

在 Windows 环境下，设置过程如下：如图 2-22 所示，在 PyCharm 中单击底边栏中的 Python Packages，再单击搜索框旁的齿轮按钮，打开 Python Packages Repositories 对话框。

如图 2-23 所示，单击“+”按钮，在弹出的对话框中的 Repository URL 文本框中输入 https://pypi.tuna.tsinghua.edu.cn/simple，即可将下载路径替换为国内的清华镜像地址。重启 PyCharm 以启用该修改。

在重启后的 PyCharm 中选择 File→Settings 选项，选中 Project：pythonProject(格式为 Project：新建的项目的名称)下的 Python Interpreter。单击“+”按钮，打开第三方库安装界面，如图 2-24 所示。在搜索框中输入自己想下载的第三方库的名字，搜索后选中该库并单击 Install Package 按钮即可下载。

在 macOS 环境下，设置过程如下。

(1) 在顶部菜单栏中选择 PyCharm→Preferences 选项，选中 Project：python folder(格式为 Project：你新建的项目的名称)下的 Python Interpreter，如图 2-25 所示。

(2) 单击“+”按钮，打开第三方库安装界面，如图 2-26 所示。

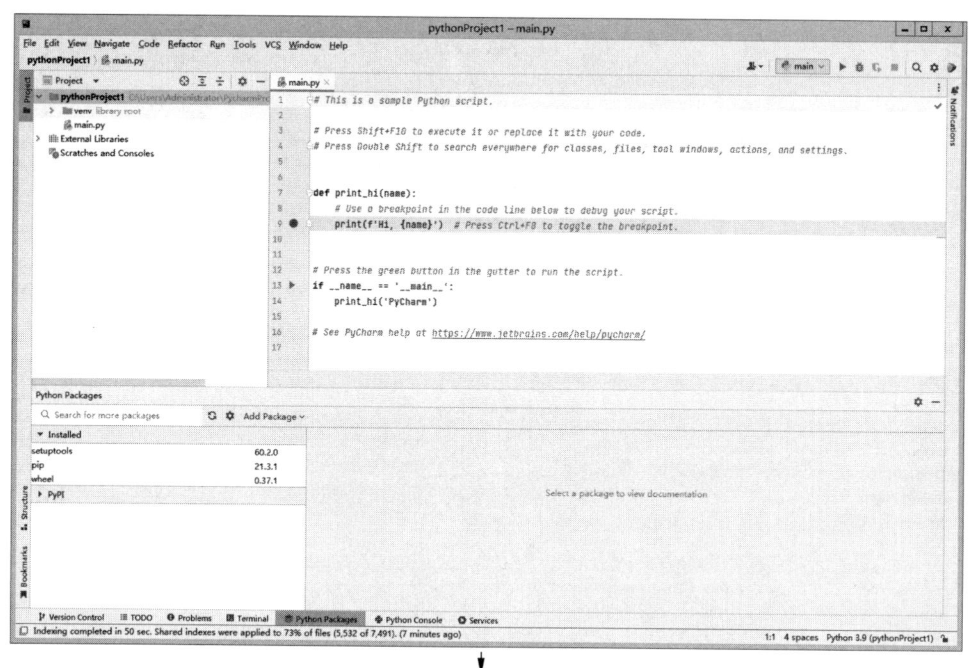

图 2-22 第三方库安装

图 2-23 下载路径修改

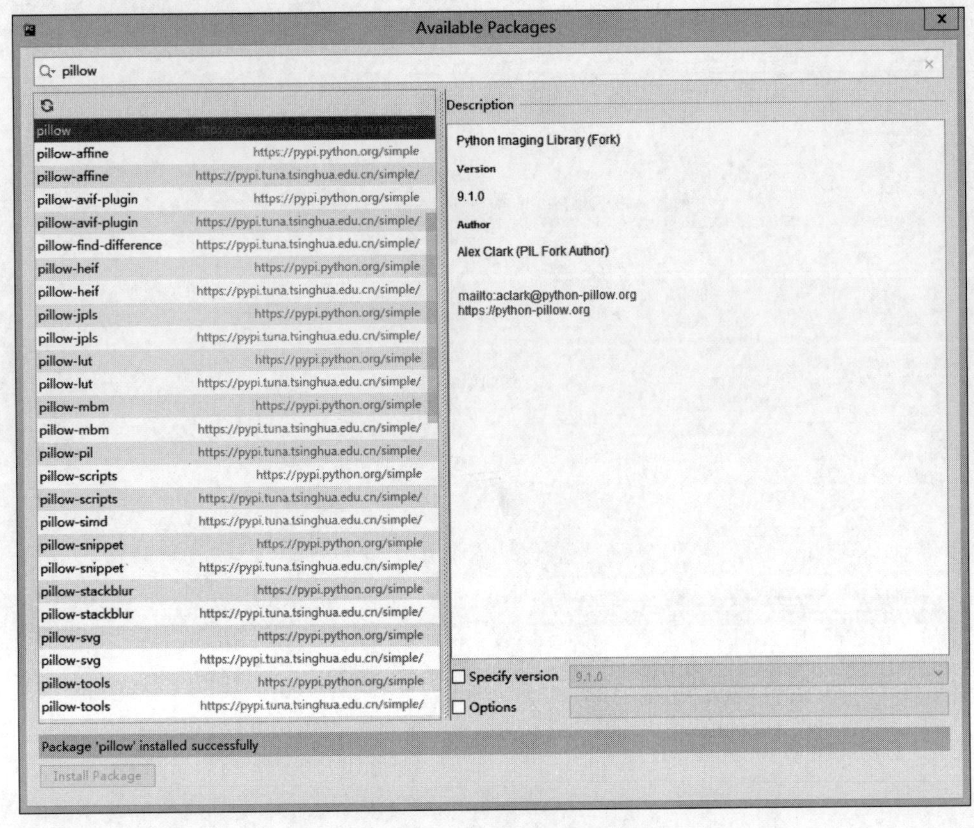

图 2-24　第三方库安装界面

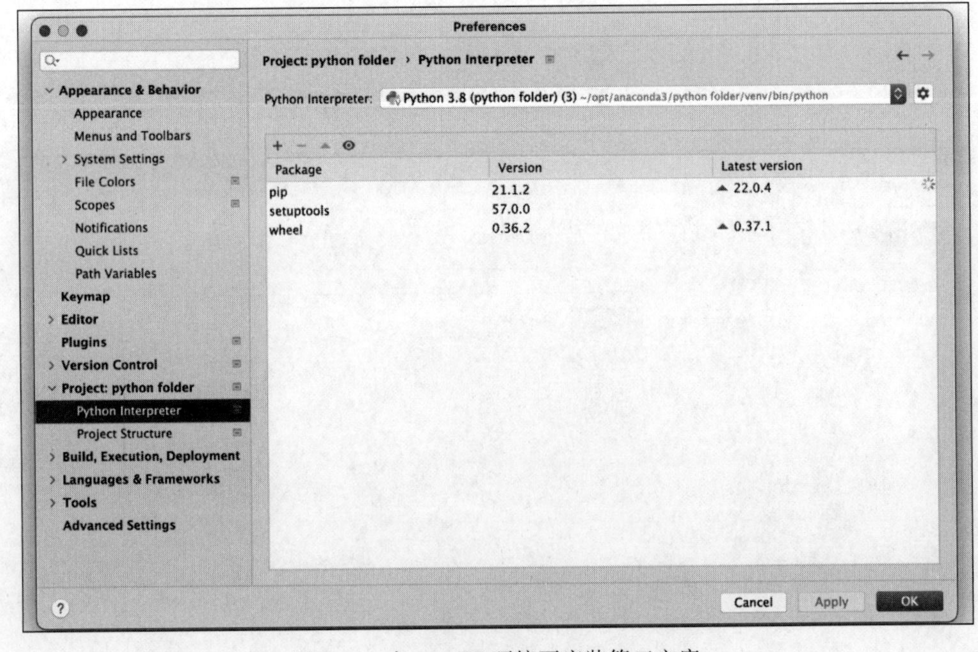

图 2-25　在 macOS 环境下安装第三方库

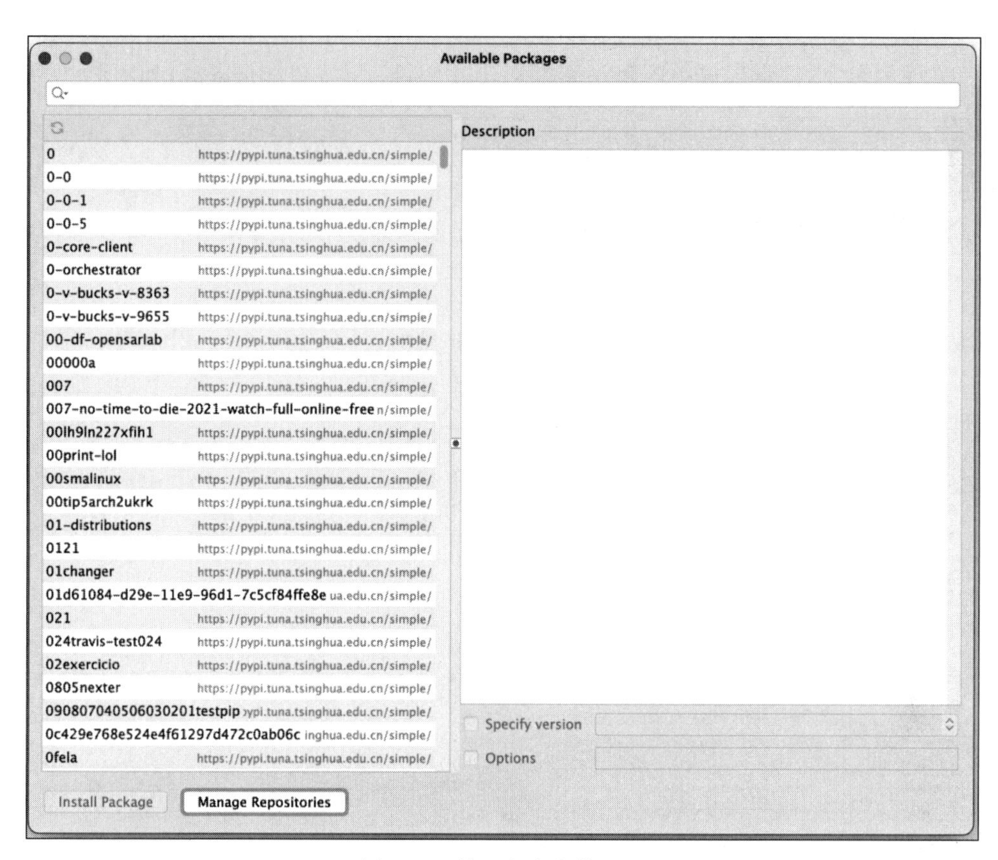

图 2-26 第三方库安装界面

(3) 单击 Manage Repositories 按钮，在弹出的对话框中单击“+”按钮，输入 https://pypi.tuna.tsinghua.edu.cn/simple/，选中原有的 https://pypi.python.org/simple 并单击“—”按钮删除，即可将下载路径替换为国内的清华镜像地址，如图 2-27 所示。

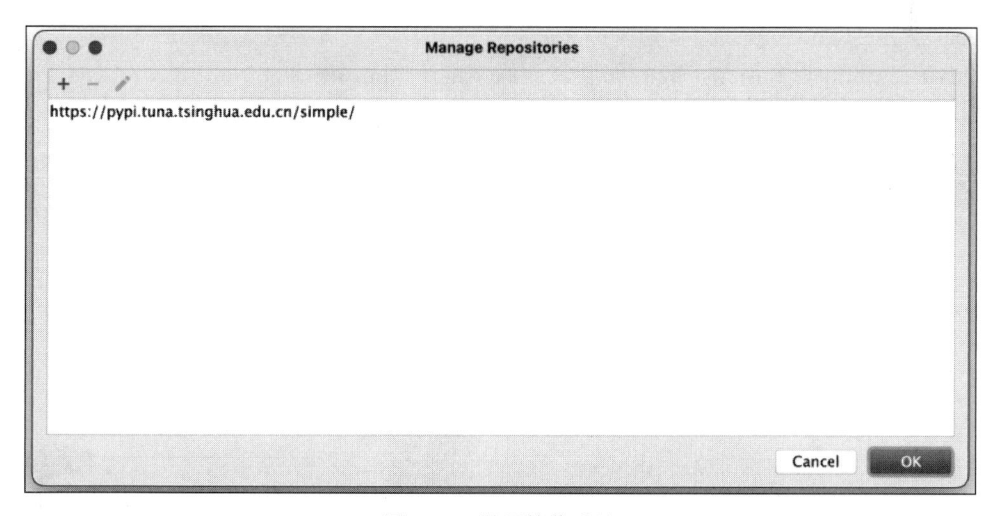

图 2-27 设置镜像地址

(4) 单击 OK 按钮保存后，返回 Available Packages 界面，在搜索框中输入自己想下载的第三方库的名字，搜索后选中该库并单击 Install Package 按钮即可下载，如图 2-28 所示。

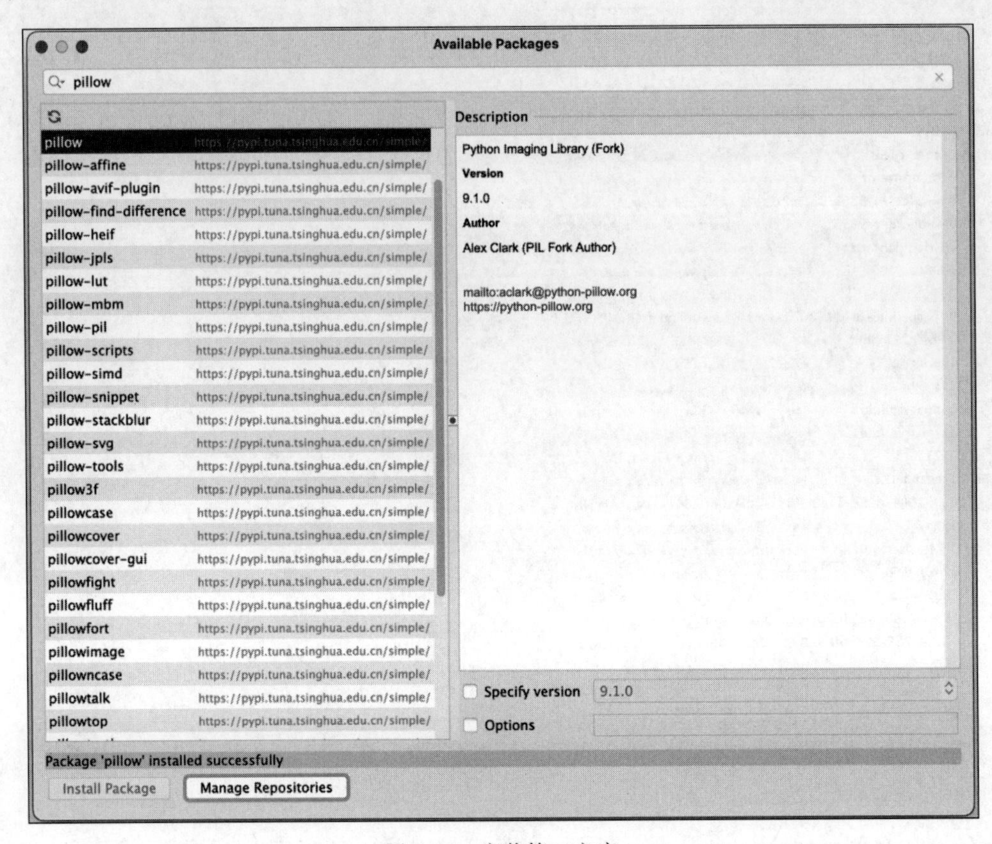

图 2-28 安装第三方库

2.7 练习

1. 在 Python 官方网站下载并安装最新版本的 Python 程序。
2. 下载并安装 PyCharm 编辑器，练习创建一个 Python Project。
3. 简述 Python 语言的特点。
4. 以多种方式创建并运行程序 Hello.py，程序的功能是输出 Hello World。

第3章 编程基础

本章重点内容：Python 的基础语法、变量和常量、Python 中的运算符以及常用运算、Python 中的表达式。

本章学习要求：通过本章的学习，初步理解 Python 的基础语法，为以后学习 Python 编程打下基础。

3.1 通过蒙特卡洛方法计算圆周率π的值

蒙特卡洛方法(Monte Carlo method)也可以称为统计模拟方法，是 20 世纪 40 年代中期由蒙特卡洛提出的一种非常重要的数值计算方法。它以概率统计理论为指导，使用随机数来解决计算问题。

【例 3-1】 利用蒙特卡洛方法计算圆周率 π 的值。计算原理：在边长为 $2r$ 的正方形内部画一个半径为 r 的圆，随机向正方形内撒点，有些点落在圆外，有些点落在圆内，落在圆内外的点的个数分别是 x 和 y，当点的数目足够多时，可以利用点的数量代表正方形和圆的面积，公式如下：

观看视频

$$\frac{x}{y}=\frac{\pi r^2}{(2r)^2}=\frac{\pi r^2}{4r^2}=\frac{\pi}{4}$$

可得：

$$\pi=\frac{4x}{y}$$

从上述公式中可以看出，π 的值可以通过落在图中点的个数计算出来。

参考代码：

```
import numpy as np                 #引入第三方库 Numpy
import matplotlib.pyplot as plt    #引入第三方库 Matplotlib 中的 pyplot 模块,并取别名为 plt
from matplotlib.patches import Circle
n = 10000                          #投点次数
#设置圆的属性,半径为 1
radius = 1.0                       #设置半径
a, b = (0., 0.)                    #圆心位置坐标
#正方形位置属性设置,边长为 2
x_left, x_right = a - radius, a + radius
y_down, y_up = b - radius, b + radius
#在正方形区域内随机投点
```

```
x = np.random.uniform(x_left, x_right, n)
#从一个均匀分布的[x_left,x_right)中随机采样,生成n个样本点的横坐标
y = np.random.uniform(y_down, y_up, n)
#从一个均匀分布的[y_down,y_up)中随机采样,生成n个样本点的纵坐标
#计算点到圆心的距离
dis = np.sqrt((x-a) ** 2 + (y-b) ** 2)  #求平方根运算,计算点(x,y)到圆心的距离,返回距
                                        #离数组dis
#统计落在圆内的点的数目
points_in = sum(np.where(dis <= radius, 1, 0))
#数组dis中满足与圆心距离小于或等于1,返回1,否则返回0,累加至res中
#计算pi的近似值(蒙特卡洛方法的精髓: 用统计值去近似真实值,统计值越大,越逼近真实值)
pi = 4 * points_in / n          #统计落在图中的点的数量,计算圆周率的值
print('pi的值为: ', pi)
#可视化
fig = plt.figure()
ax = fig.add_subplot(111)       #构建1×1的网格图,其中有一个子图
ax.plot(x, y,'ro',color='red',markersize = 1)
plt.axis('equal')               #保持作图时正方形的边长相等,否则会变形
circle = Circle(xy=(a,b), radius=radius, alpha=0.8)
ax.add_patch(circle)
plt.show()
```

运行结果如图 3-1 所示。

```
pi的值为: 3.114
```

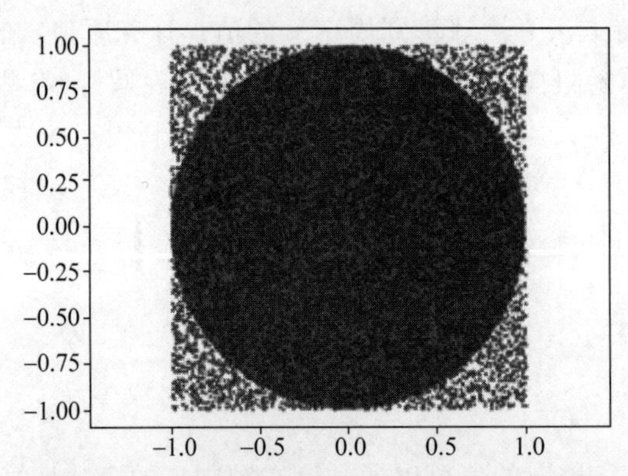

图 3-1 利用蒙特卡洛方法计算圆周率 π 的值

散落点的数量 n 的值不同,统计计算所得 π 的值也不同[①],如表 3-1 所示。

表 3-1 不同散落点的数量,统计得出不同 π 的近似值

n	π 的近似值	n	π 的近似值
1000	3.092	1 000 000	3.143 612
10 000	3.1572	10 000 000	3.141 323 2
100 000	3.137 96		

① 由于点是随机均匀落下,因此当 n 值相同时,π 值的统计计算结果会略有不同。

由表 3-1 可以看出，当 n 的数量越大时，计算的结果越接近 π 的值，即统计的数量越多，得到的结果越接近实际值，这也是大数据的应用思想，当样本数量越大时，其中的规律越明显，越接近真实值。

在程序中，量 n 的值参与运算的地方有多次，为了修改程序和阅读程序的方便，仅在程序开头对 n 赋予了确切的值，在后面的代码中，需要 n 参与运算的，直接用字母 n 代替即可。一般在程序设计中，参与运算的名称称为变量，它可以被赋予不同的值；固定不变的值称为常量。

3.2　变量和常量

3.2.1　变量

变量是程序中值可以发生变化的元素，在使用之前需要给它命名，即关联一个标识符，保障它的唯一性和指代性。变量是在程序中创建的名字，用来表示程序中的"事物"或"参数"。通常来说，变量可以代表一个值，可以是整数、字符串、浮点数等，有意义的变量名会使得代码更具有可读性。

与其他编程语言稍显不同的是，当书写代码 n=1000 时，Python 解释器做了两件事情：第一，在内存中创建了一个值 1000；第二，在内存中创建了一个名为 n 的变量，并把它指向了 1000。变量名和对应的值都包含在该段程序的命名空间(name space)中，如图 3-2 所示。变量名称类似标签，唯一指向了一个值，而不需要事先为其分配内存空间，因此在 Python 的变量使用中，即用即命名，不需要事先指定变量的类型，也可以赋值不同类型的数据，不会发生溢出。

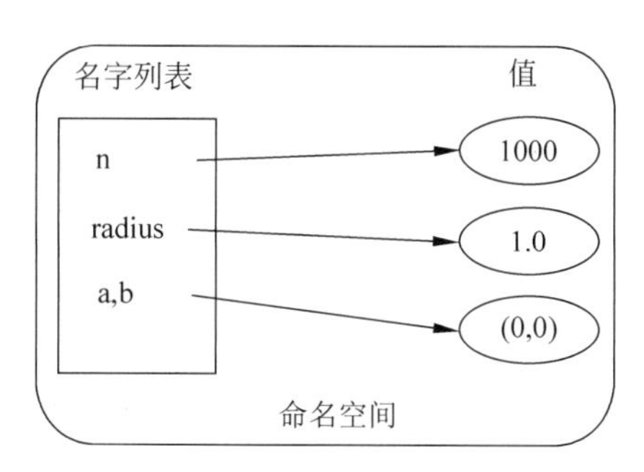

图 3-2　变量和命名空间

Python 中变量的命名规则如下：

(1) 变量标识符对大小写敏感。

(2) 变量名必须以下画线或字母开头，而后面接任意数目的字母、数字或下画线。不能使用空格。以下是合法命名的标识符：its_name_、_its_name _is_xx_。

(3) 变量名称中的字母区分大小写，如 its_name 和 Its_name 是不同的。

(4) 变量的名称要有意义，要能够代表变量的含义，如表示半径的变量名称可以这样起：radiusNum 或 radius_num，这样可以有效提高程序的可读性。

(5) 禁止使用 Python 保留字。Python 的保留字如下。

and	elif	import	raise
as	else	in	return
assert	except	is	try
break	finally	lambda	while
class	for	not	with
continue	from	or	
def	global	pass	
del	if	print	

3.2.2 数据

在计算机中,数据是指所有能输入计算机并被计算机程序处理的符号的介质的总称,是用于输入电子计算机进行处理,具有一定意义的数字、字母、符号和模拟量等的通称。数据(data)是事实或观察的结果,是对客观事物的逻辑归纳,是用于表示客观事物的未经加工的原始素材。

数据是信息的表现形式和载体,可以是符号、文字、数字、语音、图像、视频等。数据和信息是不可分离的,数据是信息的表达,信息是数据的内涵,信息中蕴含知识。数据本身没有意义,数据只有对实体行为产生影响时才成为信息。数据可以是连续的值,如声音、图像,称为模拟数据;也可以是离散的,即不连续,如符号、文字等。

现实世界中的信息要想能够被计算机处理,都需要转化成计算机能够处理的类型,有一个量化到数字化的过程,如声音、图片、文字在被计算机处理之前,都要在保留原有含义的同时,转化成数字的形式,一般称为"嵌入"(embedding)。以文字为例,可以使用 Python 中的 Gesim 库中的 Word2Vec()方法,在最大限度保留语义的前提下,将文字数据嵌入成计算机可以处理的数值形式。

3.2.3 常量

在例 3-1 中,与 n、radius、a 和 b 等变量时常变化所不同的是,在圆周率的推导公式 $\pi=\frac{4x}{y}$中,4 是一个不会变化的量,通常把这种程序中不发生变化的元素称为常量。C++中使用 const 保留字指定常量,而 Python 并没有定义常量的保留字。但是 Python 是一门功能强大的语言,所以 Python 中定义常量可以用自定义类的方法来创建。

3.3 运算和表达式

3.3.1 常用的运算

1. 算术运算

在程序设计中,常用运算有算术运算、关系运算、逻辑运算和赋值运算等。算术运算包括数学中常见的运算,如加、减、乘、除、乘方和开方等,它是数学中最古老也最基础的部分。

用算术运算符连接变量而形成的式子称为算术表达式。例 3-1 中,pi = 4 * points_in / n 就是用乘除法符号将常量 4 和变量 points_in、n 连接起来的算术表达式,算术表达式可返回算术计算结果。下面,自定义 pi 和半径的值,通过算术运算来计算圆的周长:

```
>>> pi = 3.14
>>> r = 3
>>> 2 * pi * r
```

执行上述代码后,返回的结果是 18.84。

注意,在使用变量前必须对其赋值,否则编译器会报错。在 Python 中使用变量,预先可以不用定义变量类型,但必须对变量赋值。对变量赋值的过程就是定义类型的过程,且同一个变量,先后可赋予不同类型的值而不会报错。在上例中,如果没有预先对变量 pi 和 r 赋值,则会报错:

```
>>> 2 * pi * r
Traceback (most recent call last):
  File "<pyshell#0>", line 1, in <module>
    2 * pi * r
NameError: name 'pi' is not defined
```

或者交换顺序出现同类报错:

```
>>> 2 * r * pi
Traceback (most recent call last):
  File "<pyshell#0>", line 1, in <module>
    2 * r * pi
NameError: name 'r' is not defined
```

Python 中的算术运算符如表 3-2 所示。在该表中,假设有变量 x 和 y,预先赋值 x=10,y=3。

表 3-2 Python 中的算术运算符

算术运算符	运算描述	示例
+	加法	x+y 结果为 13
-	减法	x-y 结果为 7
*	乘法	x * y 结果为 30
/	除法	x/y 结果为 3.3333…
**	幂运算	x ** y 的结果是 1000
//	返回商的整数部分	x//y 的结果是 3
%	返回余数部分	x%y 的结果为 1(余数)
=	赋值运算	x=10,将 10 赋值给变量 x
+=	加法赋值运算	x+=10 的运算结果是 x=20,等效于 x=x+10
-=	减法赋值运算	x-=10 的运算结果是 x=0,等效于 x=x-10
*=	乘法赋值运算	x*=10 的运算结果是 100,等效于 x=x*10
/=	除法赋值运算	x/=10 的运算结果是 1.0,等效于 x=x/10

代码如下：

```
>>> x = 10
>>> y = 3
>>> x/y
3.3333333333333335
>>> x ** y
1000
>>> x//y
3
>>> x % y
1
```

注意，Python 支持不同的数字类型相加，它使用数字类型强制转换的方式来解决数字类型不一致的问题。也就是说，它会将一个操作数转换为和另一个操作数相同的数据类型。但是这种强制转换的操作不是随意进行的，要遵循一定的规则：整数可以转换为浮点数，非复数可以转换为复数。可以理解为是简单类型可以转换为复杂类型，因为浮点数可以表示和整数一样的值(小数点后面的数为 0 就可以了)，复数的虚部为 0 时就可以用来表示非复数。如：

```
>>> x = 3
>>> y = 3.4
>>> x + y
6.4
```

x 的值是整数，y 的值是浮点数，最后在进行求和运算时，将 x 值的 3 转换为浮点数 3.0 参与运算，最后的结果也是浮点数 6.4。

2. 关系运算

传统的关系运算包括集合运算(并、差、交等)，专门的关系运算包括选择、投影、连接、除法、外连接等。有些关系运算需要几个基本运算的组合，要经过若干步骤才能完成。程序设计中关系运算的本质是通过比较两个值来确定它们之间的关系。用关系运算符连接的表达式叫作关系表达式。关系表达式的值只有两种：True(真)和 False(假)。Python 中的关系运算符如表 3-3 所示。表中有两个变量 x 和 y，其中假定 x=10，y=20。

表 3-3 Python 中的关系运算符

关系运算符	描 述	示 例
==	如果两个操作数的值相等，则结果为真	(x==y)求值结果为 False
!=	如果两个操作数的值不相等，则结果为真	(x!=y)求值结果为 True
>	如果左操作数的值大于右操作数的值，则结果为真	(x>y)求值结果为 False
<	如果左操作数的值小于右操作数的值，则结果为真	(x<y)求值结果为 True
>=	如果左操作数的值大于或等于右操作数的值，则结果为真	(x>=y)求值结果为 False
<=	如果左操作数的值小于或等于右操作数的值，则结果为真	(x<=y)求值结果为 True

如下面的代码：

```
>>> 3 > 2
True
>>> 3 == 3
True
>>> 3 < 2
False
```

3. 逻辑运算

逻辑运算又称布尔运算。乔治·布尔(George Boole,1815—1864)1815年11月2日生于英格兰的林肯郡。他是19世纪最重要的数学家之一,出版了《逻辑的数学分析》,这是他对符号逻辑诸多贡献中的第一次。1854年,他出版了《思维规律的研究》一书,这是他最著名的著作,其中介绍了布尔代数,布尔代数中所进行的二维运算就是布尔运算。用等式表示判断,把推理视为等式的变换。这种变换的有效性不依赖于人们对符号的解释,只依赖于符号的组合规律,这一逻辑理论被人们称为布尔代数①。

逻辑运算包括与运算、或运算和非运算三种。逻辑运算的结果只有两种：真和假,常见的逻辑运算符如表3-4所示,表中有两个变量x和y,其中x的值为True,y的值为False。

表3-4 Python中的逻辑运算符

逻辑运算符	描　　述	示　　例
and	如果两个操作数都为真,则结果为真	(x and y)的结果为False
or	如果两个操作数中的任何一个为真,则结果为真	(x or y)的结果为True
not	用于反转操作数的逻辑状态	not(x and y)的结果为True

程序中的逻辑运算一般用在条件语句或者循环语句中,用于判断执行的条件或循环的次数,这一点在例3-2中有所体现。

【例3-2】 输入学生的姓名,再输入成绩,根据给出的条件判断成绩的等级,最后打印输出：某某的成绩是什么等级。判断标准：小于60分,Fail；60～69分,Pass；70～79分,Good；80～89分,Average；90～100分,Outstanding。

参考代码：

```
name = input("What is your name? ")
score = int(input("What is your score? "))
if score < 60:
    print ("Hello, % s,your grades is 'Fail'" % name)
elif score > = 60 and score < 70:
    print ("Hello, % s,your grades is 'Pass'" % name)
elif score > = 70 and score < 80:
    print ("Hello, % s,your grades is 'Average'" % name)
```

① 引自百度百科中“逻辑运算”词条。

```
elif score>=80 and score<90:
    print ("Hello, %s,your grades is 'Good'" % name)
elif score>=90 and score<=100:
    print ("Hello, %s,your grades is 'Outstanding'" % name)
else:
    print("Your input is incorrect. ")
```

上面的代码中,if 和 elif 是条件语句,后续章节会有详细介绍,用于解释判断标准的语句,如 score>=60 and score<70 是逻辑表达式,该类表达式的结果只有两种:真和假,当表达式的值为真时,程序执行条件语句;当表达式的值为假时,程序不执行该条件语句。

4. 成员运算

成员运算一般用来判断某一元素是否在一个指定的序列对象中,其返回值为布尔值。Python 中的成员运算符如表 3-5 所示。

表 3-5 Python 中的成员运算符

成员运算符	描　述	示　例

in	若某一元素在一个指定的序列中,则返回 True,否则返回 False	>>> x=10
		>>> L=[1,2,3.4]
		>>> x in L
		False

not in	若某一元素不在一个指定的序列中,则返回 True,否则返回 False	>>> x='10'
		>>> s='abcdefg'
		>>> x not in s
		True

【例 3-3】 有一个列表 L=[1,2,3,4,5,6,7,1,2,3,4,5,6,7],要求去掉其中重复的元素。

参考代码:

```
>>> L=[1,2,3,4,5,6,7,1,2,3,4,5,6,7]
>>> L1 = list()
>>> for x in L:
    if x not in L1:
        L1.append(x)
>>> L1
```

输出结果:

```
[1, 2, 3, 4, 5, 6, 7]
```

5. 身份运算

身份运算用来判断两个变量是否指向同一对象,或者某一对象是否在一个序列中。Python 中的身份运算符如表 3-6 所示。

表 3-6 Python 中的身份运算符

身份运算符	描述	示例

is	判断两个变量是否指向同一个对象，返回值为 True 和 False	>>> a=1
		>>> b=1
		>>> a is b
		True
		>>> b=2
		>>> a is b
		False
		>>> b=a
		>>> a is b
		True
		>>> id(a)
		502515440
		>>> id(b)
		502515440

is not	判断两个变量是否没有指向同一个变量，返回值为 True 和 False	>>> a=1
		>>> b=2
		>>> a is not b
		True

3.3.2 表达式

表达式是运算符和操作数所构成的序列，是 Python 程序常见的代码。用算术运算符连接起来的表达式称为算术表达式，如 a+b；用关系运算符连接起来的表达式称为关系表达式，如 a<b；用逻辑运算符连接起来的表达式称为逻辑表达式，如 a and b。和数学中的算术运算一样，Python 程序设计中的表达式也有运算顺序。通常，算术运算表达式>关系运算表达式>逻辑运算表达式。

3.4 Python 相关基础语法

3.4.1 空格

Python 语言书写的程序，对格式的要求非常严格，尤其是对齐和缩进。如例 3-2 中，if 语句和 elif 语句后面一行的 print 语句都有缩进，一般是 4 个空格或者按一次 Tab 键的距离。Python 利用空格实现对程序的分段。Python 中明确要求不要混合使用 4 个空格和 Tab 键，只使用二者之一。一段程序中，如果开始使用的是 4 个空格，那么后续代码中都用 4 个空格来控制程序的分段，而不是 Tab 键。不同的平台对 Tab 键展开空格的个数的显示效果并不相同。使用空格的好处是，可以使得各个平台下显示效果完全一致。实际编程过程中，一般使用编辑器进行这种自动转换。例如：按一次 Tab 键自动转换为 4 个空格，以及删除空格时，自动删除一组即 4 个空格(到 Tab 键的合适位置)。

再看下面的代码：

```
>>> print('score', 90 * 0.3 + 81 * 0.7)
score 83.69999999999999
>>> print('score', 90  *  0.3  +  81  *  0.7)   #这样看起来更好一些
score 83.69999999999999
```

上述两段代码的执行结果是一样的,主要区别就在于下面一段代码在算术符号的两边加上了空格,这里的空格是没有语法含义的,一般都是从可读性的角度考虑。一般关键词后以及逗号的后面会加一个空格。这个空格是可选的,加上它可以使得程序更加方便阅读。

3.4.2 注释

在程序设计中,为了提高程序的可阅读性和可理解性,相关代码和程序需要一定的注释。一般来说,源程序的有效注释在20%以上,不宜太多,也不宜过少。通常,函数头部、源文件头部、标志性变量等均需要标注明确的注释,以便于代码的阅读。在例3-1中,使用#标注了多个注释,极大地提高了程序的可读性。在Python中,注释常用的形式有单行注释和多行注释。

(1) 单行注释。单行注释的标识符是#,注释标识符后面的语句或者文字是不会被执行的。如3.4.1节例子中代码print('score', 90 * 0.3 + 81 * 0.7)后面的#,该符号后面的"这样看起来更好一些"这些文字都不会被执行。单行注释有时候也用在程序调试中,若不想让某行代码被执行,就在其之前加入#;若想让它运行,就将该符号去掉。对注释的灵活运用可以使得程序调试更加灵活。

(2) 多行注释。当注释的内容比较长时,可以采用多行注释,标识符是三引号。在例3-4中,代码所完成的任务在注释中说明,由于内容较长,所以用多行注释来体现。

【例3-4】 利用泰勒级数计算e的近似值。

参考代码：

```
'''利用泰勒级数计算e的近似值,
当最后一项的绝对值小于10^-5时认为达到了精度要求,
要求统计总共累加了多少项并输出程序的总运行时间'''
import time
start_time = time.clock()
n = 1
count = 1
term = 1.0
e = 0
while abs(term)> 1e-5:
    term = term/n
    e = e + term
    n = n + 1
    count += 1
end_time = time.clock()
print("e = %f,运行次数: %d次" % (e,count))
print("运行耗时" + str(end_time - start_time) + "s")
```

该例中,程序前面的三行文字被包含在三引号中,属于注释文字,程序执行时不会执行注释。

3.5　random 库

random 库是 Python 中用来产生随机数的标准库，使用时需要通过 import random 或 from random import * 语句导入。random 库中主要包含两类函数，常用的有 8 个。random 库常用函数如表 3-7 所示。

表 3-7　random 库常用函数

类　别	函　数	功 能 说 明
基本随机函数	seed(a=None)	改变随机数生成器的种子，在调用其他随机模块之前调用该函数，可固定生成同一个随机数，以便于案例结果复现
	random()	随机生成一个[0.0, 1.0]区间的浮点数
扩展随机函数	randint(a,b)	随机生成一个[a,b]区间的整数
	getrandbits(k)	随机生成一个 k 比特(b)长度的非负整数
	randrange(start,stop[,step])	随机生成一个[start,stop)区间，步长为 step 的整数
	uniform(a,b)	随机生成一个[a,b]区间的小数
	choice(seq)	从非空序列 seq 中随机返回一个元素
	shuffle(seq)	随机排列序列中的元素，并返回打乱顺序后的原序列，即不会生成新的序列

【例 3-5】　random 库中常见函数的使用。

观看视频

参考代码：

```
>>> from random import *          #引用 random 库
>>> random()                      #生成 0～1 的随机小数
0.005971912566784976
>>> seed(10)                      #设置随机生成器的种子为 10,然后再生成随机数
>>> random()
0.5714025946899135
>>> seed(10)                      #再次设置随机生成器的种子为 10,即可生成和上次一样的随机数
>>> random()
0.5714025946899135
>>> random()                      #没有设置随机生成器的种子,则生成不同的随机数
0.4288890546751146
>>> for x in range(10):           #随机生成 1～100 的 10 个整数
    print(randint(1,100),end = ' ')
74 2 27 60 63 36 84 21 5 67
>>> getrandbits(3)                #随机生成一个 3b 的整数
3
>>> randrange(1,20,3)             #随机生成一个 1～20,步长为 3 的整数
7
>>> uniform(2,3)                  #随机生成一个 2～3 的小数
2.076089346781348
>>> choice([1,2,3,4,5,6,7,8,9])              #随机选中列表序列中的一个元素并返回
6
>>> shuffle([1,2,3,4,5,6,7,8,9])             #随机将列表中的元素乱序
```

```
>>> x = shuffle([1,2,3,4,5,6,7,8,9])
>>> x
>>> print(x)
None
>>> print(shuffle([1,2,3,4,5,6,7,8,9])) #由于乱序而不会生成新的列表,因此没有任何返回值
None
>>> y = [1,2,3,4,5,6,7,8,9]                  #随机打乱原有的列表序列
>>> shuffle(y)
>>> y
[1, 7, 9, 6, 2, 3, 8, 5, 4]
>>>
```

观看视频

【例 3-6】 随机游走(random walk)也称随机漫步。随机行走是指基于过去的表现,无法预测将来的发展步骤和方向。其核心概念是指任何无规则行走者所带的守恒量都各自对应着一个扩散运输定律,接近于布朗运动,是布朗运动理想的数学状态,现阶段主要应用于互联网链接分析及金融股票市场中[①]。随机游走对于股市而言指股价的短期变动不可预测,各种投资咨询服务、收益预测和复杂的图形都毫无用处。现在,随机游走理论已发展成三种形式:强式、半强式和弱式。要求:模拟一维的 1000 步的随机游走,从 0 开始,步长为 1 和−1,且以相等的概率出现。

参考代码:

```
import random
import matplotlib.pyplot as plt
position = 0                    #设置初始位置为0
walk = []                       #新建空列表,用来存储随机游走的步长及方向
steps = 1000                    #设置步数
for i in range(steps):
    if random.randint(0,1):     #randint()随机生成[0,1]区间的整数,不是0就是1
        step = 1
    else:
        step = -1               #每步向前一步或者向后一步
    position = position + step #在原有位置position的基础上,计算下一步前进或后退之后的位置
walk.append(position)           #将position添加至列表walk中
#print(walk)
fig = plt.figure()              #生成绘图窗口
ax = fig.add_subplot(111)       #返回一个ax对象,参数111表示生成的窗口排列为1行1列(仅一
                                #个窗口),在第1个窗口进行绘图
ax.plot(walk)                   #以列表walk中的数据绘制图形
plt.show()                      #显示图形
```

运行结果如图 3-3 所示。

【例 3-7】 在例 3-6 中,要求步长为 1 或者−1 的概率是相同的,在代码中,产生步长正负的条件表达式为 random.randint(0,1),该表达式会在[0,1]区间随机生成整数 0 或者 1。要求:测试该表达式随机生成 1 的概率值。

---

① 引自百度百科中"随机漫步"词条。

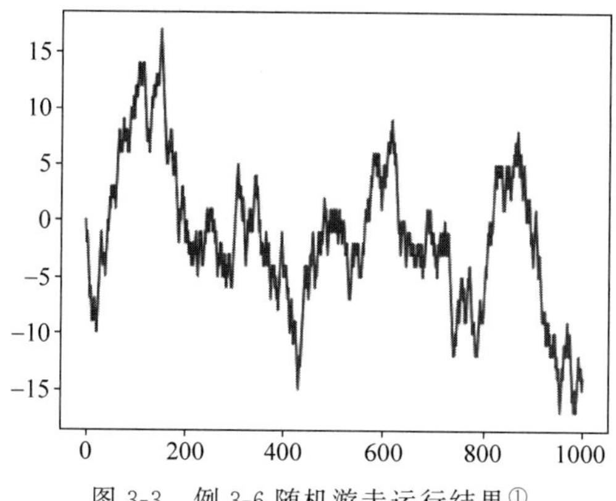

图 3-3　例 3-6 随机游走运行结果①

参考代码：

```
import random
import matplotlib.pyplot as plt
n = 1000                        #共执行 1000 次
total = 0                       #用 total 计算生成值为 1 的次数
for x in range(n):
    total = total + random.randint(0,1)
p = total/n
print(p)
```

运行结果如下：

```
0.493
>>>
```

【分析】 改变测试的数量 n 的值，当 n 为 10 000 时，p 的值为 0.4988；当 n 为 100 时，p 的值为 0.44；当 n 为 10 时，p 的值为 0.4。可以看出，当 n 越大时，表达式 random.randint(0,1)生成 1 的概率越接近 0.5，这和例 3-1 是类似的问题，就像抛硬币会有正反面，抛一次两次看不出，当抛的次数越来越多时，出现正面和反面的概率是相同的，都是 0.5。系统产生随机数也是一样的，表达式 random.randint(0,1)随机产生 0 和 1 的概率是相同的。在随机事件的大量重复出现中，结论往往呈现出某种固定的值。这也是目前大数据应用背后的逻辑：当样本数量足够大时，可以反映其背后的真实规律。

3.6　练习

1. 下列语句中，(　　)在 Python 中是非法的。

   A. x=y=z=1　　B. x=(y=z+1)　　C. x,y=y,x　　D. x+=y

2. 已知 x, y = 1, 2，那么执行 x, y = y, x 之后，x 的值为(　　)。

   A. 1　　B. (1, 2)　　C. 不符合语法，报错　　D. 2

---

① 由于随机数每次产生的会有所不同，因此程序每次运行会得到不同的结果。

3. 以下选项中不符合 Python 语言变量命名规则的是(　　)。

A. 3_1　　B. X　　C. ss　　D. InputStr

4. 以下注释语句中,不正确的是(　　)。

A. #Python 注释　　B. '''Python 注释'''

C. """Python 注释"""　　D. // Python 注释

5. print(r'\\')和 print('\\')的结果是(　　)。

A. \和\\　　B. \\和\\　　C. \和\　　D. \\和\

第4章 语句和控制结构

本章重点内容：掌握选择结构语句——if 语句、if…elif…else 语句、选择语句嵌套；掌握循环结构语句——while 语句、for 语句和 range()内建函数等；掌握转移语句——break、continue、pass 语句。

本章学习要求：Python 的条件语句和循环语句，决定了程序的控制流程，体现结构的多样性。需着重理解 if、while、for 语句以及与它们相搭配的 else、elif、break、continue 和 pass 语句。

4.1 引例

【例 4-1】 计算 1～n 内能被 3 整除的数字之和，通过键盘输入 n 的值，最后显示输出计算结果。

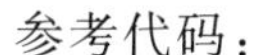

参考代码：

```
sum = 0
n = int(input('计算 1～n 内能被 3 整除的数字之和,请输入 n 的值'))
for i in range(n + 1):
   if i % 3 == 0:
      sum = sum + i
print ('1 %d 内能被 3 整除的数字之和是 %d ' % (n,sum))
```

运行结果如图 4-1 所示。

```
========================= RESTART: G:/例题/例题4-1.py =========================
=
计算1~n内能被3整除的数字之和，请输入n的值100
1 ~ 100 内能被3整除的数字之和是 1683
>>> 
```

图 4-1　例 4-1 的运行结果

说明：在上述程序中，使用了 if 条件语句和 for 循环语句分别用来控制程序的结构。通过条件语句，可以控制程序的分支运行；通过循环语句，可以通过简单的代码使程序多次进行相同的运算。

4.2 基本语句及顺序结构语句

4.2.1 输入输出语句

在 Python 程序中用于从控制台获得用户输入并输出结果的分别是 input 输入语句和 print 输出语句。

input 语句从控制台获得用户输入，将输入内容以字符串属性赋值给程序中的一个变量，在获得用户输入之前，该语句能够输出一些提示性文字。该语句的赋值过程如下：

```
<变量> = input(<提示性文字>)
```

通过 input 语句输入的值，默认为字符串属性，在例 4-1 中，字符串无法进行运算，需要用 int()函数将字符串转换为整数之后再进行算术运算。

print 语句用来输出字符信息，也可以以字符形式输出变量，支持格式化输出。在例 4-1 的 print 语句中，%d 是占位符，输出时显示的是后面变量 n 的值。Python 常用的字符串格式化符号如表 4-1 所示。

表 4-1 Python 常用字符串格式化符号

符　号	描　述	符　号	描　述
%c	字符及其 ASCII 码	%s	字符串
%d	整数	%u	无符号整数
%o	无符号八进制数	%x	无符号十六进制数
%f	浮点数	%e	科学记数法浮点数

【例 4-2】 从键盘中输入两个数，并输出这两个数的平均值。

参考代码：

```
a = float(input('请输入第一个数值')) # float()函数将输入的字符串转换为浮点数
b = float(input('请输入第二个数值'))
average = (a + b)/2
print('输入的两个数的平均值是 %f' % average)
```

运行结果如下：

```
请输入第一个数值 10
请输入第二个数值 20
输入的两个数的平均值是 15.000000
>>>
```

4.2.2 赋值语句

【例 4-3】 变量 a 赋值为 4，变量 b 赋值为 5，交换变量 a 和 b 的值，最后为 b 的值加 1。

代码如下：

```
>>> a = 4
>>> b = 5
```

```
>>> a,b = b,a
>>> print(a)
5
>>> print(b)
4
>>> b = b + 1
>>> print(b)
5
```

赋值语句使用等号“＝”来给变量赋值。例如，给变量 x 赋值：x＝10。

此外，还有一种同步赋值语句，用来给多个变量赋值，基本过程如下：

```
<变量 1>, …,<变量 N> = <表达式 1>, …,<表达式 N>
```

同步赋值不等同于简单地将多个单一赋值语句进行合并，Python 解释器在处理同步赋值时首先运算右侧的 N 个表达式，然后同时将表达式的结果赋值给左侧的 N 个变量。以互换两个变量 a 和 b 的值为例，采用单一语句，只要增加一个额外变量辅助，也可以同步赋值(见例 4-3)。

```
>>> c = a
>>> a = b
>>> b = c
```

在实际编写程序中，为了保证程序可读性更好，应尽量避免将两个无关单一的赋值语句组合成同步赋值语句，但对于以上例子的情况，则建议在程序编写中采用同步赋值，从而减少变量，且语句含义表达直接，更容易理解。

同时，在例 4-3 中，最后的语句 b＝b＋1，从数学的角度来看，这样写是完全错误的，但在程序设计中，“＝”的意义不再是数学中表示相等的意思。赋值语句的运算顺序是先计算等号右边的表达式，再将表达式的值赋值给左侧的变量。在 Python 中，基本的赋值语句包括基本赋值、元组/列表赋值、两个变量的交换、序列赋值、多目标赋值和参数化赋值等。遵循的原则是变量与值需要一一对应。

```
>>> a,b = 3,4                          # 多目标赋值
>>> a
3
>>> b
4
>>> [x,y] = ['abc','ECUPL']            # 列表赋值
>>> x
'abc'
>>> y
'ECUPL'
>>> x,y = ['abc','ECUPL']
>>> x
'abc'
>>> y
'ECUPL'
```

4.2.3 顺序结构语句

对于 Python 程序中的执行语句,默认时是按照书写顺序依次执行的,这时我们称这样的语句是顺序结构的。但是,仅有顺序结构还是不够的,因为有时候需要根据特定的情况,有选择地执行某些语句,这时就需要一种选择结构的语句。另外,有时候还可以在给定条件下往复执行某些语句,这时我们称这些语句是循环结构的。

在 Python 语言中,除了顺序结构和选择结构之外,还有一种常见的结构:循环结构。所谓循环结构,就是在给定的条件为真的情况下,重复执行某些操作。具体而言,Python 语言中的循环结构包含两种语句,分别是 while 语句和 for 语句。这两种语句是编程时的基本元素,例如当需要用户输入 10 个整数时,如果不使用循序结构,则需要使用 10 条输入语句,但是使用循环结构,只需要一条语句就够了。由此可见,循环结构能够给开发工作带来极大的便利。

4.3 条件语句

4.3.1 基本的 if 语句

Python 中的 if 语句的功能跟其他语言非常相似,都是用来判定给出的条件是否满足,然后根据判断的结果(即真或假)决定是否执行给出的操作。if 语句是一种单选结构,它选择的是做与不做。它由三部分组成:关键字 if 本身、测试条件真假的表达式(简称为条件表达式)和表达式结果为真(即表达式的值为非零)时要执行的代码。

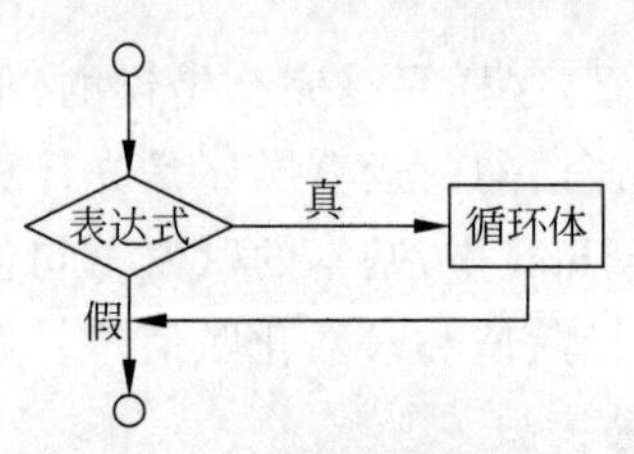

图 4-2 if 语句的流程图

if 语句的语法形式如下所示:

```
if 表达式:
    语句体
```

if 语句的流程图如图 4-2 所示。

注意,if 语句的语句体只有当条件表达式的值为真,即非零或非空时,才会执行;否则,程序就会直接跳过这个语句体,去执行紧跟在这个语句体之后的语句。这里的语句体既可以包含多条语句,也可以只有一条语句,但语句体由多条语句组成时,要有统一的缩进形式,否则就会出现逻辑错误,即语法检查没错,但结果却非预期。

【例 4-4】 用户输入一个整数,如果这个数字大于 6,那么就输出一行字符串;否则,直接退出程序。

参考代码:

```
integer = input('请输入一个整数: ') # 取得一个字符串
integer = int(integer)              # 将字符串转换为整数
if integer > 6:
  print ('%d 大于 6' % integer)
```

运行结果如图 4-3 所示。

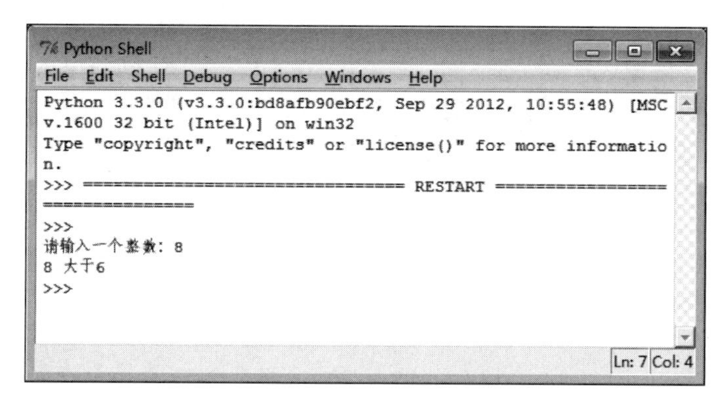

图 4-3　例 4-4 的运行结果

4.3.2　else 语句

上面的 if 语句是一种单选结构，也就是说，如果条件为真(即表达式的值为非零或非零)，那么执行指定的操作；否则就会跳过该操作。所以，它选择的是做与不做的问题。而 if…else 语句是一种双选结构，它选择的不是做与不做的问题，而是在两种备选行动中选择哪一个的问题。if…else 语句由五部分组成：关键字 if、测试条件真假的表达式、表达式结果为真(即表达式的值为非零或非零)时要执行的代码，以及关键字 else 和表达式结果为假(即表达式的值为零)时要执行的代码。

if…else 语句的语法形式如下所示：

```
if 表达式:
   语句体 1
else:
   语句体 2
```

语句体1 ←真— 表达式 —假→ 语句体2

图 4-4　if…else 语句的流程图

if…else 语句的流程图如图 4-4 所示。

从 if…else 语句的流程图中可以看出，当条件为真(即表达式的值为非零或非空)时，执行语句体 1；当条件为假(即表达式的值为零或为空)时，执行语句体 2；也就是说，条件无论真假，它总要在两个语句体中选择一个执行，双选结构之称谓由此而来。

【例 4-5】 用户输入一个整数，如果这个数字大于 6，那么就输出一行信息，指出输入的数字大于 6；否则，输出另一行字符串，指出输入的数字小于或等于 6。

参考代码：

```
integer = input('请输入一个整数: ') # 取得一个字符串
integer = int(integer)              # 将字符串转换为整数
if integer > 6:
  print('%d 大于 6' % integer)
else:
  print('%d 小于或等于 6' % integer)
```

运行结果如图 4-5 所示。

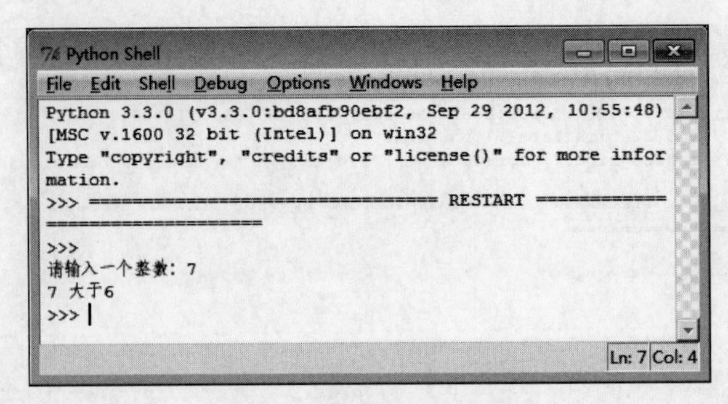

图 4-5 例 4-5 的运行结果

4.3.3 elif 语句

有时候,需要在多组动作中选择一组执行,这时就会用到多选结构,对于 Python 语言来说就是 if…elif…else 语句。该语句可以利用一系列条件表达式进行检查,并在某个表达式为真的情况下执行相应的代码。需要注意的是,虽然 if…elif…else 语句的备选动作较多,但是有且只有一组动作被执行。该语句的语法形式如下所示:

```
if 表达式 1:
    语句体 1
elif 表达式 2:
    语句体 2
…
elif 表达式 m:
    语句体 m
else:
    语句体 m+1
```

注意,最后一个 elif 子句之后的 else 子句没有进行条件判断,它实际上处理跟前面所有条件都不匹配的情况,因此通常将 else 语句所处理的条件称为默认条件,所以 else 子句必须放在最后。if…elif…else 语句的流程图如图 4-6 所示。

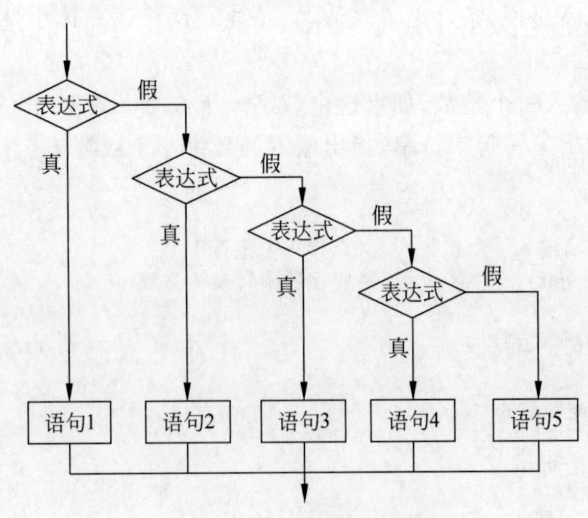

图 4-6 if…elif…else 语句的流程图

【例 4-6】 用户输入一个整数，如果这个数字大于 6，那么就输出一行信息，指出输入的数字大于 6；如果这个数字小于 6，则输出另一行字符串，指出输入的数字小于 6；否则，指出输入的数字等于 6。

参考代码：

```
integer = input('请输入一个整数: ')＃取得一个字符串
integer = int(integer)              ＃将字符串转换为整数
if integer > 6:
  print ('%d 大于 6' % integer)
elif integer < 6:
  print ('%d 小于 6' % integer)
else:
  print ('%d 等于 6' % integer)
```

运行结果如图 4-7 所示。

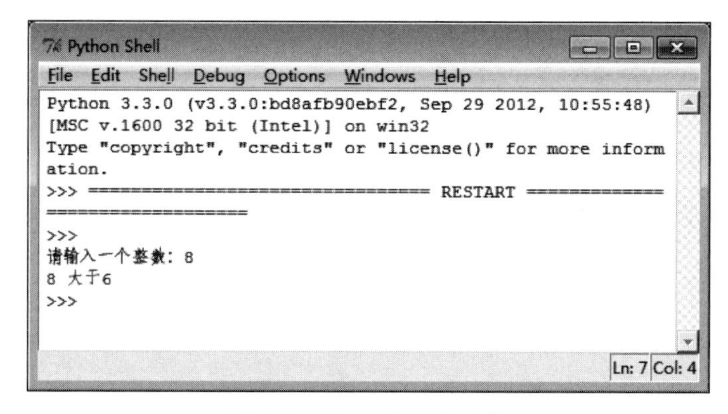

图 4-7　例 4-6 的运行结果

【例 4-7】 按照我国法律及相关解释，盗窃公私财物价值一千元至三千元以上以及盗窃国有馆藏一般文物，处三年以下有期徒刑（本例中仅看有期徒刑刑期）；盗窃公私财物价值三万元至十万元以上以及盗窃国有馆藏三级文物，处三年以上十年以下有期徒刑；盗窃公私财物价值三十万元至五十万元以上以及盗窃国有馆藏二级以上文物，处十年以上有期徒刑或者无期徒刑①。

参考代码：

```
theft_of_goods = input("请输入盗窃物: 一般文物、三级文物或者二级以上文物")
theft_amount = int(input("请输入盗窃金额"))
level1 = 0
level2 = 0
level = 0
if theft_amount > 1000:
    level1 = 2
elif theft_amount > 30000:
```

① 引用来源见 https://www.64365.com/zs/835944.aspx 和 http://rmfyb.chinacourt.org/paper/html/2017-05/04/content_125057.htm?div=-1。

```
        level1 = 3
    elif theft_amount > 300000:
        level = 4
    if theft_of_goods == "一般文物":
        level2 = 2
    elif theft_of_goods == "三级文物":
        level2 = 3
    elif theft_of_goods == "二级以上文物":
        level2 = 4
    if level1 > level2:
        level = level1
    else:
        level = level2
    if level == 2:
        print("三年以下有期徒刑")
    elif level == 3:
        print("三年以上十年以下有期徒刑")
    elif level == 4:
        print("十年以上有期徒刑或者无期徒刑")
    else:
        print("予以治安处罚,拘留或罚款")
```

【例 4-8】 模拟判断用户登录信息。要求:当登录的用户名和密码全部正确时,显示"欢迎登录!",否则显示"用户名或密码信息不正确,请重新登录!",用户名为 admin,密码为 password。

参考代码:

```
username = input("请输入用户名:")
psword = input("请输入密码:")
if username == "admin" and psword == "password":
    print("欢迎登录!")
else:
print("用户名或密码信息不正确,请重新登录!")
```

在本例中,input 语句提示从键盘输入,将输入的值存储在变量 username 中,同样地,从键盘输入的密码值存放在变量 psword 中,通过 if…else 语句控制,如果条件表达式 username == "admin" and psword == "password"成立,则输出"欢迎登录!",否则输出"用户名或密码信息不正确,请重新登录!"。其中的条件表达式用关系运算符 and 连接。

4.4 while 循环

例 4-8 中,对用户名和密码的判断仅执行一次,若输入错误,则需要重新执行程序,才可以再次判断,很不方便。一般情况下,希望输入错误时,可以直接再次输入,直到输入正确为止。这是一个多次尝试和多次重复判断的问题,在程序设计中,反复多次进行重复性功能,可以利用循环来实现。

【例 4-9】 修改例 4-8,修改要求:在原有功能基础上,增加验证次数的功能。当用户名或者密码输入错误时,无限次重新输入而无须重新运行程序。

参考代码：

```
while True:                          #条件表达式判断一直为真
    username = input("请输入用户名：")
    psword = input("请输入密码：")
    if username == "admin"and psword == "password":
        print("欢迎登录！")
    else:
        print("用户名或密码信息不正确,请重新登录！")
```

在程序开头添加 while True 语句，条件总是成立，因此循环会一直执行下去。

4.4.1　while 循环语句的一般语法

在 Python 中，while 语句的功能是，当给定的条件表达式为真时，重复执行循环体(即内嵌的语句)，直到条件为假时才退出循环，并执行循环体后面的语句。while 语句的语法形式如下所示：

```
while 表达式:
    循环体
```

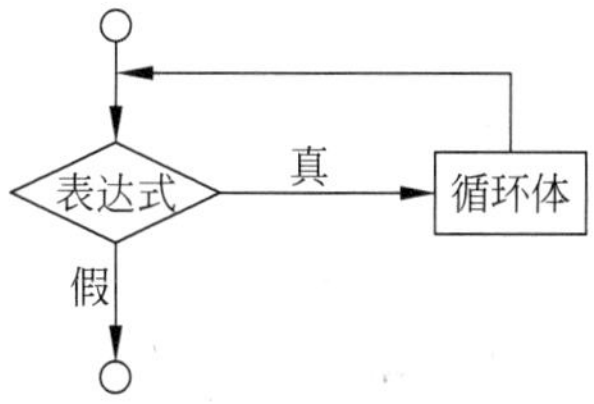

while 语句的流程图如图 4-8 所示。

图 4-8　while 语句的流程图

和 if 语句相同的是，两者都由一个条件表达式和语句体组成，并且都是在条件表达式的值为真时执行语句体。关键的区别在于，对于 if 语句，它执行完语句体后，马上退出了 if 语句；对于 while 语句，它执行完语句体后，立刻又返回条件表达式，只要条件表达式的值一直为真，它就会一直重复这一过程。

在使用 while 语句时，有四点要注意：一是组成循环体的各语句的缩进形式；二是循环体中要有使循环趋向于结束(即使条件表达式的值为假)的代码，否则会造成无限循环；三是循环体既可以由单条语句组成，也可以由多条语句组成，但是不能没有任何语句；四是 Python 对大小写敏感，所以关键字 while 必须小写。

【例 4-10】 打印输出 1～100 的奇数，并计算它们的和。

参考代码：

```
integer = 1                          #初始化
sum = 0
while integer <= 100:                #条件表达式
if integer % 2 == 1:
print(integer , end = '     ')
sum = sum + integer
integer = integer + 1
print('')                            #输出换行
print("1～100 的所有奇数的和为：%d " % sum)
```

在该例中，首先初始化起始数字 integer 的值为 1(题目要求从 1 开始)，用来存放和的变量 sum 的初始值为 0，上限是 100，所以条件表达式设置的条件为小于或等于 100。当条件满足时，循环体会被一直反复执行，直至条件不满足。每次循环时，首先判断当前数

integer 是否为奇数,这里嵌套了一个 if 条件语句,用来判断当前数 integer 是否为奇数,它相当于一个过滤器,只有满足条件的数字,才会在循环中进行运算。本例中,当前数为奇数,则打印输出,并加到变量 sum 中,循环每执行一次,当前数 integer 都更新(加 1),并且满足条件的数(奇数)都会被累加到 sum 中。当条件不满足,即当前数大于 100 时,循环结束。执行最后两行 print 命令,打印输出结果。

运行结果如图 4-9 所示。

```
==========
1 3 5 7 9 11 13 15 17 19 21 23 25 27 29 31 33 35 37 39 41 43 45 47 49 51 53 55
57 59 61 63 65 67 69 71 73 75 77 79 81 83 85 87 89 91 93 95 97 99
1~100的所有奇数的和为: 2500
>>>
```

图 4-9 例 4-10 的运行结果

4.4.2 计算循环

在例 4-8 模拟用户登录的例子中,实际情况是用户不能无限次地尝试登录,因此需要控制循环执行的次数,即控制程序循环的次数。在 while 循环中,可以通过设置一个计数器来控制循环的次数。

【例 4-11】 修改例 4-8,要求:若用户输入用户名和密码错误的次数超过 3 次,则显示"该账户已锁定,请联系客服人员!"。

参考代码:

```
count = 0                       #计数器初始化
while count < 3:                #计数器,设置循环执行的最大次数
    username = input("请输入用户名: ")
    psword = input("请输入密码: ")
    if username == "admin"and psword == "password":
        print("欢迎登录!")
        break                   #当用户名和密码输入正确时,退出循环
    else:
        print("用户名或密码输入错误,请重试!")
    count = count + 1
print('该账户已锁定,请联系客服人员!')
```

在本例中,变量 count 是循环的计数器,用它来控制循环的最大次数,最多可以验证 3 次,由于 count 的初始值是 0,因此 while 后面条件表达式为 count < 3。循环每执行一次,计数器 count 的值加 1,自动记录循环执行的次数。

【例 4-12】 要求从键盘输入 10 个整数,输入完毕后,打印输出 10 个数的平均值。

【分析】 由于使用计数器来控制输入循环,因此必须有一个变量来充当计数器,在这里是变量 counter,用它来控制输入语句的执行次数。一旦计数器超过 10,便停止循环。此外,还需要一个变量来存放输入的整数的和,这里是变量 total,将其初始化为 0。

参考代码:

```
total = 0                       #定义并初始化变量
counter = 1                     #初始化计数器
while counter <= 10:            #让用户输入 10 个整数,并将其累加
```

```
    total = total + int(input('请输入一个整数: '))  #该语句执行了输入、类型转换、累加三个动作
    counter = counter + 1
#计算并输出平均数
print ("您输入的 10 个整数的平均值是: ", total/10)
```

运行结果如图 4-10 所示。

这里用一个 while 语句让 input()函数循环执行 10 次。这里循环语句中的条件表达式为 counter <= 10,因为 counter 的初始值为 1,而循环体中使循环趋向于结束的语句是 counter = counter + 1,所以循环体将执行 10 次。

```
请输入一个整数: 1
请输入一个整数: 2
请输入一个整数: 3
请输入一个整数: 4
请输入一个整数: 5
请输入一个整数: 6
请输入一个整数: 7
请输入一个整数: 8
请输入一个整数: 9
请输入一个整数: 10
您输入的10个整数的平均值是:  5.5
>>>
```

图 4-10 例 4-12 的运行结果

每次循环中,input()函数会输出"请输入一个整数:",提示用户进行输入。当用户输入后,int()函数马上将输入的内容由字符串转换为整数,并累加到变量 total 中。注意,这三个动作是用一条语句完成的。该程序的最后部分是计算并打印计算结果。首先将累加的结果转换为浮点数,然后除以 10,并用打印语句进行输出。

注意,不要用累加值 total 除以计数器 counter 来计算平均值。因为当用户输入第 10 个整数时,counter 的值为 10,表达式的值为真,所以循环体继续执行。当执行了循环体的最后一条语句,即

```
counter = counter + 1
```

之后,counter 的值会变成 11,再次判断表达式,这时表达式的值为假,所以退出循环。也就是说,当循环退出时,counter 的值是 11,而不是 10。所以,用它来求 10 个整数的平均值是错误的。

4.4.3 无限循环

如果条件判断语句永远为 True,循环将会无限地执行下去。无限循环也称为死循环。如:

```
i = 1
while i < 10:
   print(i)
```

上述例子就是一个死循环,i 的值永远是 1,则条件表达式 i < 10 永远成立,程序会一直不停地运行下去,可以通过 Ctrl+C 组合键来中断循环,或者强制退出程序。一般需要避免出现程序无限循环的情况。

4.5 for 循环

4.5.1 一般语法

Python 中的 for 循环可以用来遍历任何序列对象,如字符串、列表、字典、元组和集合等。for 循环执行时,控制变量依次以序列元素为值,循环次数取决于序列对象中元素的个

数,而while循环使用条件表达式的真和假来控制循环的执行和执行次数。for循环语句的一般语法形式如下:

```
for <控制变量> in <序列对象>:
    循环体
```

这里的关键字in是for语句的组成部分,而非运算符in。“序列对象”被遍历处理,每次循环时,都会将“控制变量”设置为“序列对象”的当前元素,然后开始执行循环体内的语句。当“序列对象”中的元素遍历一遍后,即没有元素可供遍历时,退出循环。

for循环语句的流程图如图4-11所示。

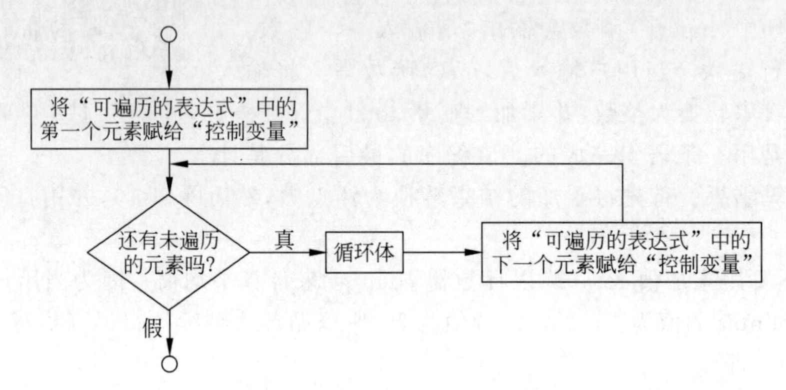

图4-11 for循环语句的流程图

【例4-13】 计算1～100中100个自然数的和,并打印输出。

【分析】 100个自然数的累加,加法运算重复执行100次,所以显然可以用循环来实现。可以用while循环实现,也可以用for循环实现。

参考代码:

```
sum = 0                          #初始化变量
for x in range(101):             #range()产生一个序列对象,默认从0开始
    print(x, end = ' ')          # end = ' '保证了数字不换行输出
    sum = sum + x                #每次循环,将数字累加到sum中
print('')
print('1～100中自然数的和是: %d' % sum)
```

很多时候,for语句都是和range()函数结合使用的。在本例中,首先,for语句开始执行时,range()函数会生成一个由0～100这101个值组成的序列(由于0的参与不影响最终计算结果,所以没有设置range的起始值);然后,将序列中的第一个值即0赋给变量x,并执行循环体。在循环体中,将变量x累加至变量sum中,为了更加直观地看到变量x值的变化,在程序中每次循环都打印输出x的值,以此类推,直到遍历完序列中的所有元素为止。

【例4-14】 计算1～1000中所有偶数的和与平均值,并打印输出。

【分析】 首先用range()生成1～1000的序列,对序列中的每一个值判断其是否为偶数,如果是,则累加至sum中,计数器counter加1,记录加和的个数,遍历完毕后做除法得到平均值。

参考代码：

```
sum1 = 0                        #初始化
counter = 1
average = 0
for x in range(1,1001):                          #生成 1～1000 的序列
    if x % 2  == 0:                              #判断 x 是否为偶数
        sum1 = sum1 + x                          #条件成立时,将 x 累加至 sum 中
        print(x, end = ' ')                      #不换行输出 x,查看符合条件的数字 x
        counter = counter + 1                    #x 符合偶数条件时,计数器加 1,统计偶数的个数
print('1～1000 中所有偶数的和是: %d' % sum1)
average = sum1/counter
print('1～1000 中所有偶数的平均值是: %f' % average)
```

运行结果如下：

```
1～1000 中所有偶数的和是: 250500
1～1000 中所有偶数的平均值是: 501.000000
>>>
```

【例 4-15】 有学生计算机成绩数据存放在列表 score 中，统计其平均值 average。

参考代码：

```
>>> #方法一
>>> score = [90,100,30,48,69,78,87,80,85,92,75]  #列表中的元素为成绩值
>>> average = sum(score)/len(score)              #使用了列表自带的函数 sum()和 len()
>>> average
75.81818181818181
>>> #方法二
>>> sum1 = 0
>>> for x in score:
        sum1 = sum1 + x
>>> average = sum1/len(score)
>>> average
75.81818181818181
>>>
```

本例中，使用了两种方法计算列表中数值的平均值。方法一中，使用函数 sum()计算列表中元素的和，len()计算列表中运算的个数；方法二中，使用 for 循环遍历列表中的每个元素，并把各个元素累加到变量 sum1 中，最后求得平均值。

【例 4-16】 鸡兔同笼问题。大约在 1500 年前，《孙子算经》中就记载了这个有趣的问题。书中是这样叙述的：今有雉兔同笼，上有三十五头，下有九十四足，问雉兔各几何？这四句话的意思是：有若干只鸡兔同在一个笼子里，从上面数有 35 个头，从下面数有 94 只脚。求笼中各有几只鸡和几只兔？

【分析】 按一般的数学问题解方程，该问题列一组方程组即可解决，设鸡有 x 只，兔有 y 只，则方程为 $x+y=35$ 和 $2x+4y=94$。写程序解决问题是计算思维，需要遍历 x 和 y 的所有情况，找到满足条件的 x 和 y 的值。

参考代码：

```
a = 35
b = 94
for x in range(1,a):
    if 2 * x + 4 * y = b:
        print('鸡有' + str(x) + '只','兔有' + str(y) + '只')
```

运行结果如下：

```
鸡有 23 只 兔有 12 只
```

【例 4-17】 "好、事、做、要"每一个文字都代表一个数字，试编写代码计算出符合图 4-12 所示数学式子的"好、事、做、要"的值分别是多少。

```
   好事好
+  要做好
 要做好事
```

图 4-12 公式计算

参考代码：

```
list1 = [0,1,2,3,4,5,6,7,8,9]
list2 = [1,2,3,4,5,6,7,8,9]
for h in list2:
    for s in list1:
        for z in list1:
            for y in list2:
                if (h * 100 + s * 10 + h) + (y * 100 + z * 10 + h) == (y * 1000 + z * 100 + h * 10 + s):
                    print(h,s,y,z)
```

运行结果如下：

```
9 8 1 0
```

【分析】 用 h、s、z 和 y 分别代表四个汉字，使用嵌套循环，分别对四个变量进行遍历，找到其中一组满足条件的 h、s、z 和 y 的值。

4.5.2 range()函数

range()函数是 Python 的内置函数之一，它能返回一系列连续均匀变化的整数，一般用在 for 循环中作为索引。

range()函数的语法格式：

```
range(start, stop [,step]) ;
```

其中，start 指的是计数起始值，默认是 0；stop 指的是计数结束值，但不包括 stop；step 是步长，默认为 1，不可以为 0。range()函数生成一段左闭右开的整数范围。

对于 range()函数，有几个注意点：①它表示的是左闭右开区间；②它接受的参数必须是整数，可以是负数，但不能是浮点数等其他类型；③它是不可变的序列类型，可以进行判断元素、查找元素、切片等操作，但不能修改元素；④它是可迭代对象，却不是迭代器。

range()函数接受的参数不是可迭代对象，本身是一种初次加工的过程，所以设计它为可迭代对象，既可以直接使用，也可以用于其他用途。常见使用方法如下：

(1) 表示范围，是左闭右开区间，区间内可以定义范围内数的间隔，当括号内只有一个数时表示从 0 开始。

```
>>> list(range(1,8,2))                    #步长为 2,从 1 开始,等差为 2 的数列
[1, 3, 5, 7]
>>> list(range(2,8))                      #默认步长为 1
[2, 3, 4, 5, 6, 7]
>>> list(range(8))                        #默认起始数字为 0
[0, 1, 2, 3, 4, 5, 6, 7]
```

（2）range 表中为负数时，步长可以为负，可以从小到大排列。

```
>>> list(range(-8,-1))                    #可以表示负数,从小到大排列
[-8, -7, -6, -5, -4, -3, -2]
>>> list(range(-1,-8))                    #默认步长为 1,此时起始值要小于结束值
[]
>>> list(range(-8,-1,2))                  #设置步长值
[-8, -6, -4, -2]
>>> list(range(-1,-8,-2))                 #步长可以为负,负数从大到小排列
[-1, -3, -5, -7]
>>> list(range(8,1,-2))                   #步长可以为负,正数从大到小排列
[8, 6, 4, 2]
>>> list(range(8,1,2))                    #设置步长为 2,起始值要小于结束值
[]
>>>
```

（3）可以循环出字符串或数组的每个单元。

```
>>> x = 'I love ECUPL'
>>> for i in range(len(x)):               #输出字符串中的每一个字符
    print(x[i], end = '/ ')

I/ / l/ o/ v/ e/ / E/ C/ U/ P/ L/         #运行结果
>>> x = ['I','love','ECUPL']              #输出列表中的每一个元素
>>> for i in range(len(x)):
    print(x[i], end = '/ ')

I/ love/ ECUPL/                           #运行结果
>>> for i in x:                           #输出列表中的每一个元素
    print(i, end = '/ ')

I/ love/ ECUPL/                           #运行结果
```

【例 4-18】 国际乒联将乒乓球比赛每局 21 分改成 11 分，是否会影响比赛结果？

【分析】 比赛胜负由球员的技术水平决定，用两个球员对阵时得 1 分的概率来表示他们的技术水平。如果 A 与 B 水平相当，则 A 拿下 1 分的概率是 50%，B 拿下 1 分的概率也是 50%；如果 A 水平较高，拿下 1 分的概率是 55%，则 B 拿下 1 分的概率就只有 45%。技术水平表示法是主观确定，关键是要符合实际；还可考虑接发球、世界排名等。本例可以使用 random 库中的 random()函数，该函数的作用是随机生成一个[0.0, 1.0)区间的浮点数。假设 A 赢得 1 分的概率是 55%，那么 A 得分的条件是 random() < 0.55，即 random()函数随机生成的浮点数有 55%的概率是小于 0.55 的。

参考代码：

```
import random
count = 0
probA = 0.52                            #设置 A 赢得 1 分的概率
for x in range(1000):
    pointA = pointB = 0                 #每次 while 循环开始时,A 和 B 的分数都需要重置
    while pointA != 21 and pointB != 21:
        if random.random() < probA:
            pointA = pointA + 1
        else:
            pointB = pointB + 1
    if pointA > pointB:
        count = count + 1
print(count/1000)
```

【思考】 该程序只是测试了一局的胜率，要是五局三胜，或者三局两胜，又该如何修改程序呢？

4.6 转移语句

4.6.1 break 语句

一般说来，break 语句和 continue 语句的作用是改变语句执行流程。当 break 语句在循环结构中执行时，它的作用是跳出整个循环结构，转而执行该循环结构后面的语句。例如：

```
>>> L = [1,2,3,4,5,6,7,8,9]
>>> for x in L:
        if x == 4:
            break                   #当列表中的值等于 4 时,退出整个循环
        else:
            print(x,end = ' ')
    1 2 3                           #运行结果
>>>
```

【例 4-19】 打印输出两位数，要求个位上的数字小于或等于十位上的数字，十位上数字相同的两位数在同一行输出。结果如图 4-13 所示。

【分析】 可利用一个嵌套的循环分别控制输出个位数字和十位数字，当十位数字大于个位数字时，使用 break 语句跳出内层循环（个位），输出换行，外层循环进行下一次循环。

```
10 11
20 21 22
30 31 32 33
40 41 42 43 44
50 51 52 53 54 55
60 61 62 63 64 65 66
70 71 72 73 74 75 76 77
80 81 82 83 84 85 86 87 88
90 91 92 93 94 95 96 97 98 99
>>> |
```

图 4-13 例 4-19 的运行结果

参考代码：

```
for x in range(1,10):               #外层循环控制输出十位上的数字,从 1 开始
    for y in range(10):             #内层循环控制输出个位上的数字,从 0 开始
```

```
        if x < y:               # 当十位上的数字小于个位上的数字时,跳出当前内循环
            print('')           # 外层循环每执行一次,可输出换行
            break
        else:
            print(10 * x + y, end = '')
```

4.6.2 continue 语句

与 break 语句不同,当 continue 语句在循环结构中执行时,并不会退出循环结构,而是立即结束本轮循环,重新开始下一轮循环,也就是说,跳过循环体中在 continue 语句之后的所有语句,继续下一轮循环。对于 while 语句,执行 continue 语句后会立即检测循环条件;对于 for 语句,执行 continue 语句后并没有立即检测循环条件,而是先将“序列对象”中的下一个元素赋给控制变量,然后再检测循环条件。

```
>>> L = [1,2,3,4,5,6,7,8,9]
>>> for x in L:
        if x % 2 == 0:
            continue          # 当列表中的元素是偶数时,跳出当次循环,进行下一轮循环
        else:
            print(x, end = '')
1 3 5 7 9                     # 运行结果,输出列表中为奇数的元素
>>>
```

4.6.3 pass 语句

循环体可以包含一个语句,也可以包含多个语句,但是却不可以没有任何语句。那么,如果只是想让程序循环一定次数,但是循环过程什么也不做,可以使用 pass 语句,该语句什么也不做,即它是一个空操作。所以,下列代码是合法的:

```
for x in range(10):
    pass
```

实际上,该语句的确会循环 10 次,但是除了循环本身之外,它什么也没做。当然,pass 语句还有其他方面的作用,如在函数定义或异常处理方面等,参见后续章节。

4.7 练习

1. 编写一个 Python 程序,输入两个数,比较它们的大小并输出其中较大者。
2. 给定三个数,输出其中最大的数。
3. 使用 Python 编程,输出 1～100 中所有偶数及它们的和。
4. 用 Python 编程,假设一年期定期利率为 3.25%,计算需要过多少年,10000 元的一年定期存款连本带息能翻番?
5. 从键盘输入一百分制成绩(0～100),要求输出其对应的成绩等级 A～E。其中,90 分以上为'A',80～89 分为'B',70～79 分为'C',60～69 分为'D',60 分以下为'E'。

6. Python的分支语句可使用关键字(　　)。

A. then　　B. else…if　　C. elif　　D. elseif

7. 在循环语句中,(　　)语句的作用是提前结束所在循环体。

A. break　　B. while　　C. for　　D. continue

8. 若a,b=5,6,则经过以下程序段后a和b的值是(　　)。

```
if a > 4 and b == 6:
    a = a - 1
    b = a
if a == 4 or b == 4:
    a = a * b
```

A. 16,4　　B. 16,16　　C. 25,5　　D. 25,25

9. 以下语句执行后输出的结果为(　　)。

```
number = 30
if number % 5 == 0:
    number = number + 5
else:
    number = number - 5
print(number)
```

A. 30　　B. 25　　C. 35　　D. 11

10. 语句for i in range(1,10,3)执行过程中,i的值为(　　)。

A. 1,2,3　　B. 1,4,7,10　　C. 1,4,7　　D. 1,2,3,4

第5章 字符串、列表和元组

本章重点内容：字符串、列表和元组的基本概念，字符串、列表和元组的特性，字符串、列表和元组的操作，字符串、列表和元组的常用内建函数。

本章学习要求：通过本章的学习，理解和掌握 Python 中最为常用和基础的三种数据类型，可以使用三种数据类型并配合语句解决一些问题。

5.1 单词本 wordbook 的构建

【例 5-1】 在英语的学习过程中，遇到不认识的单词，可以将其添加到单词本中，用于后续复习使用。要求：打开一个英文文本，过滤掉介词、代词等停用词（去掉长度小于 5 的单词）后，用该文本中的剩余词汇构建初始单词本 wordbook.txt。对于给定文本，遍历其中的词汇，对于长度大于 5 的单词，若其不在当前的单词本中，则把它添加到单词本中。

参考代码：

```
file = open('DeclarationofIndependent.txt','r').read() # 将文本读出成字符串格式
file.replace(',', '')
file.replace('.', '')
filelist = file.split()                      # 以字符串中的所有单词为元素转换为列表
filelist1 = []                               # 构建空列表
for word in filelist:                        # 遍历列表中的元素
    if len(word)> 5:                         # 如果单词的长度大于 5
        cleanword = word.lower().strip('.,') # 将大写全部转换为小写并去除标点符号
        filelist1.append(cleanword)          # 将清洗过的单词添加到列表中
# 单词本初始化
wordbook = open('wordbook.txt','w')          # 以读的方式打开文本文件
for x in filelist1:                          # 对已经清洗过单词元素的列表做遍历
    wordbook.write(x)                        # 把单词元素写入单词本
    wordbook.write('\n')                     # 每写一个单词的同时，写入一个换行
wordbook.close()                             # 关闭单词本
# 更新单词本
s = 'Now we are engaged in a great civil war, testing whether that nation, or any nation so
conceived and so dedicated, can long endure. We are met on a great battle - field of that war. We
have come to dedicate a portion of that field, as a final resting place for those who here gave
their lives that nation might live. It is altogether fitting and proper that we should do this. '
# 给定短文本字符串
s.replace(',', '')
```

```
s.replace('.', '')
list_s = s.split()                                  # split()将给定的文本字符串转换为列表
clean_s = []
for word in list_s:                                 # 对列表做遍历,清洗单词
    if len(word)> 5:
        cleanword = word.lower().strip('.,')
        clean_s.append(cleanword)

bookfile = open('wordbook.txt','r').read()          # 打开原有单词本文件
wordbookfile = bookfile.split()
print(len(wordbookfile))                            # 输出原有单词本的单词数量
for word in clean_s:
    if word not in wordbookfile:
        wordbookfile.append(word)
for w in wordbookfile:
    bookfile.write(w)
bookfile.close()
print(len(wordbookfile))                            # 输出新的单词本的单词数量
```

【分析】 本例中使用 open()函数实现对文本文件的打开操作,使用 read()方法将读出的文本文件转换为字符串。单词本的创建和更新过程中,以单词为编辑对象,因此又将字符串以单词为单位作为元素,放入列表序列中进行处理(包括清洗等操作)。列表和字符串是 Python 中重要的序列类型,文件的读写等操作请参见后续章节。

5.2 序列

5.2.1 什么是序列

序列是 Python 中最基本的数据结构。一组元素按照一定的顺序组合在一起则称为序列。序列中每一个元素都用一个数字来表示它的位置,这个数字称为索引。Python 中的索引和 C 或 Java 语言一样,都是从 0 开始,第二个是 1,以此类推。通过索引,序列的每一个元素都可以被访问到。故序列也是 Python 的一种访问模式。

Python 中包含五种内建的序列,包括字符串、列表、元组、buffer 对象和 xrange 对象。其中前三种是最常用的,也是本章的重点。

与普通的数据类型不同,序列不仅可以使用标准类型的操作符,还可以使用自己独特的序列类型操作符。

【例 5-2】 简单的序列操作。

参考代码:

```
>>> astring = 'hello world'                              # 字符串序列
>>> alist = list(astring)                                # 将字符串转换为列表序列
>>> alist
['h', 'e', 'l', 'l', 'o', ' ', 'w', 'o', 'r', 'l', 'd']  # 每个字母就构成列表的元素
>>> atuple = tuple(alist)                                # 将列表转换为元组
>>> atuple
('h', 'e', 'l', 'l', 'o', ' ', 'w', 'o', 'r', 'l', 'd')  # 元组以小括号为标志
```

```
>>> alist.clear()                                    #清除元素
>>> alist
[]
>>> alist = [1, 5, 6, 8] + [4, 5, 7, 9]              #加号'+'连接序列,而非加法操作
>>> alist
[1, 5, 6, 8, 4, 5, 7, 9]
>>> alist[4:7]                                       #列表的切片操作,左开右闭原则
[4, 5, 7]
>>> astring[0]                                       #输出字符串序列的第0号元素
'h'
>>> alist.index(7)                                   #输出列表中元素7的索引
6
>>> alist[7]                                         #输出列表序列中索引为7的元素
9
>>> sorted(alist)                                    #对列表序列进行排序
[1, 4, 5, 5, 6, 7, 8, 9]
>>> sorted(astring)
[' ', 'd', 'e', 'h', 'l', 'l', 'l', 'o', 'o', 'r', 'w']  #对字符串元素进行排序
>>>
```

5.2.2 标准类型的操作符

标准类型的操作符共分为三种：值比较、对象身份比较和布尔运算(逻辑运算)。

1. 值比较

关系运算符中的值比较运算也可以用于序列对象中。列表的关系运算是按序进行比较的,即从序列的第一个元素开始,逐元素进行比较。只有在元素值相同,顺序也相同的情况下,两个序列才相等,否则以元素先后的大小关系来确定序列的大小关系。常见的值比较运算有>(大于)、<(小于)、>=(大于或等于)、<=(小于或等于)、==(等于)和!=(不等于)。例如：

```
>>> 'father'>'children'
True
>>> [1,2,3,4] == [13,1,3,4,4]
False
>>> (1,2,3) == (1,2,3)
True
>>> [1,2,3,4]>= [1,3,5,6]
False
```

2. 对象身份比较

对象身份比较运算的运算符有 is(是)和 is not(不是)。与等于和不等于的区别是,对象身份比较运算中,比较的是两个序列是否为同一个对象,而等于和不等于比较的是值是否相等。例如：

```
>>> a = [1, 2, 3]
>>> b = [1 ,2 , 3]
>>> a == b
True
>>> a is b
```

```
False
>>> c = [1, 2, 3]
>>> d = c
>>> c is d
True
```

3. 布尔运算

连接序列对象的常见的布尔运算有 not(非)、and(与)和 or(或),其返回值为真或假。例如:

```
>>> ('father'> 'children') and ([1, 2, 3, 4] == [13, 1, 3, 4, 4])
False
>>> ('father'> 'children') or ([1, 2, 3, 4] == [13, 1, 3, 4, 4])
True
>>> not 'father'> 'children'
False
```

5.2.3 序列类型的操作符

序列类型的操作符是指序列所特有的操作符和在序列上产生与其他数据结构不同效果的操作符。根据操作符的优先级从高到低,分别为索引、切片、重复、连接和成员检查。

1. 索引([])

seq[index]的作用是获取序列 seq 中下标为 index 的元素。例如:

```
>>> a = [1,2,3]
>>> a[1]
  1
```

2. 切片([index1:index2],[index1:index2:length])

seq[index1:index2]的作用是获取下标从 index1 开始到 index2(不包括)为止的元素集合。seq[index1:index2:length]的作用是获取下标从 index1 开始到 index2(不包括)为止步长为 length 的元素集合。例如:

```
>>> a = [1, 2, 3, 4, 5, 6]
>>> a[0:2]
[1, 2]
>>> a[0:6:2]
[1, 3, 5]
```

3. 重复(*)

seq * Integer 的作用是获得 seq 序列的 Integer(整型数)次重复。当需要获得一个序列的多份副本时,可以使用重复操作符来简化计算,即将 seq 中的元素重复 Integer 次。例如:

```
>>> [1, 2, 3] * 3
[1, 2, 3, 1, 2, 3, 1, 2, 3]
```

4. 连接(+)

seq1+seq2 的作用是连接序列 1 和序列 2,以获得一个按顺序包含两个序列全部元素的新序列,同时两个序列是同一个类型的。例如:

```
>>> [1, 2, 3] + [4, 5, 6]
[1, 2, 3, 4, 5, 6]
>>> [1,2,3] + 'abc'                                #连接两个不同序列对象时,会报错
Traceback (most recent call last):
  File "<pyshell#0>", line 1, in <module>
    [1,2,3] + 'abc'
TypeError: can only concatenate list (not "str") to list
>>>
```

5. 成员检查(in 和 not in)

object in seq 的作用是判断元素 object 是否在序列 seq 中,若在则返回 True,反之则返回 False。而 object not in seq 作用是判断元素 object 是否不在序列 seq 中,若在则返回 False,反之则返回 True。例如:

```
>>> 1 in [1, 2, 3]
True
>>> 4 in [1, 2, 3]
False
>>> 1 not in [1, 2, 3]
False
>>> 4 not in [1, 2, 3]
True
```

5.2.4 内建函数

Python 中序列有内建的函数,便于精简代码和简化操作。接下来介绍最为常用的几个内建函数(方法)。

1. 类型转换函数

list()、str()和 tuple()三个类型转换函数被用在各种序列类型之间转换。例如:

```
>>> a = 'abcdef'
>>> b = [1, 2 ,3]
>>> c = (1, 2, 3)
>>> type(a)
<class 'str'>
>>> type(b)
<class 'list'>
>>> type(c)
<class 'tuple'>
>>> type(list(a))
<class 'list'>
>>> list(a)
['a', 'b', 'c', 'd', 'e', 'f']
>>> str(b)
'[1, 2, 3]'
>>> type(str(c))
<class 'str'>
```

2. len()函数

len()函数接受一个序列作为参数,返回这个序列的长度(元素的个数)。例如:

```
>>> len('abcdefghijk')
11
>>> len([1, 2, 3, 4, 5])
5
```

3. max()、min()和 sum()函数

这三个函数都是接受一个序列作为参数,返回该序列中最大值、最小值和元素的和,前提是该序列中各个元素之间是可比较的或可计算的。例如:

```
>>> max([1, 32, 12, 14])
32
>>> min([3, 55, 2, 13])
2
>>> min('jihbgyr')
'b'
>>> sum([1,2,3])
6
>>> sum('asd')
Traceback (most recent call last):
  File "<pyshell#3>", line 1, in <module>
    sum('asd')
TypeError: unsupported operand type(s) for + : 'int' and 'str'
```

4. reversed()函数

reversed()函数接收一个序列作为参数,返回一个以逆序访问的迭代器,需要 for 循环,将迭代器中的元素逐个输出。例如:

```
>>> for item in reversed([1 , 2, 3, 4, 5]):
print(item)
5
4
3
2
1
>>> reversed('sdfgh')
<reversed object at 0x0000021A79DA4D90>
>>>
```

5. sorted()函数

sorted()函数接收一个序列,返回一个有序的列表。其中序列中各个元素必须是两两可比的。其语法规则为:sorted(seq, key=None, reverse=False)。其中,seq 为用于被排序的序列,key 为指定的排序元素,reverse 指定排序规则,reverse=True 时降序,reverse=False 时升序(默认)。例如:

```
>>> sorted([4, 1, 66, 43])
[1, 4, 43, 66]
>>> sorted([4, 1, 66, 43], reverse = True)
[66, 43, 4, 1]
>>>
>>> sorted(['a', 'k', 'e', 'q'])
['a', 'e', 'k', 'q']
```

```
>>> example_list = [5, 0, 6, 1, 2, 7, 3, 4]
>>> result_list = sorted(example_list, key = lambda x: x * 2)
>>> result_list
[0, 1, 2, 3, 4, 5, 6, 7]
>>> students = [('john', 'A', 15), ('jane', 'B', 12), ('dave', 'B', 10),]
>>> sorted(students, key = lambda student : student[2])              #按照学生年龄排序
[('dave', 'B', 10), ('jane', 'B', 12), ('john', 'A', 15)]
>>> sorted(students, key = lambda student : student[2], reverse = True)#按照学生年龄逆序排列
[('john', 'A', 15), ('jane', 'B', 12), ('dave', 'B', 10)]
>>>
```

6. enumerate()函数

enumerate()接受一个序列作为参数，返回一个 enumerate 对象，该对象生成由序列每个元素的 index(索引值)和 item(元素值)组成的元组。例如：

```
>>> a = ['a', 'b', 'c', 'd', 'e']
>>> for item in enumerate(a):
            print(item)
(0, 'a')
(1, 'b')
(2, 'c')
(3, 'd')
(4, 'e')
```

7. zip()函数

zip()函数接受多个序列，返回一个列表。这个列表的长度为多个序列中最短序列的长度，第一个元素为各个序列第一个元素组成的元组，其他元素以此类推。例如：

```
>>> for item in zip([5, 6, 3, 7], 'adkvjdfff', (2, 3, 4, 2, 5)):
        print(item)
(5, 'a', 2)
(6, 'd', 3)
(3, 'k', 4)
(7, 'v', 2)
```

8. seq.index(x[,i[,j]])函数

这个内建函数的作用是，得到序列 seq 中从 i 开始到 j 位置中第一次出现元素 x 的索引。例如：

```
>>> a = ['a', 'd', 'g', 'f', 'g']
>>> a.index('g')
2
>>> a.index('g', 3)
4
```

9. seq.count(x)函数

这个函数的作用是计算序列 seq 中出现元素 x 的总次数。例如：

```
>>> a = ['a', 'd', 'g', 'f', 'g']
>>> a.count('g')
2
```

5.3 字符串

5.3.1 字符串类型

字符串类型是 Python 中最常见的类型之一,可以通过 str()内建函数将其他序列转换为字符串,或者可以简单地在引号中包含字符的方式来创建。与 C 或者 Java 语言不同,Python 中没有字符,而是用一个长度为 1 的字符串来表示字符。同时,在 Python 中单引号、双引号和三引号(三引号有差异,可用于多行注释)所起到的作用是一样的,即'String'、"String"、'''String'''代表同一个字符串。

在 Python 3 中,所有的字符串都用 Unicode 表示(16 位)。在 Python 2 内部存储为 8 位 ASCII 码,因此需要附加'u'使其成为 Unicode,而现在不再需要了。

与 C 语言的字符串是可变的不同,Python 的字符串和 Java 语言的一样,一旦被创建就不可以被改变。这个特性会在 5.3.3 节中讨论。

5.3.2 字符串的操作

字符串是一种序列,在 5.2 节中所提到的关于序列的操作符和内建函数都可以用来操作字符串。接下来看几个例子,了解怎样操作字符串。

1. 字符串的创建和赋值

```
>>> aString = 'abcdefg'          #将一个创建好的字符串赋值给变量,就完成了字符串的赋值
>>> bString = "abcdefg"
>>> cString = str([1,2,3,45,66,6])
>>> cString
'[1, 2, 3, 45, 66, 6]'
>>> aString
'abcdefg'
>>> bString
'abcdefg'
>>> aString is bString
True
```

2. 字符串的索引和切片

```
>>> aString = 'hello world'
>>> aString[:5]
'hello'
>>> aString[-1]
'd'
>>> aString[::-1]
'dlrow olleh'
```

在 Python 中可以用负数来索引序列,−1 代表最后一位,−2 代表最后第二位,以此类推。在切片操作中,seq[i: j]中若 i 省略则代表从第一位开始,若 j 省略则代表直至最后一位。同时 seq[:: −1]相当于将 seq 序列进行翻转。这两个切片操作适用于所有序列类型而不仅仅是字符串。

3. “改变”字符串

```
>>> aString = 'hello world'
>>> aString
'hello world'
>>> aString = aString[:4] + aString[5:]
>>> aString
'hell world'
```

这个例子看似删去了字符串中的一个字符 o，但其实是 aString[:4] + aString[5:]创建了一个新的字符串'hell world'，再将其赋值给 aString。新字符串由原字符串的子串构成，跟原字符串并没有直接关系。因此字符串类型仍然是不可变对象。

4. 使用 Python 的 string 模块中预定义的字符串

```
>>> import string
>>> string.ascii_uppercase
'ABCDEFGHIJKLMNOPQRSTUVWXYZ'
>>> string.ascii_lowercase
'abcdefghijklmnopqrstuvwxyz'
>>> string.ascii_letters
'abcdefghijklmnopqrstuvwxyzABCDEFGHIJKLMNOPQRSTUVWXYZ'
>>> string.digits
'0123456789'
>>> string.punctuation
'!"#$%&\'()*+,-./:;<=>?@[\\]^_`{|}~'
```

string 模块中预定义的字符串，可以配合正则表达式使用，也可以用于清洗数据，实现简单、快速的代码编写。

5.3.3 字符串的独特特性

和其他的序列有所不同，字符串有着自己独特的特性。这些特性是其他序列类型所不具备的。

1. 不可改变性

在 5.3.2 节的第三个例子“改变”字符串中可以看到，想要改变一个字符串只能通过创建一个新字符串的方法，抛弃老字符串，达到改变的效果。若强行给字符串中某一元素赋值以试图改变字符串，就会报错：

```
>>> aString = 'hello world'
>>> aString[1] = 'c'
Traceback (most recent call last):
  File "<pyshell#27>", line 1, in <module>
    aString[1] = 'c'
TypeError: 'str' object does not support item assignment
```

2. 转义字符

在 Python 中，字符串通常放在引号中作为标志。例如：

```
>>> s = 'This is Python'
```

若在字符串中,本身就存在单引号需要输出的情况,也会报错。例如:

```
>>> s = 'I'm fine'
SyntaxError: invalid syntax      # 报错
```

因此需要在字符中使用特殊字符(如引号)时,Python 和其他高级语言一样,使用反斜杠(\)来转义字符。一个反斜线加一个单一字符可以表示一个特殊字符。

```
>>> s = 'I\'m fine'
>>>
```

添加转义字符后,单引号被认为是一个字符串中的特殊字符,而不是字符串的标志符号,程序便不会报错。

常见的转义字符如表 5-1 所示。

表 5-1 常见的转义字符

转义字符	描述	转义字符	描述
\(在行尾时)	续行符	\n	换行
\\	反斜杠符号	\v	纵向制表符
\'	单引号	\t	横向制表符
\"	双引号	\r	回车
\a	响铃	\f	换页
\b	退格(Backspace)	\oyy	八进制数,yy 代表的字符,例如:\o12 代表换行
\e	转义	\xyy	十六进制数,yy 代表的字符,例如:\x0a 代表换行
\000	空	\other	其他的字符以普通格式输出

有时并不想让转义字符生效,只是想显示字符串原来的意思。除了用\\来代表反斜杠符,使转义失效外,Python 提供了一种更简单的方法,就要用 r 和 R 来定义原始字符串。例如:

```
>>> print('\thello')
	hello
>>> print('\\thello')
\thello
>>> print(r'hello')
hello
>>> print(r'\thello')
\thello
```

3. 格式化字符串

格式化字符串是一些程序设计语言在格式化输出 API 函数中用于指定输出参数的格式与相对位置的字符串参数。例如,"今天我想要买 x 个 y"这句话中的 x 和 y 可以根据变量的不同,输出不同的内容。在 Python 中,采用的格式化方式和 C 语言是一致的,用%实现。

字符串格式化符号如表 5-2 所示。

表 5-2 字符串格式化符号

符 号	描 述
%c	格式化字符及其 ASCII 码
%s	格式化字符串
%d	格式化整数
%u	格式化无符号整数
%o	格式化无符号八进制数
%x	格式化无符号十六进制数
%X	格式化无符号十六进制数(大写)
%f	格式化浮点数,可指定小数点后的精度
%e	用科学记数法格式化浮点数
%E	作用同%e,用科学记数法格式化浮点数
%g	%f 和%e 的简写
%G	%f 和%E 的简写
%p	用十六进制数格式化变量的地址

格式化操作辅助指令如表 5-3 所示。

表 5-3 格式化操作辅助指令

指 令	功 能
*	定义宽度或者小数点精度
—	用作左对齐
+	在正数前面显示加号(+)
<sp>	在正数前面显示空格
#	在八进制数前面显示零('0'),在十六进制前面显示'0x'或者'0X'(取决于用的是'x'还是'X')
0	显示的数字前面填充'0'而不是默认的空格
%	'%%'输出一个单一的'%'
(var)	映射变量(字典参数)
m. n.	m 是显示的最小总宽度,n 是小数点后的位数

例如:

```
>>> '今天我想买%d个%s' % (5,'苹果')
'今天我想买5个苹果'
>>> '%.2f' % 3.1415926
'3.14'
>>> '%E' % 1234.567890
'1.234568E+03' #科学记数法
```

从 Python 2.6 开始,新增了一种格式化字符串的函数 str.format(),它增强了字符串格式化的功能。其基本语法是通过{}和:来代替以前的%。format()函数可以接受无限个参数,位置可以不按顺序。例如:

```
>>> "{} {}".format("hello", "world")
'hello world'
```

```
>>> "{1} {0} {1}".format("hello", "world")
'world hello world'
```

4. 三引号(也支持做注释)

Python 中三引号允许一个字符串跨多行(跨行时解释器默认在换行处加入\n),字符串中可以包含换行符、制表符以及其他特殊字符。使用三引号使编程更方便,输入什么便输出什么,不用在字符串中写转义字符表示换行等。例如:

```
>>> a = '''这是第一行
换一行写
'''
>>> print(a)
这是第一行
换一行写
>>> a
'这是第一行\n换一行写\n'
>>> a = 'ssz-\
ECUPL'
>>> a
'ssz-ECUPL'
```

5.3.4 字符串的内建函数

字符串是序列,所以在5.2.4节中的序列的一些内建函数都适用于字符串。而字符串独有的内建函数也有很多,在这里篇幅有限,所以只介绍最为常用的几个内建函数(方法)。

1. string.find(str, beg=0, end=len(string))

检测 str 是否包含在 string 中,如果 beg 和 end 指定范围,则检查是否包含在指定范围内,如果找到 str,则返回首次匹配到的目标字符串的起始字符的索引值,否则返回−1。这个和序列的 index()方法类似,但是 index()方法找不到 str 时会返回一个异常,而 find()方法则返回−1。例如:

```
>>> 'abcdefghij'.find('c')
2
>>> 'abcdefghij'.find('k')
-1
>>> 'abcdefghij'.index('k')
Traceback (most recent call last):
  File "<pyshell#2>", line 1, in <module>
    'abcdefghij'.index('k')
ValueError: substring not found
```

2. string.split(str, num=string.count(str))

以 str 为分隔符切片 string,并返回一个列表,如果 num 有指定值,则仅切除前 num 个 str 并返回。例如:

```
>>> 'dafagahajaka'.split('a')
['d', 'f', 'g', 'h', 'j', 'k', '']
>>> 'dafagahajaka'.split('a',5)
['d', 'f', 'g', 'h', 'j', 'ka']
```

3. string.upper()和 string.lower()

前者将字符串中的所有字母转换为大写字母，后者将字符串中所有字母转换为小写字母。例如：

```
>>> 'abcDEFghi12Kl'.upper()
'ABCDEFGHI12KL'
>>> 'abcDEFghi12Kl'.lower()
'abcdefghi12kl'
```

4. string.startswith(obj,beg=0,end=len(string))和 string.endswith(obj, beg=0, end=len(string))

前者检查字符串是否是以 obj 开头，若是则返回 True，否则返回 False。如果 beg 和 end 指定值，则在指定范围内检查。后者检查是否以 obj 结尾。例如：

```
>>> 'acbdefghij'.startswith('acb')
True
>>> 'acbdefghij'.startswith('ab')
False
>>> 'acbdefghij'.endswith('hij')
True
```

5. string.strip([obj])

删除 string 字符串前后的 obj，如果不传参数，删除前后空格。例如：

```
>>> '    hello world!       '.strip()
'hello world!'
>>> '@@@@#@hello world!@#@@'.strip('@')
'#@hello world!@#'
>>> 'hello world!'.strip('hello')
' world!'
>>>
```

6. string.join(seq)

以 string 作为分隔符，将 seq 中所有的元素(用字符串表示)合并为一个新的字符串。例如：

```
>>> '&'.join('abcdefg')
'a&b&c&d&e&f&g'
>>> '@'.join(['hello', 'world', '!'])
'hello@world@!'
>>>
```

7. string.replace(old, new [, max])

将字符串 string 中的所有子串 old 替换成新字符串 new，如果 max 指定，则替换不超过 max 次。例如：

```
>>> 'hello@world@!'.replace('@','#')
'hello#world#!'
>>> 'hello@world@!'.replace('@','#',1)
'hello#world@!'
```

8. string.partition(str)

从左往右匹配 str 片段,以第一个匹配项为分隔符,返回头、分隔符、尾三部分的三元组。如果没有找到分隔符,就返回 string 本身和两个空元素组成三元组。例如:

```
>>> a = 'hello world I am coming'
>>> a.partition('I am')
('hello world ', 'I am', ' coming')
>>> a.partition('abc')
('hello world I am coming', '', '')
```

【例 5-3】 判断是否是一个正确的变量名。编写一个小程序,判断变量名是否符合 Python 变量的命名规则。

参考代码:

```
import string
import keyword
alphas = string.ascii_letters + '_'
nums = string.digits
inp = input('请输入一个变量名:')
#判断输入的是否是 Python 关键字
if inp in keyword.kwlist:
    print('变量名不可以是 Python 中的关键字')
elif len(inp) > 0:
    #判断是否以字母或者_开头
    if inp[0] not in alphas:
        print('不合法!变量名必须以字母或者_开头')
    else:
        s = True
        for otherChar in inp[1:]:
        #判断是否只出现了字母、数字或_
        if otherChar not in alphas + nums:
            print('不合法,变量名里只能出现字母、数字或_')
            s = False
            Break
        if s:
            print('对的,是合法的变量名')
else:
    print('不能什么也不输入')
```

5.4 列表

5.4.1 列表的定义

和字符串一样,列表也是 Python 中最常用的数据类型之一。它们都是序列,有很多相同之处,例如在 5.2 节中提到的序列操作符,也都适用于列表。二者不同的是:字符串只能由字符组成,且是不可变的(不能单独改变它的某个值),而列表是可变的,不仅长度可变,而且其中的元素也可变。Python 中的列表很像 C 语言或者 Java 语言中的数组,但是比它们都要灵活。在C语言或者Java语言中的数组中的元素必须是同一数据类型,而Python中的列表并不是。而且列表中包含的元素甚至也可以是序列,以及自己创建的数据类型对象。同时,相比于C和Java语言中的数组的长度固定性,列表可以任意地添加或者减少元素,还可以跟其他的列表结合或者把一个列表分成几个。列表可以用一对大括号([])来创建。例如:

```
>>> alist = [1,2,3,4,5]
```

列表是一个有序集合,索引从0开始,列表的索引值可以为负(-n即倒数第n个元素的索引)。例如:

```
>>> alist[1]
2
>>> alist[-1]
5
```

5.4.2 列表的操作

列表的元素是可以变动的,如增加、删除、修改,不过需要注意的是,列表的元素不是基本数据类型,而是一个个标识符引用对象。列表常见的操作如下。

1. 创建列表和赋值

```
>>> alist = [1, '22', 'hello', 2.33]
>>> alist
[1, '22', 'hello', 2.33]
>>> blist = list(alist[2])
>>> blist
['h', 'e', 'l', 'l', 'o']
>>> alist[2] = blist
>>> alist                          #列表中的元素不需要同一类型
[1, '22', ['h', 'e', 'l', 'l', 'o'], 2.33]
```

2. 列表的索引和切片

列表和字符串一样,也有索引和切片操作。

```
>>> alist = ['hello', 'world','!', 'I ', 'am', 'coming']
>>> alist[2]
'!'
>>> alist[-1]
'coming'
>>> alist[::-2]
['coming', 'I ', 'world']
>>> alist[2:5:2]
['!', 'am']
```

3. 列表的更新

```
>>> alist = ['a', 'b', 'c', 'd', 'e','f', 'g']
>>> alist[2] = 'H'                 #更改列表的元素
>>> alist
```

```
['a', 'b', 'H', 'd', 'e', 'f', 'g']
>>> alist[1:4] = ['3', '4']
>>> alist
['a', '3', '4', 'e', 'f', 'g']
>>> alist.append('hahaha')        #在列表末尾追加元素
>>> alist
['a', '3', '4', 'e', 'f', 'g', 'hahaha']
>>> alist.insert(1,'hhh')         #在列表内部插入元素,插入后的索引为1
>>> alist
['a', 'hhh', '3', '4', 'e', 'f', 'g', 'hahaha']
```

可以对列表中的指定元素进行赋值和更新。而且这些指定元素可以是通过切片得到的序列,将这几个元素一起替换为新的内容。同时列表有一个内建函数 append(),可以将新元素追加到列表末尾。而 insert()可以指定索引位置的插入操作。

4. 列表的删除

列表的删除操作可以是指定元素删除,也可以是指定位置删除,还可以使用 pop()方法进行末尾元素的删除与返回操作。

```
>>> alist
['hello', 'world', '!', 'I ', 'am', 'coming']
>>> del alist[2]
>>> alist
['hello', 'world', 'I ', 'am', 'coming']
>>> alist.remove('am')
>>> alist
['hello', 'world', 'I ', 'coming']
>>> alist.pop()
'coming'
>>> alist
['hello', 'world', 'I ']
>>> alist.pop(0)
'hello'
>>> alist
['world', 'I ']
```

当明确地知道要删除元素在列表中的位置时,可用 del()来删除;当并不明确要删除元素的位置时,可用 remove()方法删除特定的元素;而 pop()方法也有删除列表元素的作用,并返回删除的元素,未传入位置参数时,pop()默认删除列表中最后一个元素。

【例 5-4】 创建一个列表,元素是 100 以内的自然数,然后删除该列表中的后 50 个元素。

参考代码:

```
L = []
for x in range(1,101):
    L.append(x)
print(L)
for y in range(50):
    L.pop()          #删除末尾元素
print(L)
```

注意，在第二次循环中，删除的语句也可以写成 L.pop(50)，即每次循环，都删除列表中的第 51 号元素，每次删除操作之后，从 51 号位置开始向后的每个元素的索引都向前进 1。

【例 5-5】 列表 wordlist 中的元素是单词本中的单词，从该列表中随机选出某一元素，询问用户：认识该单词吗？如果认识，则从键盘输入 Y，否则输入 N。当用户输入 Y 时，从列表中删除该元素，否则什么也不做。循环操作 5 次后结束单词本的更新，提示“今日更新完毕。”

参考代码：

```
wordlist = ['unanimous', 'declaration', 'thirteen', 'united', 'states', 'america','when', 'course',
'human', 'events', 'becomes', 'necessary', 'people', 'dissolve','political', 'bonds']
import random
for x in range(5):
    word = random.choice(wordlist)
    print(word)
    answer = input('认识该单词吗?如果认识,从键盘输入 Y,否则输入 N')
    if answer == 'Y':
        wordlist.remove(word)
    else:
        continue
print('今日更新完毕。')
```

运行结果如图 5-1 所示。

```
when
认识该元素吗？如果认识，从键盘输入Y，否则输入NY
becomes
认识该元素吗？如果认识，从键盘输入Y，否则输入NN
course
认识该元素吗？如果认识，从键盘输入Y，否则输入NY
becomes
认识该元素吗？如果认识，从键盘输入Y，否则输入NY
events
认识该元素吗？如果认识，从键盘输入Y，否则输入NY
今日更新完毕。
>>> |
```

图 5-1 例 5-5 运行结果

5.4.3 列表的常用内建函数

和字符串一样，关于列表，Python 也内建了很多函数(方法)，便于程序员调用。除了 5.4.2 节中提到的与列表更新、删除有关的内建函数 del()、append()、insert()、remove()、pop()和 5.2.4 节中提到的关于序列的内建函数外，列表还有其他常用的内建函数(方法)，具体如下。

1. list.extend(seq)

extend()方法在列表末尾一次性追加另一个序列中的多个值，也就是将 seq 中的元素一个一个地加入列表的末尾，而不是像 append()方法一样将整个序列当成一个元素加在列表末尾。extend()的作用和连接(+)类似，但效率较高。例如：

```
>>> alist = [1,2,3]
>>> blist = [4,5,6]
>>> alist.extend(blist)
>>> alist
```

```
[1, 2, 3, 4, 5, 6]
>>> alist[3:] = []
>>> alist
[1, 2, 3, []]
>>> alist.append(blist)
>>> alist
[1, 2, 3, [4, 5, 6]]
```

2. list.sort()和 list.reverse()

sort()和 reverse()方法的作用和 5.2.4 节中提到的 sorted()和 reversed()函数类似，都是将列表(序列)中的元素排序和翻转。但是 sorted()和 reversed()是接受一个序列，即以一个序列作为参数，返回排好序和翻转后的新序列，对原序列不产生影响，而 sort()和 reverse()方法是直接作用在原有列表上，不会产生新的列表。例如：

```
>>> alist = [1, 4, 6, 3, 5 ,9, 8]
>>> sorted(alist)
[1, 3, 4, 5, 6, 8, 9]
>>> alist
[1, 4, 6, 3, 5, 9, 8]
>>> alist.sort()
>>> alist
[1, 3, 4, 5, 6, 8, 9]
```

3. list.copy()

copy()方法返回一个列表的副本，用于复制列表。直接赋值所达到的复制效果是浅拷贝，只是让两个变量指向同一块内存空间中的值，两列表会同步变化，如图 5-2 所示。而 copy()方法是新开辟了一块内存空间，两者只是值相同的两个不同列表，如图 5-3 所示。例如：

```
>>> alist = [1, 2, 3, 4]
>>> blist = alist
>>> alist, blist
([1, 2, 3, 4], [1, 2, 3, 4])
>>> alist[1] = 'a'
>>> alist, blist
([1, 'a', 3, 4], [1, 'a', 3, 4])
>>> blist = alist.copy()
>>> alist,blist
([1, 'a', 3, 4], [1, 'a', 3, 4])
>>> alist[1] = 2
>>> alist, blist
([1, 2, 3, 4], [1, 'a', 3, 4])
```

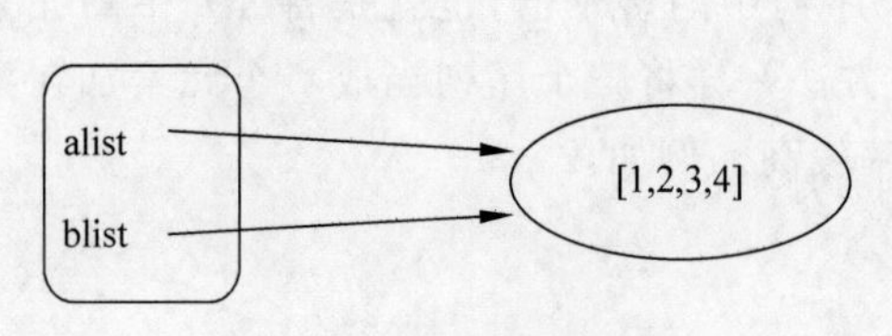

图 5-2　列表的浅拷贝

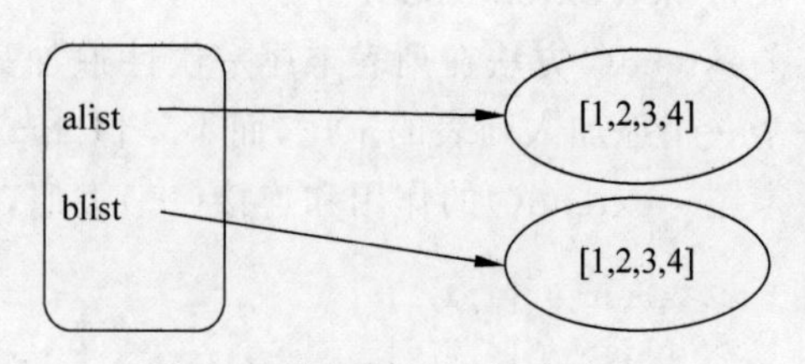

图 5-3　值相同的两个不同列表

4. list.clear()

这个方法的作用是将列表清空,使其变为一个空列表。例如:

```
>>> alist = [1, 2, 3, 4, 5, 6]
>>> alist
[1, 2, 3, 4, 5, 6]
>>> alist.clear()
>>> alist
[]
```

【例 5-6】 合并列表 lst1=[32, 42, 12, 5, 14, 4, 1]和 lst2 = [199, 22, 324, 89, 2],并且保持合并后的列表有序(从小到大)。

【分析】 合并两个简单列表,并且保持合并后列表有序,最简单快速的方法是先连接两个列表,再对新列表进行排序,两三行代码就可以解决。但是若规定不可以用+(连接操作符)或 extend()方法连接两个列表,还有什么方法可以做到?

参考代码:

```
lst1 = [32, 42, 12, 5, 14, 4, 1]
lst2 = [199, 22, 324, 89, 2]
lst3 = []
#先分别给两个列表排序
lst1.sort()
lst2.sort()
i = 0
j = 0
len1 = len(lst1)
len2 = len(lst2)
'''将排好序的两个列表中未插入新列表的最小项相互比较,小的插入新的列表中
直至一个列表的所有元素都插入新列表中后,再将另一个列表的剩余元素依次插入'''
while i < len1 and j < len2:
    if lst1[i]< lst2[j]:
          lst3.append(lst1[i])
          i += 1
    else:
          lst3.append(lst2[j])
          j += 1
#将未全部插入新列表的那个列表中的剩余元素依次插入新列表中
if i < len1:
    for l in lst1[i:]:
          Lst3.append(l)
else:
    for l in lst2[j:]:
          Lst3.append(l)
#输出两个列表合并后按从小到大排序的新列表
print(lst3)
```

5.5 元组

5.5.1 什么是元组

元组是和列表十分相近的另一种容器类型。元组和列表看起来不同的一点是元组用的是小括号而列表用的是中括号。但是元组一旦被创建,就不可以被改变。元组和字符串一样,都有不可改变性,它是不可变类型。在功能上,正是因为元组是不可变类型,它可以成为字典(Python 的另一种数据结构)的键,而列表不行。另外,在处理一组对象时,这个组默认是元组类型。例如:

```
>>> 1, 'hahah', 2.1
(1, 'hahah', 2.1)
```

5.5.2 元组的操作

元组的操作和列表很类似,但是元组是不可变类型,所以列表中关于更新和删除的操作都无法使用在元组上。

1. 元组的创建和赋值

```
>>> atuple = (None, 'hello', 'world', 1)    #元组的创建,标识符是小括号"()"
>>> atuple
(None, 'hello', 'world', 1)
>>> ctuple = tuple([1, 2, 3, 4])            #用 tuple()函数进行类型的转换,转换为元组
>>> ctuple
(1, 2, 3, 4)
>>> btuple = (1)
>>> btuple
1
>>> type(buple)
<class 'int'>
>>> btuple = (1,)
>>> btuple
(1,)
```

元组的创建和赋值与列表还有字符串类似,直接用()创建或者使用内建函数 tuple()创建。需要注意的是,在创建单个元素元组时,在元组分隔符里面加一个逗号(,),否则标识符小括号容易和数学运算表达式中的小括号混淆。

2. 元组的“可变性”

```
>>> alist = ['hello', 'world']
>>> atuple = (1, 'hahaha',alist)
>>> atuple
(1, 'hahaha', ['hello', 'world'])
>>> alist[1] = 'father'
>>> atuple
(1, 'hahaha', ['hello', 'father'])
```

元组本身是不可变的，在本例中，从表面上看，元组 atuple 的元素确实变了，但其实变的不是 atuple 的元素，而是元组中的元素列表 alist 的元素。atuple 一开始指向的 alist 并没有改成别的 alist。所以，元组不可变意思是元组中的每个元素指向永远不变。

3. 元组的删除和“更新”

```
>>> atuple = (1, 2, 3, 'hello', 'world')
>>> atuple
(1, 2, 3, 'hello', 'world')
>>> atuple = atuple + ('!',)
>>> atuple
(1, 2, 3, 'hello', 'world', '!')
>>> del atuple
```

因为元组和字符串一样是不可变的，所以要更新元组，只能用＋(连接操作符)创建一个新元组来实现“更新”的功能。而因为不可变性，无法删除元组中的某个元素，除非用 del() 函数删除整个元组。

5.5.3 元组的操作符和内建函数

元组的操作符和内建函数与列表相比，没什么大区别，就是缺少了可以改变自身的内建函数。相关的操作符和内建函数都已经在前面介绍过，接下来用几个例子来具体了解元组的操作符和内建函数。

1. 元组的运算符

```
>>> len((1, 2, 3))
3
>>> ('a', 'b', 'c') + ('d', 'e', 'f')
('a', 'b', 'c', 'd', 'e', 'f')
>>> ('Ha!',) * 5
('Ha!', 'Ha!', 'Ha!', 'Ha!', 'Ha!')
>>> 'a' in (1, 2, 'a', 'b')
True
>>> (6, 7) > (4,8)
True
```

2. 元组的索引和切片

```
>>> atuple = ('hello', 'world', '!')
>>> atuple[-2]
'world'
>>> atuple[::-1]
('!', 'world', 'hello')
>>> atuple[1:]
('world', '!')
```

3. 元组的内建函数

```
>>> atuple = (1, 33, 4, 4.6, -5)
>>> max(atuple)
33
```

```
>>> min(atuple)
-5
>>> atuple.index(4)
2
>>> atuple.count(4.6)
1
>>> sorted(atuple)
[-5, 1, 4, 4.6, 33]
>>> type(sorted(atuple))
<class 'list'>
>>> atuple
(1, 33, 4, 4.6, -5)
```

从上述例子中可以看出,在使用 sorted()函数排序元组时,返回的是一个排好序的列表,并且对元组不产生影响。而 sort()方法会对调用它的对象产生改变,故元组无 sort()方法。

5.6 练习

1. 编写代码,有如下变量 name = " aleX",按照要求实现每个功能。

(1) 移除 name 变量对应的值两边的空格,并输出移除后的内容。

(2) 判断 name 变量对应的值是否以"al"开头,并输出结果。

(3) 判断 name 变量对应的值是否以"X"结尾,并输出结果。

(4) 将 name 变量对应的值中的"l"替换为"p",并输出结果。

(5) 将 name 变量对应的值根据"l"分隔,并输出结果。

(6) 第(5)题分隔之后得到的值是什么类型?

(7) 将 name 变量对应的值变大写,并输出结果。

(8) 输出 name 变量对应的值的后 2 个字符。

(9) 输出 name 变量对应的值中"e"所在索引位置。

2. 编写代码,有列表 li=['alex', 'eric', 'rain'],按照要求实现每一个功能。

(1) 计算列表长度并输出。

(2) 列表中追加元素"seven",并输出添加后的列表。

(3) 修改列表第 2 个位置的元素为"Kelly",并输出修改后的列表。

(4) 删除列表中的元素"eric",并输出修改后的列表。

(5) 将列表内的元素顺序反转,并输出反转后的列表。

(6) 使用 for 循环输出列表的所有元素。

3. 编写代码,有如下元组 tu=('alex','eric','rain'),按照要求实现每一个功能。

(1) 获取元组的第 1 个和第 2 个元素,并输出。

(2) 使用 for、len、range 输出元组的索引。

(3) 使用 enumerate 输出元组元素和序号。

4. 欲从 s='Hello world'字符串中切片出子串'Hlwl',正确的切片表达式为(　　)。

A. s[::3]　　B. s[:3:2]　　C. s[3:11:3]　　D. s[3::3]

5. 若列表 score=[60,70,60,60,70,90],则执行操作 score.remove(score[-2])后 score 的值是(　　)。

A. [60, 60, 60, 70, 90]　　B. [60, 70, 60, 60, 70]

C. [70, 60, 60, 70, 90]　　D. [60, 70, 60, 60, 90]

6. 若 Tup=(2,(2,1),(2,(2,1)),(2,(2,1),(2,(2,1)))),则下列叙述正确的是(　　)。

A. Tup[3][2]的值为(2,1)　　B. 元组 Tup 的长度为 5

C. Tup[3]的值是(2,(2,1),(2,(2,1)))　　D. Tup[2]的值是(2,1)

7. 已知 x = 'abcdefg',若要得到'defgabc'结果,应使用表达式(　　)。

A. x[3:] + x[:3]　　B. x[:3] + x[:3]

C. x[3:] + x[3:]　　D. x[:3] + x[3:]

8. 执行结果为[1, 2, 3, 1, 2, 3, 1, 2, 3]的表达式是(　　)。

A. [1,2,3]+ [1,2,3]

B. ['1','2','3']+ ['1','2','3']+ ['1','2','3']

C. [1, 2, 3] ** 3

D. [1, 2, 3] * 3

第6章 函数

本章重点内容：函数的基本概念，如何定义一个函数和函数的调用。

本章学习要求：深入理解函数与参数、命名空间以及函数调用函数的原理。

6.1 引例

观看视频

【例 6-1】 编写程序，要求：当给定一个一元二次方程 $ax^2+bx+c=0$ 的三个系数 a、b、c 时，能够求得二次方程的解。

【分析】 要求一个一元二次方程的解，最关键的是其判别式。对于一个一元二次方程 $ax^2+bx+c=0$ 来说，只有当判别式 $b^2-4ac\geqslant 0$ 时，方程才有解。

参考代码：

```
import math                                        #引入 math 库
def panbieshi(a,b,c):                              #定义函数 panbieshi()
    delta = int(pow(b,2) - 4 * a * c)
    if a!= 0 and delta > 0:
        x1 = ( - b + math.sqrt(delta))/(2 * a)
        x2 = ( - b - math.sqrt(delta))/(2 * a)
        return x1,x2
    elif a!= 0 and delta == 0:
        x = - b/(2 * a)
        return x,x
    elif a!= 0 and delta < 0:
        x1 = str( - b/(2 * a)) + " + " + str(math.sqrt( - delta)/(2 * a)) + "i"
        x2 = str( - b/(2 * a)) + " - " + str(math.sqrt( - delta)/(2 * a)) + "i"
        return x1,x2
    elif a == 0 and b!= 0 :
        return - c/b
    else:
        return "此方程无解。"
a = input("请输入此方程的二次项系数: ")
b = input("请输入此方程的一次项系数: ")
c = input("请输入此方程的常数: ")
print("该一元二次方程的两个根分别为: " + str(panbieshi(float(a),float(b),float(c))))
```

```
import matplotlib.pyplot as plt
import numpy as np
import matplotlib
a = int(a)
b = int(b)
c = int(c)
delta = int(pow(b,2) - 4 * a * c)
if delta > 0 or delta == 0 :
    g1 = ( - b + math.sqrt(delta))/(2 * a)
    g2 = ( - b - math.sqrt(delta))/(2 * a)
    x = np.linspace( - 3 + g1,g2 + 3,50)          #自变量的取值范围
    y = a * x ** 2 + b * x + c
    plt.plot(x,y)                                 #绘制曲线
    z = x * 0
    plt.plot(x,z)                                 #绘制 y = 0 的直线
    plt.scatter(g1,0,color = 'r',s = 50)          #显示方程的根
    plt.scatter(g2,0,color = 'r',s = 50)          #显示方程的根
    plt.show()
else:
    print("无法做出该二次函数的图像。")
```

运行结果如图 6-1 和图 6-2 所示。

```
请输入此方程的二次项系数：2
请输入此方程的一次项系数：4
请输入此方程的常数：1
该一元二次方程的两个根分别为：(-0.2928932188134524, -1.7071067811865475)
>>>
```

图 6-1　例 6-1 运行结果

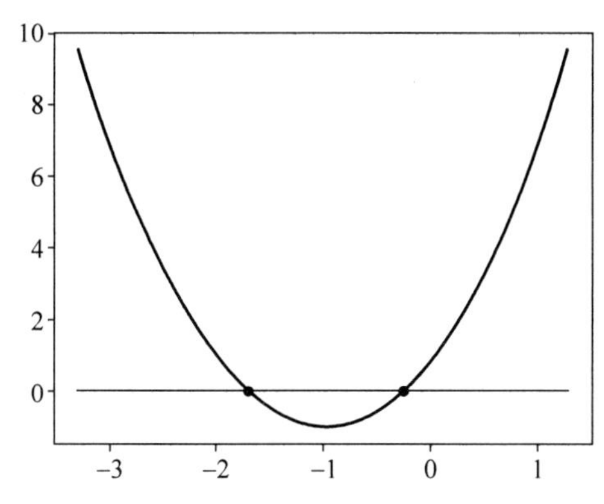

图 6-2　一元二次方程求解运行结果可视化

【分析】 在该例中，首先定义了一个函数 panbieshi()，用来判断给出方程的三个系数，判别式的情况，根据一元二次方程求根公式，当二次系数与判别式的情况不同时，其根的求解也有所不同。最后在输出方程的根时调用函数 panbieshi()计算出结果。

在 Python 中，函数的调用我们并不陌生，之前的章节中已经使用过很多 Python 内建函数，如 max()、min()和 sorted()等，这些函数的作用早已被定义好了，可以直接拿来使用。在本章中，可以尝试定义自己的函数，然后使用它。

6.2 函数的概念

6.2.1 函数的定义

在以往的数学中我们就接触过函数的概念，$y=f(x)$就是一个函数，它是 x 到 y 的某种映射，定义了自变量 x 与因变量 y 之间的关系。

通过 6.1 节的例子可以得出，Python 的函数同样是如此。将 a、b、c 理解为一组自变量 X，函数返回值 return 作为因变量 Y（在不同的条件下，因变量具有不同的形式）。Python 中的函数具有如下特点：

(1) 每个函数执行单独操作，不受别的函数影响。

(2) 可以输入 0 个或多个参数。

(3) 返回值可以为复合对象

不难发现，函数的实质就是程序语句的集合，通过函数名来代表这一系列的操作，这一系列的操作称为函数体，函数体实现了函数的功能。可以通过调用函数名，实现对函数体功能的调用而无须重复写代码。例如，不需要在每次求最大值时都去重新编写所有的程序语句，只需调用函数 max()，即可实现求最大值的操作。

6.2.2 为何使用函数

【例 6-2】 给定字符串，计算字符串中'a'或者'A'出现的次数。

【分析】 对给定的字符串用 for 循环做遍历，每出现一个字符，都判断一次其是否为'a'或者'A'，如果是，则计数器加 1，否则进入下一次循环。

参考代码：

```
str1 = 'This is a string which I used to find a/A!'
count = 0
for i in str1:
    if i == 'a' or i == 'A':
        count = count + 1
    else:
        continue
print(count)
```

运行结果如下：

```
3
```

【例 6-3】 例 6-2 中实现了对字符串 str1 中特定字符出现频次的统计。对另一个字符串 str2='Here is another string I used to find a and A!'，需要对两个字符串 str1 和 str2 分别计算其中'a'或者'A'出现的次数。

参考代码 1：

```
str1 = 'This is a string which I used to find a/A!'
str2 = 'Here is another string I used to find a and A!'
count1 = 0
```

```
count2 = 0
for i in str1:
    if i == 'a' or i == 'A':
        count1 = count1 + 1
    else:
        continue
print('str1 中,a 或者 A 的个数是 %d' % count1)
for i in str2:
    if i == 'a' or i == 'A':
        count2 = count2 + 1
    else:
        continue
print('str2 中,a 或者 A 的个数是 %d' % count2)
```

【分析】 从上述代码中可以看出,计算字符串中'a'或者'A'出现次数的 for 循环写了两遍,而且几乎是一模一样的代码。本例中仅仅是需要计算两个字符串,若需要计算的字符串个数再多一些呢? 这样的写法会导致代码很长,有很多冗余,也不利于阅读。是否有更好的写法?

参考代码 2:

```
def findA(string):
    count = 0
    for i in string:
        if i == 'a' or i == 'A':
            count += 1
return count
str1 = 'This is a string which I used to find a/A!'
str2 = 'Here is another string I used to find a and A!'
print findA(str1)
print findA(str2)
```

运行结果如下:

```
3
4
```

参考代码 2 中定义了一个函数来实现特定字符串计数的功能,无论需要计算的字符串有多少个,仅仅一行调用函数的命令就可以实现计数,这大大简化了代码的书写,而且代码也显得不再冗余。采用函数的方法,可以一次定义,多次使用。同时,由于函数将程序分成小的程序段,因此也提高了代码的可读性,同时还体现了分治的策略。

Python 中函数的特点如下:

(1) 分治策略: 如同例 6-2,如果程序中既包含加法运算,也包含字符计数,如果使用顺序的方法编写程序,程序会显得杂乱无章,可以将每个功能都封装成函数,以调用函数的方式得到结果,这个过程就是分治,这样的策略就是分治策略。

(2) 抽象: 抽象的特点体现在函数所实现的功能是现实世界功能的抽象,例如小鸟会飞,那么如何定义这样的一个函数? 这就需要对现实世界进行抽象,从而定义一个 fly()函数,这个函数能够实现什么样的功能,需要结合实际进行抽象,如果仅仅是为了告诉别人"鸟儿会飞”这个事实,那么 fly()函数可以直接打印“鸟儿会飞”这样的字符串。这就是函数的抽象。

(3) 重用:函数的重用就是通过“一次定义,多次调用”实现的,函数只需要定义一次,后面就可以通过函数名,多次重复使用相同的功能。

(4) 简化性:例 6-3 中很好地体现了函数的简化性。在该例中,函数的功能是统计特定字符个数,如果例 6-3 中要求不使用加法运算,而用乘法,那么,可以直接更改函数块中的加法语句,将其改为乘法就可以实现。反之,如果程序中没有使用函数,那么要实现加法向乘法的转换,则需要更改多个地方,这大大增加了工作量。

6.3 创建及调用函数

6.3.1 def 语句

Python 中的函数主要由两部分组成:定义和调用。定义即创建新的函数和功能,调用即使用已经定义好的函数实现功能。

定义函数的关键字是 def。def 是可执行代码,这与 C 语言、Java 语言有所不同,def 是一个可执行的语句,即只有在 Python 运行了 def 后才存在所谓的函数,而这样的过程可以理解为,Python 执行到 def 语句时,创建一个新的函数对象(Python 中一切都是对象,函数也不例外),并在命名空间中创建一个名称(函数名),并将其与函数对象关联。

def 语句的一般格式:

```
def <name>(arg1,arg2,arg3, … ,argN):
<statement>
```

如同所有的多行 Python 语句一样,def 包含了首行,后面的代码块是函数体,通过冒号分开,代码块需要缩进。

def 语句的首行定义了函数名,并赋值一个函数对象,括号中表示该函数包含 0～N 个参数(形参)(自变量),用于在调用时接收实参。

```
def <name>(arg1,arg2,arg3, … ,argN):
<statement>
return <value>
```

若函数包含返回值,函数的格式将多出 return 语句,如果没有 return 语句,函数相当于返回 None。

当然,return 语句并不一定实在 statement 之后,它可以出现在函数的任何地方,它用来表示函数的结束,同时返回特定的值。例如下面的程序。

【例 6-4】 使用 return 语句。

```
def testReturn(a):
    if a == 1:
        return 1
    elif a == 2:
        return 2
```

```
    elif a == 3:
        return 3
    else:
        return "Too big"
print testReturn(3)
```

运行结果如下：

```
3
```

【分析】 在该例中，函数传入的值在比较时一旦匹配，则执行 return 语句，后面的语句都不执行，类似 C 语言中 switch 语句(Python 中并没有提供 switch 语句)的作用。

6.3.2 声明与定义

Python 中的声明和定义是两个不同的概念。从编译原理上来说，声明是仅仅告诉编译器，有个某类型的变量会被使用，但是编译器并不会为它分配任何内存。而定义则分配了内存。

Python 中并不存在函数声明，在 C 语言中存在声明的例子：

```
void a(int b , int c)                    //函数 a 的声明
int b;                                   //变量 b 的定义
```

Python 中唯一类似于声明的语句是 global 语句，将变量声明为全局变量，这将在后续的学习中详细说明。

```
def <name>(arg1,arg2,arg3, … ,argN):
<statement>
return <value>
```

Python 函数的定义即对 def 的使用，故定义函数的格式，也是 def 的格式。

6.3.3 函数属性

前文已经提到，Python 中一切都是对象，对于对象，需要知道函数对象具有哪些属性。这里定义一个 plus()函数，打印"hey! plus"。然后使用 Python 中的 dir()函数打印 plus 函数的属性。

```
>>> def plus():
...     print("hey!plus")
...
>>> dir(plus)
['__call__', '__class__', '__closure__', '__code__', '__defaults__', '__delattr__', '__dict__',
'__doc__', '__format__', '__get__', '__getattribute__', '__globals__', '__hash__', '__init__',
'__module__', '__name__', '__new__', '__reduce__', '__reduce_ex__', '__repr__', '__setattr__',
'__sizeof__', '__str__', '__subclasshook__', 'func_closure', 'func_code', 'func_defaults', 'func_dict',
'func_doc', 'func_globals', 'func_name']
```

虽然定义函数只用了短短两行代码，但是 Python 解释器为每个函数都提供了许多属性，用于描述函数，如表 6-1 所示。

表 6-1　函数的属性及其描述

属　　性	描　　述	操作类型
__doc__ func_doc	文档字符串	Writable
__name__ func_name	函数名	Writable
__module__	所属模块名	Writable
__defaults__ func_defaults	函数参数默认值	Writable
__code__ func_code	编译的函数体	Writable
__globals__ func_globals	函数中的全局变量	Read-only
__dict__ func_dict	函数的命名空间	Writable
__closure__ func_closure	函数闭包的环境变量	Read-only

通过测试其中的__name__和 func_name,成功地使用函数的属性输出了函数的名称。

```
>>> def plus():
...     print("hey! plus")
...
>>> dir(plus)
>>> plus.__name__
'plus'
>>> plus.func_name
'plus'
```

同时,函数中的每个属性也拥有它们自己的属性,层层嵌套,可以像操作普通的对象一样来操作函数,实际上函数的使用更加灵活。如 plus.__code__,其中__code__同样具有很多属性。如下所示:

```
>>> dir(plus.__code__)
['__class__', '__cmp__', '__delattr__', '__doc__', '__eq__', '__format__', '__ge__',
'__getattribute__', '__gt__', '__hash__', '__init__', '__le__', '__lt__', '__ne__', '__new__',
'__reduce__', '__reduce_ex__', '__repr__', '__setattr__', '__sizeof__', '__str__',
'__subclasshook__', 'co_argcount', 'co_cellvars', 'co_code', 'co_consts', 'co_filename', 'co_
firstlineno', 'co_flags', 'co_freevars', 'co_lnotab', 'co_name', 'co_names', 'co_nlocals',
'co_stacksize', 'co_varnames']
>>> dir(plus.__code__.co_varnames)
['__add__', '__class__', '__contains__', '__delattr__', '__doc__', '__eq__', '__format__','__ge__',
'__getattribute__', '__getitem__', '__getnewargs__', '__getslice__', '__gt__', '__hash__',
'__init__', '__iter__', '__le__', '__len__', '__lt__', '__mul__', '__ne__', '__new__', '__reduce__',
'__reduce_ex__', '__repr__', '__rmul__', '__setattr__', '__sizeof__', '__str__', '__subclasshook__',
'count', 'index']
```

还有一点需要着重强调的就是文档字符串属性__doc__,Python 中可以为每个模块、每个类，甚至每个函数编辑属于它们自己的使用说明，即文档字符串，添加的方式是使用三个单引号或者三个双引号将文档字符串包含住，同时它必须出现在 def 行后面。

当想要使用某一个函数，却又不知道如何使用时，使用 help 命令就可以打印出指定函数的功能及使用方法。当然，使用函数的__doc__属性也可以获得文档字符串。例如定义一个函数 a()，并为其添加文档字符串，告诉使用者函数 a()的作用。

```
>>> def a():
...     '''
...     This function can print 10
...     '''
...     print 10
...
>>> help(a)
Help on function a in module __main__:

a()
This function can print 10
>>> a.__doc__
'\n\tThis function can print 10\n\t'
```

还有很多其他的属性，以及属性的属性，由于篇幅原因不再赘述。使用 Python 编程时要时刻谨记，Python 中的一切变量都是对象，灵活使用对象属性可以带来许多好处。

6.3.4　函数调用

函数需要首先被创建，其次才能被调用。函数的调用需要通过在函数名后增加小括号来实现。例如 6.3.3 节的 plus()函数，只需在 plus 后加上小括号，即 plus()，就可以打印出“hey！ plus”。

```
>>> plus()
hey!plus
```

实际应用中，函数的调用可能还涉及参数，对于含参数的函数，应在括号中对应位置包含对应的参数。

```
>>> def multi(a,b):
...     print a * b
...
>>> multi(10,5)
50
```

参数按照定义的顺序传递，上例中 10 传递给 a，5 传递给 b。当然，也可以指定传递顺序，这将在之后详细介绍。

6.3.5　函数调用函数与前向引用

1. 函数调用函数

函数如果仅仅只是在主程序中调用，不仅显得有些局促，也违背了函数的初衷——重用，所以人们设计了函数调用函数的用法。函数的作用就是用一个函数名来表示一个代码块,当在函数中调用另一个函数时也就相当于在这个函数中重新写那些代码。虽然这样做使得程序的逻辑、控制显得更加复杂,但是提高了程序的可理解性,也简化了程序设计的过程。

【例 6-5】 从给定的数组中找出所有素数。

参考代码:

```
def isPrime(i):
    '''Used to judge i , True means that i is Prime'''
    if i < 2:
        return True
    if i == 2:
        return True
    for c in range(2,i):
        if i % c == 0:
            return False
    return True
def findPrime(lists):
    '''Use to find prime in lists'''
    prime = []
    for i in lists:
        if isPrime(i):
            prime.append(i)
    return prime
print(findPrime([2,4,5,7,123,1122,5673]))
```

运行结果如下:

```
[2,5,7]
>>>
```

【分析】 程序主要由两个函数组成:isPrime()函数,用于判断传入的 i 是否为素数;findPrime()函数,用于判断数组中每一个值是否为素数。程序的核心在于判断一个数是否为素数,在函数 findPrime()中需要进行 len(lists)次判断,当在 findPrime()函数中直接调用 isPrime()函数时,无论 len(lists)有多大,都不需要考虑。

2. 前向引用

函数的前向引用指的是函数调用在函数定义之前。那这是不是违背了之前所说的“函数在调用之前需要先定义”的原则呢?

【例 6-6】 前向引用。

```
def foo():
    print("I am foo.")
    """invoke first"""
    bar()
def bar():
    print("I am bar.")
    """define second"""
bar()
foo()
```

运行结果如下：

```
I am bar.
I am foo.
I am bar.
>>>
```

这段代码能够正确执行，是因为即使（在 foo()中）对 bar()的调用出现在 bar()的定义之前，但 foo()本身不是在 bar()声明之前被调用的。换句话说，先声明 foo()函数，然后再声明 bar()函数，接着调用 foo()函数时，bar()函数已经存在了，所以调用成功。

当把代码改成下面这种形式，则程序运行失败，并且提示 NameError: global name 'bar' is not defined，即 bar()函数没有定义。这符合"函数在调用之前需要先定义"的原则。

```
def foo():
    print("I am foo.")
    """invoke first"""
    bar()
foo()
def bar():
    print("I am bar.")
    """define second"""
bar()
```

6.3.6 何时使用函数

函数是对程序的一种优化，即使没有函数，依然可以实现满足功能的程序。函数使用和定义的一般规则如下。

（1）只做一件事：每个函数应当是对一个独立功能的封装。如例 6-5 中的 isPrime()函数是负责判断 i 是否为素数的，它就只做这一件事，而 findPrime()函数则负责分发 lists 中的每个元素给 isPrime()函数判断。所以当一件事由多件可拆分的事件构成时，可以通过构造函数分别实现各个独立的功能。

（2）不宜过长：函数不应过长。函数的构造是为了提高程序的可读性，让读程序的人可以轻松地理解每个函数的作用，如果定义的函数很长，那么函数会难以理解，同时后期的维护与修改也会较为困难。

（3）完整：函数应该是完整的。它需要在所有可能发生的情况下都能正常运行，例如求一个一元二次方程的根，必须考虑所有可能出现的情况，如 $\Delta>0$、$\Delta<0$ 和 $\Delta=0$ 等情况。见例 6-1。

（4）重构：在不改变代码功能的前提下，对现有的代码结构进行改进。原本的代码可能是冗长的、难以理解的，但是可以将代码中的每个功能分成函数模块，在需要使用时调用，这样大大增加代码的可理解性。故在"改进"代码时可以使用函数。

6.4 函数变量

6.4.1 命名空间、形参、实参

在前面的例子中，已经提到过参数的概念，在 Python 中，参数的种类包括实参和形参。

1. 命名空间

命名空间或者称为作用域,其包含了一对集合,即名称与该名称对应的 Python 对象。两者之间的关系称为引用。实际上,主程序和函数各自具有独立的命名空间,函数为程序增加了一个额外的命名空间层:一个函数的所有变量都是与函数的命名空间关联的。这将意味着一个函数内定义的变量只能被函数内部的代码使用,而不能在函数的外部使用;即使在函数内部的变量名与外部的变量名相同的情况下,它们也代表两个不同的量。

```
>>> a = 10
>>> def idA():
...     a = 10
...     print id(a)
>>> id(a)
56713296L
>>> idA()
56713296
```

从代码结果可以看出,函数中的变量 a 与函数外的变量 a 并不是同一个变量,在调用 id()函数时也并没有因为存在两个 a 而报错,因此函数内外的变量 a 是不同的。

在编写函数之前,编写的所有的代码都位于一个模块的顶层。也就是说,在这个模块内,函数之外,定义的变量处于全局作用域,而函数提供了嵌套的命名空间(本地作用域)。

所有的变量都可以被归纳为本地变量、全局变量或者内置变量。在函数内部定义的变量为本地变量,在一个模块的命名空间内的变量为全局变量,由 Python 中预置的__builtin__模块提供的变量为内置变量。

程序在解析变量名时遵循这样的顺序:首先是本地命名空间,之后是函数内命名空间(函数嵌套函数的情况),之后是全局命名空间,最后是内置命名空间,如图 6-3 所示(LEGB 原则)。

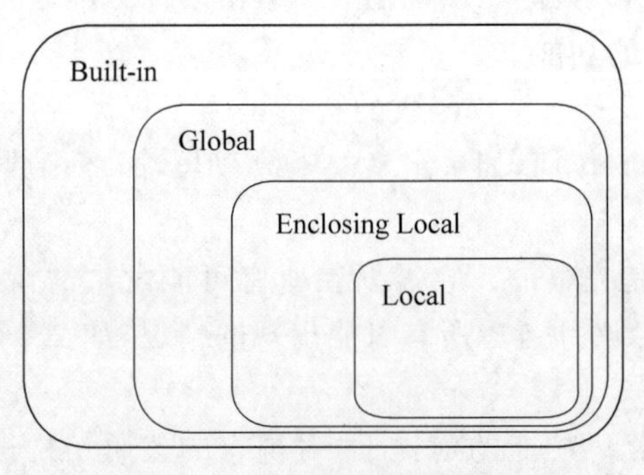

图 6-3 LEGB 原则示意图

当需要在函数的内外使用同一个变量时,可以使用 global 语句实现在函数内部定义全局变量的功能,如下面这段代码展示如何在函数中定义全局变量。

```
>>> y = 1
>>> z = 2
>>> def globalX():
...     global x
...     x = y*z
```

```
>>> globalX()
>>> print x
2
>>>
```

上述代码中，y 和 z 是在全局作用域定义的，故为全局变量；变量 x 在函数内部定义，本应该是局部变量，但是，通过 global 语句将其声明为全局变量，所以在调用 globalX()函数之后，全局命名空间中就增加了一个 x 变量名，并且通过 globaX()函数为其赋值。

2. 传值和传引用

在了解形参和实参之前我们还需要了解两个重要的概念："传值"和"传引用"。函数调用时是将一个变量指向的值传递给了另一个变量，还是将指向值的指针传递给了另一个变量，就是所谓的"传值"和"传引用"。

看下面这段代码：

```
>>> a = 10
>>> b = a
>>> a
10
>>> b
10
>>> id(a)
54878288L
>>> id(b)
54878288L
>>> b = 11
>>> a
10
```

在上面代码中，将 a 复制到 b 时，a 和 b 的内存地址是一样的。但是，当修改了 b 的值时，a 的值并没有随着 b 的改变而改变，所以这并不符合"传引用"的特点。再看下面这段代码：

```
>>> c = [1,2,3,4]
>>> d = c
>>> c is d
True
>>> d[0] = 10
>>> c
[10, 2, 3, 4]
```

这里改变了 d[0]后，c[0]也会随着改变。

Python 既不是"传值"，也不是"传引用"，它传递的是对象引用。Python 中一切都是对象，每个值的传递都是对对象的引用。当对象是可变的，例如上面的列表，那么对它的改变，会影响到其他变量对它的引用，若对象是不可变的，例如上面的常量(上一段代码中的 a 与 b)，当改变它时，就会创建一个新的引用对象，而非对原存储空间中的数值进行改变。

3. 形参

形参即"形式参数"，是在定义函数名和函数体时使用的参数，目的是接受调用该函数时传递的参数。下面例子中的 a、b 就是形参。

```
>>> def link(a,b):
...     print(a + b)
```

形参的作用是实现主调函数与被调函数之间的联系,通常将函数所处理的数据、对函数功能或处理结果有影响的因素作为形参。

4. 实参

实参指的是变量、表达式、函数等。无论实参是何种类型的量,在进行函数调用时,它们都必须具有确定的值,以便对形参进行值传递。因此应预先用赋值、输入等方法使实参获得确定值。下面的两个变量就可以作为 link()函数的实参。

```
>>> x = "hello"
>>> y = "world"
```

【例 6-7】 通过定义 add()函数以及 useAddtoAdd()函数,展现函数的定义、函数的调用、参数的传递、参数的作用域,以及函数调用函数等。

```
def useAddtoAdd(x,y):
    print add(x,y)
def add(x,y):
    return x + y
useAddtoAdd(10,11)
useAddtoAdd(20, 100)
```

运行结果如下:

```
21
120
```

图 6-4 描绘了参数在程序运行过程中值的传递过程。首先,在程序中定义了两个变量 a、b 并赋值为 10、5。此时在主命名空间中就添加了这两个变量名,并且产生两个 Python 对象 10、5,当调用函数 add()时,将 a、b 作为实参传递给 add()函数,实际传递的是对 Python

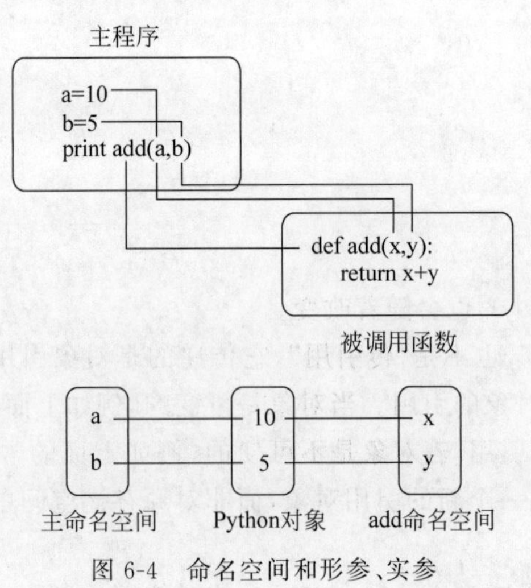

图 6-4 命名空间和形参、实参

对象的引用，此时程序运行到add()函数部分，传递的a、b的引用被add命名空间中的x、y接受，此时，x、y指向a、b所指向的Python对象，最后返回结果。

6.4.2 默认参数及关键字参数

Python函数的参数传递有两个特点：默认参数传递和名称传递(关键字传递)。

默认参数是当用户没有提供值时，分配给函数的参数值。其定义的方式如同赋值操作，例如chars = None，赋值语句右侧的None就是参数chars的默认值，如果只给定参数名，则该参数为必需参数。

这种默认参数的方式在Python中应用非常广泛，例如Python的string模块中的strip()函数就使用了默认参数。下面是strip()函数的代码：

```
def strip(s, chars = None):
    """strip(s [,chars]) -> string
    Return a copy of the string s with leading and trailing
    whitespace removed.
    If chars is given and not None, remove characters in chars instead.
    If chars is unicode, S will be converted to unicode before stripping.
    """
    return s.strip(chars)
```

可以看到，strip()函数中的参数chars默认为None，可以仅仅只传递一个字符串给函数的参数s，也可以指定字符串chars。即下面两种调用方法都是可以的：

```
#方法一
from string import *
a = "a b b a"
strip(a,"a ")
#方法二
from string import *
a = "a b b a"
strip(a)
```

有多于一个的参数传递时，传递的对应关系由排列顺序决定。例如之前的add()函数有两个参数x、y，在调用add()函数时为其传递了a、b两个实参，并且没有指定哪一个形参去接受哪一个实参，但是程序却能够正确运行，原因则是实参按照从左到右的顺序映射到对应位置的形参上。也就是说a、b的传入对应x、y，而不是对应y、x。如果形参比实参的数量多，则没有匹配到的那些形参值为默认值。因此，默认值只能用于最右边的形参。

Python中关键字传递是指在调用函数中将参数名作为关键字，从而给函数中的形参赋值。当使用下面的方式调用add()函数时，则可以不考虑参数传递顺序，只要保证关键字正确就能争取赋值。

```
a = 10
b = 5
def add(x,y):
    print 'y = ',y
    print 'x = ',x
return a + b
print(add(y = a,x = b))
```

运行结果如下：

```
y = 10
x = 5
15
```

为了使结果更加清楚，添加了输出语句。可以看出，虽然传递参数的顺序与形参定义的顺序相反，但是实参的值正确地传递给了形参。这种调用方式就称为关键字调用。这种方式在函数同时拥有多个参数和多个默认值时使用，不需要知道参数的顺序，只需知道想要传入的参数和值就可以成功调用指定的函数。

【例 6-8】 生命表又称"死亡率表"。根据分年龄死亡率(又称年龄别死亡率)，反映一批人从出生到陆续死亡的全过程。生命表依据年龄组组距的不同分为简略生命表和完全生命表。简略生命表的年龄组组距通常为 5 年或 10 年，完全生命表年龄组组距为 1 年，即按人口的整数年龄分组。简略生命表第一组为 0 岁组，组距为 1 年；第二组为 1～4 岁组，组距为 4 年；最后一组为 95＋岁组，包括 95 岁及以上所有人；其余各组组距均为 5 年或 10 年。编制步骤如下：

(1) 根据各个时期的人口抽样调查和普查数据计算年龄别死亡率，公式如下：

$$m_x = \frac{D_x}{P_x}$$

其中，m_x 为年龄别死亡率；D_x 为 x 岁 1 年期间的死亡人数[1]；P_x 为 x 岁平均人口数[2]。

(2) 将年龄别死亡率转换为死亡概率。

$$q_x = \frac{m_x}{\frac{1}{n} + \frac{1}{2}m_x}$$

其中，q_x 为 x 岁死亡概率。编制生命表时，一般用某一现实人口在一定时期的年龄别死亡率代替，即 $q_x = d_x / l_x$。

(3) 计算死亡人数和生存人数。

$$d_0 = 100\,000 q_x$$

$$l_1 = l_0 - d_0$$

其中，d_0 为 0 岁死亡人数，l_0 默认为 100 000(生命表规定 0 岁组生存人数为 100 000)。

(4) 计算生存人年数[3]总计。

$$L_x = \frac{l_x + l_{x+n}}{2} n$$

---

① D_x，P_x 由人口抽样调查和普查数据提供。

② 平均人口数是一定时期各个时点人口数的平均值。要精确计算平均人口数，原则上应将每一瞬间人口数加总除以相应日历时间。实际工作中通常只掌握一定时期内若干时点人口数。在人口数变动均匀的条件下，平均人口数等于期初人口数与期末人口数之和的 1/2。

③ 同期出生的一批人在某一确切年龄(x 岁)至另一确切年龄($x+n$ 岁)之间存活的人年数。它等于在某一确切年龄 x 岁至另一确切年龄 $x+n$ 岁之间处于各种年龄时的人数的平均数，因此又称平均生存人数。通常记作 nL_x。在 5 岁一组的简略生命表中，$n=5$，$L_x=2.5(l_x+l_{x+5})$。

其中，L_x 为生存人年数[①]，n 为该组组距，l_x 为 x 岁组生存人数。

(5) 最后一组生存人年数[②]。

$$L_x = \frac{d_x}{m_x}$$

参考代码：

```
from tkinter import *
import tkinter
root = tkinter.Tk()                #创建根窗体
root.title('人口学计算器')          #根窗体名称
root.geometry('500x500')           #根窗体大小

def calc1(): #计算生存人年数
    a = float(inp1.get())
    b = float(inp2.get())
    c = float(inp3.get())
    l = (2 * b - c)/2
    m = 4 * (2 * b - c)/2
    n = 5 * (2 * b - c)/2
    if a == 0:
        s = '生存人年数 Lx: %s' % str(l) + '\n'
        t = ''
    if 1 <= a <= 4:
        s = '生存人年数 Lx: %s' % str(m) + '\n'
    if a >= 95:
        s = '数据不全或数据格式错误,无法计算' + '\n'
        #95 岁为开口组,需调查此组所有人的平均寿命才可计算
    if 5 <= a <= 94:
        s = '生存人年数 Lx: %s' % str(n) + '\n'
    txt.insert(END,s)

def calc2(): #计算死亡率
    a = float(inp1.get())
    b = float(inp2.get())
    c = float(inp3.get())
    l = c/b
    m = c/(4 * b)
    n = c/(5 * b)
    if a == 0:
        s = '死亡率 mx: %s' % str(l) + '\n'
    if 1 <= a <= 4:
        s = '死亡率 mx: %s' % str(m) + '\n'
    if a >= 95:
        s = '数据不全无法计算' + '\n'
        #95 岁为开口组,需调查此组所有人的平均寿命才可计算
    if 5 <= a <= 94:
```

① $l_X + l_{N+X} = l_{N+X} - D_X$。

② 95 岁(最后一组)为开口组，需调查此组所有人的平均寿命才可计算。

```
            s = '死亡率 mx: %s' %str(n) + '\n'
        txt.insert(END,s)

    def calc3(): #计算死亡概率
        a = float(inp1.get())
        b = float(inp2.get())
        c = float(inp3.get())
        l = c/b
        if a < 95:
            s = '死亡概率 mx: %s' %str(l) + '\n'
        if a >= 95:
            s = '数据不全或数据格式错误,无法计算' + '\n'
            #95 岁为开口组,需调查此组所有人的平均寿命才可计算
        txt.insert(END,s)
global inp1                        #全局变量
global inp2                        #全局变量
global inp3                        #全局变量
global txt                         #全局变量
la1 = tkinter.Label(root, text = '请输入属于计算年龄组的任一年龄(阿拉伯数字): ', bg =
"#C3BED4")#用于提示输入框应输入什么文字
la1.pack()
inp1 = Entry(root)
inp1.pack()
la2 = tkinter.Label(root, text = '请输入该年龄组的生存人数(阿拉伯数字): ',bg = "#C3BED4")
la2.pack()
inp2 = Entry(root)
inp2.pack()
la3 = tkinter.Label(root, bg = "#C3BED4",text = '请输入该年龄组的死亡人数(阿拉伯数字): ')
la3.pack()
inp3 = Entry(root)
inp3.pack()
btn1 = tkinter.Button(root, bg = "#ddf0ed", text = '生存人年数计算', command = calc1,relief =
GROOVE)
btn1.pack()
btn2 = tkinter.Button(root,bg = "#ddf0ed", text = '死亡率计算', command = calc2, relief =
GROOVE)
btn2.pack()
btn3 = tkinter.Button(root, bg = "#ddf0ed", text = '死亡概率计算', command = calc3,relief =
GROOVE)
btn3.pack()
txt = Text(root)
txt.pack()
mainmenu = Menu(root)
menucalc1 = tkinter.Menu(mainmenu)  #菜单分组 menucalc1
mainmenu.add_cascade(label = "文件", menu = menucalc1)
menucalc1.add_command(label = "退出", command = root.destroy)
root.config(menu = mainmenu)
root.mainloop()
```

运行结果如图 6-5 所示。

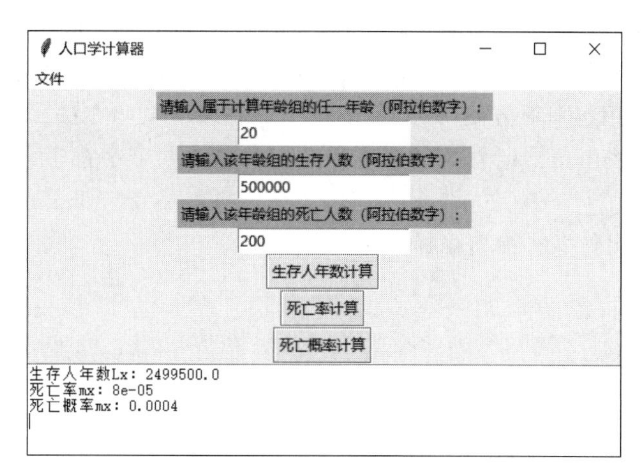

图 6-5 例 6-8 的运行结果

【分析】 在本例中，使用了 Tkinter 库用于构建 GUI 窗体，定义了三个函数 calc1()、calc2()和 calc3()分别用于计算生存人年数、死亡率和死亡概率，并将该三个函数绑定于三个按钮，最后的计算结果显示在文本框中。

6.5 练习

1. 画出函数的组成部分并给出标注，为每个部分写出简短的定义。

2. 编写函数将两个足球队的最后得分作为参数输入，输出哪个队获胜或者比赛中止。引用变量名 Team1 和 Team2。该函数不返回任何内容。

3. 编写函数，输入英文句子(字符串)，输出句子中元音的个数和辅音的总个数。该函数不返回任何内容。注意，句子中可能包含特殊字符，如点、破折号等。

4. 斐波那契数列是 1,1,2,3,5,8,13……可以看到，第一个和第二个数字均为 1，此后，每个数字是前两个数字的和。

(1) 编写函数来输出斐波那契数列的前 n 个数字。

(2) 编写函数，显示序列中的第 n 个数字。

5. 闰年在公历系统中是能被 4 整除但不能被 100 整除，或者能被 400 整除的那些年份。例如，1896 年、1904 年和 2000 年是闰年，但 1900 年不是。编写一个函数，输入为年份，输出是否为闰年。

6. 下面这个函数能实现什么功能？对于 num = 5，该函数返回什么？

```
def Func(num):
total = 0
while num > 0:
total = total + num * (num - 1)
    num = num - 1
return total
```

7. 编写函数，输出 100 以内 6 和 10 的所有公倍数。在一般情况下，函数有三个输入参数：要求公倍数的两个数字和上限。

8. 回文词。回文词指向前读和向后读相同的词,如 testset 是回文词。

(1) 编写函数,如果两个字符串是回文词,则返回真。提示:可以用 list()函数对字符串创建列表,列表使用起来很方便,因为字符串有一个 reverse()方法。

(2) 编写函数,使用自己定义的函数。程序提示输入两个字符串,调用该函数,显示判断结果(真或假)。

9. 如下代码输出什么?给出解释。

```
def f(a , b=2):
pass
f(a = 3 , b = 4)
print a , b
```

10. 实参和形参的区别是什么?

11. 创建函数,参数是字符串,要求以相反的顺序返回字符串(例如字符串"robot"传入函数,返回"tobor")。

字典和集合

本章重点内容：掌握字典和集合的概念，创建与修改字典和集合的方法、常用函数和方法、适用情景等。了解 NLTK 库的使用，掌握 jieba 分词库的使用。

本章学习要求：灵活运用字典与集合这两种数据结构解决实际问题。

7.1 引例：文献词频分析

【例 7-1】 自然语言处理（Natural Language Processing，NLP）是计算机科学领域与人工智能领域中的一个重要方向，致力于能实现人与计算机之间用自然语言进行有效通信的各种理论和方法。自然语言处理是一门融语言学、计算机科学、数学于一体的科学。词频分析（word frequency analysis）是对文献正文中重要词汇出现的次数进行统计与分析，是文本挖掘的重要手段。它是文献计量学中传统的和具有代表性的一种内容分析方法，其基本原理是通过词出现频次多少的变化，来确定热点及其变化趋势。要求：以美国知识产权领域的案件"Christian Louboutin S. A. v. Yves Saint Laurent Am. Holding，Inc."为分析对象，统计文献中出现的高频词。文献数据如图 7-1 所示。

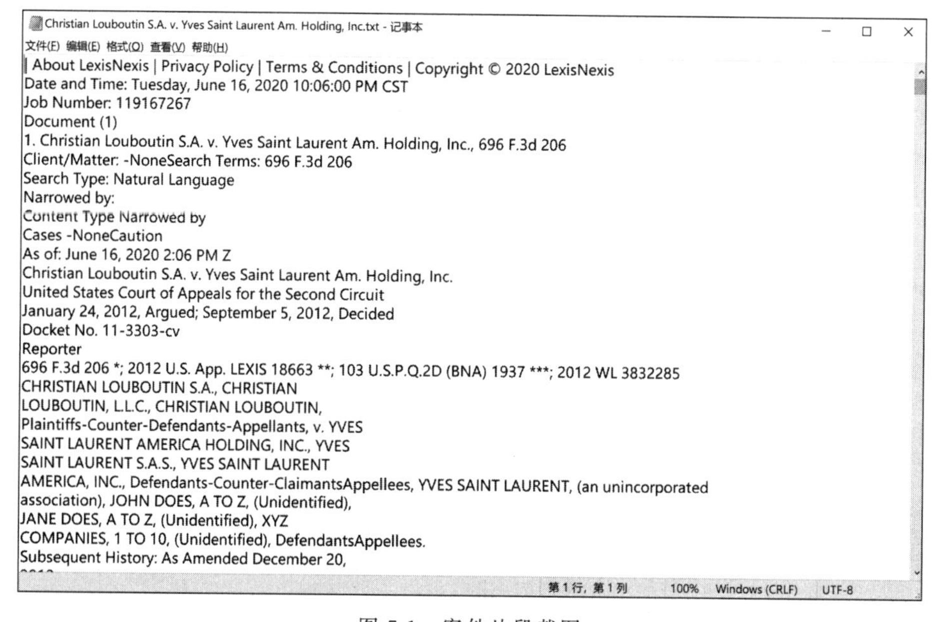
Christian Louboutin S.A. v. Yves Saint Laurent Am. Holding, Inc.txt - 记事本
文件(F) 编辑(E) 格式(O) 查看(V) 帮助(H)
| About LexisNexis | Privacy Policy | Terms & Conditions | Copyright © 2020 LexisNexis
Date and Time: Tuesday, June 16, 2020 10:06:00 PM CST
Job Number: 119167267
Document (1)
1. Christian Louboutin S.A. v. Yves Saint Laurent Am. Holding, Inc., 696 F.3d 206
Client/Matter: -NoneSearch Terms: 696 F.3d 206
Search Type: Natural Language
Narrowed by:
Content Type Narrowed by
Cases -NoneCaution
As of: June 16, 2020 2:06 PM Z
Christian Louboutin S.A. v. Yves Saint Laurent Am. Holding, Inc.
United States Court of Appeals for the Second Circuit
January 24, 2012, Argued; September 5, 2012, Decided
Docket No. 11-3303-cv
Reporter
696 F.3d 206 *; 2012 U.S. App. LEXIS 18663 **; 103 U.S.P.Q.2D (BNA) 1937 ***; 2012 WL 3832285
CHRISTIAN LOUBOUTIN S.A., CHRISTIAN
LOUBOUTIN, L.L.C., CHRISTIAN LOUBOUTIN,
Plaintiffs-Counter-Defendants-Appellants, v. YVES
SAINT LAURENT AMERICA HOLDING, INC., YVES
SAINT LAURENT S.A.S., YVES SAINT LAURENT
AMERICA, INC., Defendants-Counter-ClaimantsAppellees, YVES SAINT LAURENT, (an unincorporated
association), JOHN DOES, A TO Z, (Unidentified),
JANE DOES, A TO Z, (Unidentified), XYZ
COMPANIES, 1 TO 10, (Unidentified), DefendantsAppellees.
Subsequent History: As Amended December 20,
第 1 行，第 1 列 100% Windows (CRLF) UTF-8

图 7-1 案件片段截图

【分析】 在例7-1中,文本文件由pdf文件转换而来,存在多处换行,且有很多标点符号需要清洗掉。之前学过列表数据结构,可以把文本分词后转换为列表,每个单词均为列表的元素,在此之前,需要去掉多余的换行符和标点符号,由于在Python中大小写是敏感的,因此还需要将大小写统一。然后统计列表中每个元素出现的次数(词频)。单词和词频是一对映射关系,暂时用列表来存储。在Python中,字典结构更适合用来存储具有这种键值对映射关系的数据。

参考代码:

```
import matplotlib.pyplot as plt
from string import digits
import string
def remove_punctuation(text):                #去掉字符串中的标点符号
    temp = []
    for c in text:
        if c not in string.punctuation:
            temp.append(c)
    newtext = ''.join(temp)
    return(newtext)
f = open('demofile.txt', 'r', encoding = 'UTF-8').read()
filelistprocessing = []
filestring = remove_punctuation(f)
filelist = filestring.split()
stopwordslist = f = open('stopwords.txt', 'r', encoding = 'UTF-8').read().split('\n')
for ff in filelist:
    word = ff.lower()                        #字母全部改成小写
    if len(word) >= 3:
        remove_digits = str.maketrans('', '', digits)   #前两个字符用于映射以供下一步替
                                                        #换,第三个字符串中的字符用于删掉
        res = word.translate(remove_digits)
        filelistprocessing.append(res)
filelistprocessing1 = []
for ss in filelistprocessing:
    if ss not in stopwordslist:#若不是停止词则进行下列操作:长度不小于3的,去掉数字字符
                               #后加入列表
        filelistprocessing1.append(ss)
filedict = {}                     #创建字典,关于这种数据结构的详细信息将会在后续章节中讲到
for word in filelistprocessing1:
    if word in filedict:
        filedict[word] = filedict[word] + 1
    else:
        filedict[word] = 1
List2 = []
for key, val in filedict.items(): #词频由高到低排序
    List2.append((val, key))
List2.sort(reverse = True)
n = 10                            #控制输出数量最多的前n个单词及对应次数
for x in range(n):
```

```
    print(List2[x])
x_data, y_data = [], []          #构建数据
for i in range(n):
    x_data.append(List2[i][1])
    y_data.append(List2[i][0])
#绘图
plt.bar(x = x_data, height = y_data)
plt.show()
```

运行结果如图 7-2 和图 7-3 所示。

```
(240, 'trademark')
(168, 'mark')
(123, 'law')
(111, 'red')
(103, 'functionality')
(100, 'protection')
(87, 'court')
(83, 'color')
(81, 'infringement')
(73, 'louboutin')
```

图 7-2　高频词词频统计结果

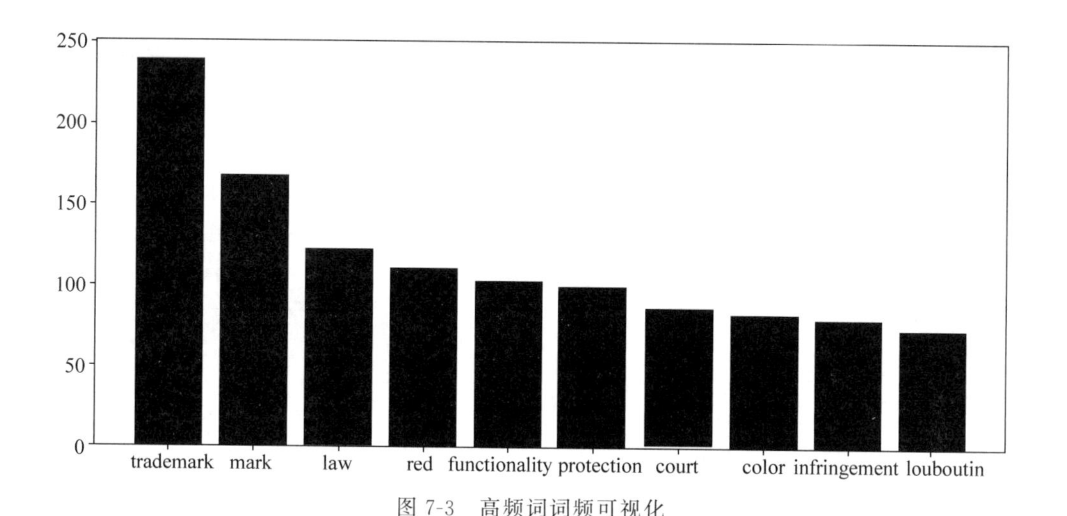

图 7-3　高频词词频可视化

在第 5 章中学习过列表，可以将文章中的单词作为列表中的元素。使用 open()函数的. read()方法，可以一次性将 txt 文件中的内容读取出来，返回字符串类型。可以用 split()方法将字符串转换为列表。split()就是将一个字符串分隔成由多个字符串组成的列表，当它不带参数时，以空格作为分隔符进行分隔，带参数时，以该参数进行分隔。上述例子中，以空格为单位，分隔成由单词构成元素的列表。

由于 Python 是区别大小写的，因此在将单词加入 filelistprocessing 列表之前统一将大写转换为小写，同时注意到结果中含有'come. '和'come'也被视为不同的元素，需要将元素中的标点符号去掉。文中的词频即单词使用的次数。在这个任务中，列表数据结构不适合既记录单词又记录单词出现的次数，所以，需要的数据结构不仅要可以表示元素，还要可以表示元素的属性：关于次数，这里用到 Python 的另外一种数据结构——字典。

7.2 映射类型：字典

在7.1节的例子中，要分析词频，即知识产权案件中每个单词的使用次数，如果用列表表示，一个列表用于存放单词，另一个列表用于存放次数，代码如下：

```
>>> words = ['trademark','mark','law','red','functionality']
>>> frequency = [240,168,123,111,103]
>>> print (frequency[words.index(' trademark ')])
240
```

首先用index()获取' trademark '的位置(索引)，再在另一个列表中寻找对应位置(索引)的值，需要联合使用两个列表，这显然不太方便。

字典是Python中另外一种可变的容器模型，可存储任意类型的对象，字典中的元素为键(key)值(value)对，中间用冒号“:”隔开，一个键值对是一个元素，元素间用逗号“,”分隔，整个字典的标识符是大括号“{}”。其一般格式如下：

```
dict1 = {key1 : value1, key2 : value2, … }
```

其中，字典的键是唯一的，是不可变元素，可以是字符串、数字或者元组，它是字典的主要描述对象，不同类型的键可以用于同一个字典中。值可以取任意类型的数据结构。

```
>>> dict1 = {5:['x','y','z'],(6,7):100,'a':{1:2.5,'b':3}}
>>> dict1
{5:['x','y','z'],(6,7):100,'a':{1:2.5,'b':3}}
>>> dict1[5]
['x', 'y', 'z']
>>> dict1[(6,7)]
100
>>> dict1['a']
{1: 2.5, 'b': 3}
>>> dict1[a]
Traceback (most recent call last):
  File "<pyshell#13>", line 1, in <module>
    dict1[a]
NameError: name 'a' is not defined
>>> dict1['a'][1]
2.5
```

7.2.1 创建字典和给字典赋值

1. 创建空字典

在Python中，变量在使用前是不需要声明的，有时为了使用方便，会在生成字典之前，定义一个空的字典，并在后续过程中为该字典添加元素。

```
>>> dict1 = {}
>>> dict1
{}
>>> type(dict1)
<class 'dict'>
```

```
>>> dict1 = dict()                    #dict()函数空参数创建字典
>>> dict1
{}
```

2. 直接创建字典

将符合字典形式的“式子”(一对值)赋值给变量,该变量即为一个字典。如前面统计词频的例子:

```
>>> dict1 = {'trademark ':240, 'mark': 168, 'law': 123, 'red': 111, 'functionality': 103}
>>> dict1
{'trademark ':240, 'mark': 168, 'law': 123, 'red': 111, 'functionality': 103}
>>> type(dict1)
<class 'dict'>
```

3. 用 dict()函数创建字典

dict()函数是 Python 的内置字典构建函数,它的参数可以是赋值表达式,中间用逗号隔开:

```
>>> dict2 = dict(trademark  = 240,world = 20,govement = 27,we = 31,home = 9)
>>> dict2
{ 'trademark' 30, 'world': 20, 'govement': 27, 'we': 31, 'home': 9}
```

dict()函数的参数也可以是一个容器,如元组或者列表,该容器包含多个元素,每个元素是有且仅有两个元素的容器:

```
>>> dict3 = dict((('trademark ',240),('world',12),('govement',27),('we',31),('home',9)))
>>> dict3
{'trademark ': 240, 'world': 12, 'govement': 27, 'we': 31, 'home': 9}
>>> dict4 = dict([('trademark ',240),('world',12),('govement',27),('we',31),('home',9)])
>>> dict4
{'trademark ': 240, 'world': 12, 'govement': 27, 'we': 31, 'home': 9}
```

4. dict()和 zip()函数组合创建字典

zip()函数用于将可迭代的对象作为参数,将对象中对应的元素打包成一个个元组,然后返回由这些元组组成的对象。

```
>>> words = ['trademark ','world','govement','we','home']
>>> frequency = [240,12,27,31,9]
>>> zip(words,frequency)
<zip object at 0x0000000003120888>
>>> dict(zip(words,frequency))
{'trademark ': 240, 'world': 12, 'govement': 27, 'we': 31, 'home': 9}
```

5. 用 dict.fromkeys()创建字典

该函数通常用来初始化字典,设置 value 的默认值。假设在创建词频记录时,默认的词频为 0:

```
>>> dict5 = dict.fromkeys(range(3),'x')
>>> dict5
{0: 'x', 1: 'x', 2: 'x'}
>>> dict6 = dict.fromkeys(['america','world','govement','we','home'],0)
```

```
>>> dict6
{'america': 0, 'world': 0, 'govement': 0, 'we': 0, 'home': 0}
```

6. 给字典赋值

首先定义空字典,以赋值的方式为字典的键添加值,同时为字典添加新的元素——键值对。列表是有序列的容器,每个元素都有序号,而字典没有,所以 dict7[0]不是寻找 dict7 的第 0 号元素,而是寻找 dict7 中键为 0 所对应的值。

```
>>> dict7 = {}
>>> dict7['trademark'] = 240
>>> dict7['world'] = 12
>>> dict7
{'trademark': 240, 'world': 12}
>>> dict7[0]
Traceback (most recent call last):
  File "<pyshell#39>", line 1, in <module>
    dict7[0]
KeyError: 0
```

7.2.2 访问字典中的元素

1. 遍历字典中的键

对于列表,可以用 for 循环,遍历列表中的每个元素:

```
>>> words = ['trademark','world','govement','we','home']
>>> for x in words:
        print(x)
```

运行结果如下:

```
trademark
world
govement
we
home
```

对于字典,如果同样用 for 循环遍历,会出现什么?

```
>>> dict1 = {'trademark':240,'world':12,'govement':27,'we':31,'home':9}
>>> for x in dict1:
        print(x)
```

运行结果如下:

```
trademark
world
govement
we
home
```

可以看到,对字典进行 for 循环遍历时,输出的是字典的键,而不是键值对,再次说明字典的主要描述对象是键。

2. 遍历字典中的键和值

对于字典，用 for 循环，如何实现遍历字典中的键和值？将字典中的键作为索引，可输出对应的值，有如下代码：

```
>>> dict1 = {'trademark ':240,'world':12,'govement':27,'we':31,'home':9}
>>> dict1['trademark ']
240
```

所以遍历字典中的键和值代码如下：

```
>>> for key in dict1:
    print(key,dict1[key])
```

运行结果如下：

```
trademark 240
world 12
govement 27
we 31
home 9
```

7.2.3 操作字典

Python 中对字典的操作是非常简单方便的，对字典的操作有查询元素、修改元素、增加元素和删除元素，下面的代码展示了对字典的这四种操作。

1. 查询元素

字典中的元素是键值对的映射，可以将值看作描述对象“键”的属性，因此，可以查询某个键所对应的值(属性)。

```
>>> dict1 = {'trademark ':240,'world':12,'govement':27,'we':31,'home':9}
>>> print(dict1['america'])              #查询某个键所对应的值
240
>>> print(dict1['china'])                #当查询的键不在字典中时会报错
Traceback (most recent call last):
  File "<pyshell#7>", line 1, in <module>
    print(dict1['china'])
KeyError: 'china'
>>> print(dict1.get('trademark'))        #用 get()方法同样可以得到某个键的值
30
>>> print(dict1.get('china'))            #使用 get()方法查询时,若该键不在字典中,则返回 None
None
>>> print('america' in dict1)            #判断一个键是否在字典中,返回 True 或者 False
True
```

2. 修改元素

通过赋值操作，可以直接修改字典中特定键所对应的值。

```
>>> dict1 = {'trademark ':240,'world':12,'govement':27,'we':31,'home':9}
>>> dict1['trademark '] = 569
```

```
>>> print(dict1)
{'trademark': 569, 'world': 12, 'govement': 27, 'we': 31, 'home': 9}
```

3. 增加元素

通过为字典中不存在的键赋值,可以直接在字典中增加元素。

```
>>> dict1 = { 'trademark': 240,'world':12,'govement':27,'we':31,'home':9}
>>> dict1['people'] = 21
>>> print(dict1)
{'trademark': 240, 'world': 12, 'govement': 27, 'we': 31, 'home': 9, 'people': 21}
```

4. 删除元素

```
>>> dict1 = {'trademark':240,'world':12,'govement':27,'we':31,'home':9, 'people':0}
>>> del dict1['people']                  #永久删除
>>> dict1
{'trademark': 240, 'world': 12, 'govement': 27, 'we': 31, 'home': 9}
>>> dict1.pop('home')                    #弹出,和列表中pop()方法一样
9
>>> dict1
{'trademark': 240, 'world': 12, 'govement': 27, 'we': 31}
>>> text = dict1.popitem()               #随机弹出
>>> text
('we', 31)
>>> text = dict1.popitem()               #随机弹出
>>> text
('govement', 27)
>>> dict1
{'trademark': 240, 'world': 12}
```

7.2.4 映射类型的内建函数和方法

方法是一种特殊的函数。Python 中,函数(方法)并不是依附于类才能存在,也并不只能在类中定义。这种直接在模块中而不是类中定义的函数(方法)称为函数。而方法是依附于类的,它们定义在类中,是属于类的,但是它们本质上还是一个函数。方法的第一个参数不一定必须是 self。表 7-1 为 Python 字典的内置函数,表 7-2 为 Python 字典的内置方法。

表 7-1 Python 字典的内置函数

函 数	功 能
len(dict)	计算字典元素的个数,即键的总数
str(dict)	以字符串的形式输出字典

表 7-2 Python 字典的内置方法

方 法	功 能
dict.clear()	清除字典内所有元素
dict.copy()	返回一个字典的浅拷贝
dict.fromkeys(seq[,val])	创建一个新字典,以序列 seq 中的元素作为字典的键,val 为字典所有键所对应的初始值

续表

方　　法	功　　能
dict. get(key,default=None)	返回指定键的值,如果键不在字典中则返回默认值
dict. has_key(key)	如果键在字典 dict 里则返回 True,否则返回 False
dict. items()	返回可遍历的(键,值)组成元素的元组列表
dict. keys()	以列表返回一个字典所有的键
dict. setdefault (key, default = None)	和 get()类似, 但如果键不存在于字典中,将会添加键并将值设为默认值
dict. update(dict2)	把字典 dict2 中所有的键值对均添加到 dict 中
dict. values()	以列表返回字典中的所有值
pop(key[,default])	删除字典给定键 key 所对应的值,返回值为被删除的值。key 值必须给出。否则,返回默认值
popitem()	随机返回并删除字典中的一对键和值

```
>>> dict1 = {'trademark ':240,'world':12,'govement':27,'we':31,'home':9}
>>> str(dict1)
"{'trademark ': 240, 'world': 12, 'govement': 27, 'we': 31, 'home': 9}"
```

字典的 get()方法的使用：如 dict. get(k,d),其中 get 相当于一条 if…else…语句,如果参数 k 在字典中则字典将返回 k 对应的 value 值 dict[k]；如果参数 k 不在字典中则返回参数 d。

```
>>> l = {5:2,3:4}
>>> print(l.get(3,0))          #返回值是 4
>>> print(l.get(1,0))          #返回值是 0
```

7.2.5　词云库 wordcloud 简介

制作词云即对文本中出现频率较高的“关键词”予以视觉化的展现,词云图过滤掉大量的低频低质的文本信息,使得浏览者可以快速领略文本的主题和核心内容。

【例 7-2】　绘制例 7-1 中知识产权领域的案件“Christian Louboutin S. A. v. Yves Saint Laurent Am. Holding, Inc. txt”的词云。

观看视频

参考代码：

```
from wordcloud import WordCloud, STOPWORDS
import matplotlib.pyplot as plt
txt = open('demofile.txt', 'r', encoding = 'UTF - 8').read()
mystopwords = open('stopwords.txt', 'r', encoding = 'UTF - 8').read().split()
stop_words = mystopwords + list(STOPWORDS)       #设置停用词表
my_wordcloud = WordCloud(
    background_color = "white",
    stopwords = stop_words).generate(txt)
#my_wordcloud.to_file("pywcloud.png")           #生成词云图片文件
plt.imshow(my_wordcloud)
plt.axis("off")
plt.show()
```

运行结果如图 7-4 所示。

图 7-4　例 7-2 的运行结果

在 Python 中，wordcloud 是一个第三方库，可以用来制作词云图，能够将一段文本以高频词为对象，以图的形式展现出来。wordcloud 库把词云当作一个 WordCloud 对象，以 WordCloud 对象为基础，支持的操作有配置参数、加载文本、添加背景、修改图像和输出文件等。wordcloud 常用的参数和方法见表 7-3 所示。

表 7-3　wordcloud 常用的参数和方法

常用的参数和方法	描　述
width	指定词云对象生成图片的宽度，默认为 400 像素
height	指定词云对象生成图片的高度，默认为 200 像素
min_font_size	指定词云中字体的最小字号，默认为 4 号
max_font_size	指定词云中字体的最大字号，根据高度自动调节
font_step	指定词云中字体字号的步进间隔，默认为 1
font_path	指定文体文件的路径，默认为 None
max_words	指定词云显示的最大单词数量，默认为 200
stop_words	指定词云的停用词列表
mask	可设定词云的形状，默认为长方形，需要引用 imageio 库中的 imread()函数
background_color	指定词云图片的背景颜色
WordCloud. generate()	向 WordCloud 对象中加载文本，参数类型为字符串
WordCloud. to_file(filename)	将词云输出为图像文件，格式为. png 或. jpg，路径为 filename，默认路径为当前 py 文件所在文件夹

7.3　NLTK 库简介

Python 中的 Natural Language Toolkit (NLTK)是最受欢迎的自然语言处理(NLP)工具包之一，提供了 WordNet 这种方便处理词汇资源的接口，以及分类、分词、词干提取、标注、语法分析、语义推理等类库和方法。几个常用的基础函数用法如下。

(1) 搜索文本：text. concordance(self, word, width=79, lines=25)。搜索文本中元素 word 周围出现的词，并以整齐的窗口展示。其中，word 表示指定的单词，width 表示窗口的宽度，lines 表示显示的行数。图 7-5 中显示了指定词 law 周围出现的词。

```
import nltk
f = open('demofile.txt', 'r', encoding = 'UTF - 8').read()
tokens = nltk.word_tokenize(f)
text = nltk.Text(tokens)
text.concordance('law')
```

运行结果如图 7-5 所示。

```
Displaying 25 of 25 matches:
ims . LexisNexis® Headnotes Trademark Law > Subject Matter of Trademarks > Gene
 > General Overview HN1 [ ] Trademark Law , Subject Matter of Trademarks An orn
n the design of a product . Trademark Law > ... > Trade Dress Protection > Infr
ons > Functionality Defense Trademark Law > ... > Infringement Actions > Defens
Defenses > General Overview Trademark Law > Subject Matter of Trademarks > Gene
n for abuse of discretion . Trademark Law > Trademark Cancellation & Establishm
 > General Overview HN6 [ ] Trademark Law , Trademark Cancellation & Establishm
thers from using the mark . Copyright Law > Scope of Copyright Protection > Own
ship Rights > General Overview Patent Law > Originality > General Overview Trad
ginality > General Overview Trademark Law > Trademark Cancellation & Establishm
otection , Ownership Rights Trademark law is not intended to protect innovation
uch a monopoly is the realm of patent law or copyright law , which seek to enco
 the realm of patent law or copyright law , which seek to encourage innovation
age innovation , and not of trademark law , which seeks to preserve a vigorousl
nt Actions > Determinations Trademark Law > Subject Matter of Trademarks > Term
 Meaning > General Overview Trademark Law > ... > Infringement Actions > Defens
ns > Defenses > Genericness Trademark Law > ... > Eligibility for Trademark Pro
s > Presumptions > Creation Trademark Law > Causes of Action Involving Trademar
 > Rebuttal of Presumptions Trademark Law > ... > Infringement Actions > Defens
k had not been registered . Trademark Law > ... > Trade Dress Protection > Infr
ons > Functionality Defense Trademark Law > ... > Infringement Actions > Defens
Defenses > General Overview Trademark Law > Likelihood of Confusion > Consumer
onfusion > General Overview Trademark Law > Subject Matter of Trademarks > Gene
ve '' within the meaning of trademark law and is therefore valid and protectabl
esthetic '' functionality . Trademark Law > Subject Matter of Trademarks > Nont
>>>
```

图 7-5　运行结果

(2) 计算词 law 在文本中出现的次数。由于没有统一大小写,因此和前文中的数字有所差别。

```
>>> text.count('law')
38
```

(3) 搜索上下文相似的词：text.similar('law')。

```
>>> text.similar('law')
protection functionality and the infringement qualitex marks patent
function office origin record fact registrations document holding type
court a history
>>>
```

(4) 搜索几个词汇上下文的公共词汇：common_contexts(self，words，num=20)。

```
>>> text.common_contexts(['red'])
a_lacquered the_outsole a_sole monochrome_shoe of_lacquered
contrasting_lacquered trademark_color shoe_sole the_sole a_outsole
color_in lacquered_outsole than_the monochromatic_shoes a_lacquer
the_lacquered s_claimed lacquered_sole all_lacquered and_ysl
>>>
```

(5) 用离散图表示词出现的位置序列：text.dispersion_plot(self，[word1，word2,])。用离散图表示词在 text 中出现的位置,即从开头算起的第多少个词。图 7-6 显示了词 red、trade、mark 分别在文中出现的位置。

```
>>> text.dispersion_plot(['red','trade','mark'])
```

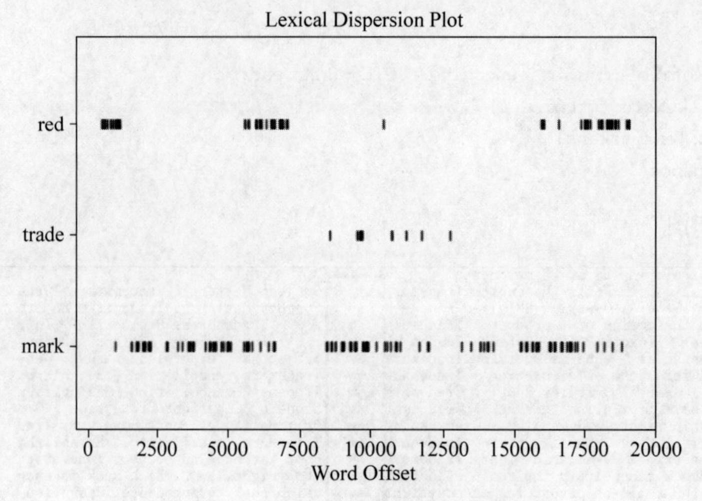

图 7-6　词在文档中出现的位置

(6) NLTK 词干提取。单词词干提取就是从单词中去除词缀并返回词根。如 working 的词干是 work。词干搜索技术常用于搜索引擎,所以很多人通过同一个单词的不同形式进行搜索,返回的搜索结果都是相同的。词干提取的算法有很多,但最常用的算法是 Porter 提取算法。NLTK 中有一个 PorterStemmer 类,使用的就是 Porter 提取算法。

```
>>> from nltk.stem import PorterStemmer
>>> stemmer = PorterStemmer()
>>> print(stemmer.stem('working'))
>>> word
>>> print(stemmer.stem('works'))
work
>>>
```

(7) 返回从文本中生成的搭配词(连在一起的词),忽略停用词：collocation_list(self, num=20, window_size=2)。其中,num 为返回的搭配词的最大数量,为整型；window_size 为搭配所跨越的令牌数 (default=2),为整型。

```
>>> text.collocation_list(num = 20)
```

(8) 词频统计。在例 7-1 中,实现了文档词频统计的功能,在 NLTK 中,FreqDist() 函数可以实现同样的功能。

【例 7-3】 用 NLTK 实现文档的词频统计。

参考代码：

```
from nltk.probability import FreqDist
from matplotlib import rcParams
text = open('demofile.txt', 'r', encoding = 'UTF - 8').read()
fredist = FreqDist(text.split(' '))
tops = fredist.most_common(15)                    # 输出前 n 个高频词
print(tops)
print(fredist['the'])                             # 输出元素'the'的频率
print(fredist.freq('the'))                        # 输出元素'the'出现的次数
fredist.tabulate(10)                              # 频率分布表,以表格的形式打印出现次数最多
的前 n 项
```

```
fredist.plot(15)                              #绘制前15个高频词频率分布图
```

运行结果如图 7-7 所示。高频词统计运行结果如图 7-8 所示。

```
[('the', 682), ('of', 444), ('a', 302), ('>', 300), ('to', 244), ('that', 209),
('in', 173), ('and', 164), ('is', 154), ('as', 116), ('at', 98), ('for', 83), ('
mark', 80), ('Law', 80), ('trademark', 75)]
682
0.0497664915353l8154
 the   of    a    >   to that   in   and   is   as
 682  444  302  300  244  209  173  164  154  116
```

图 7-7　例 7-3 的运行结果

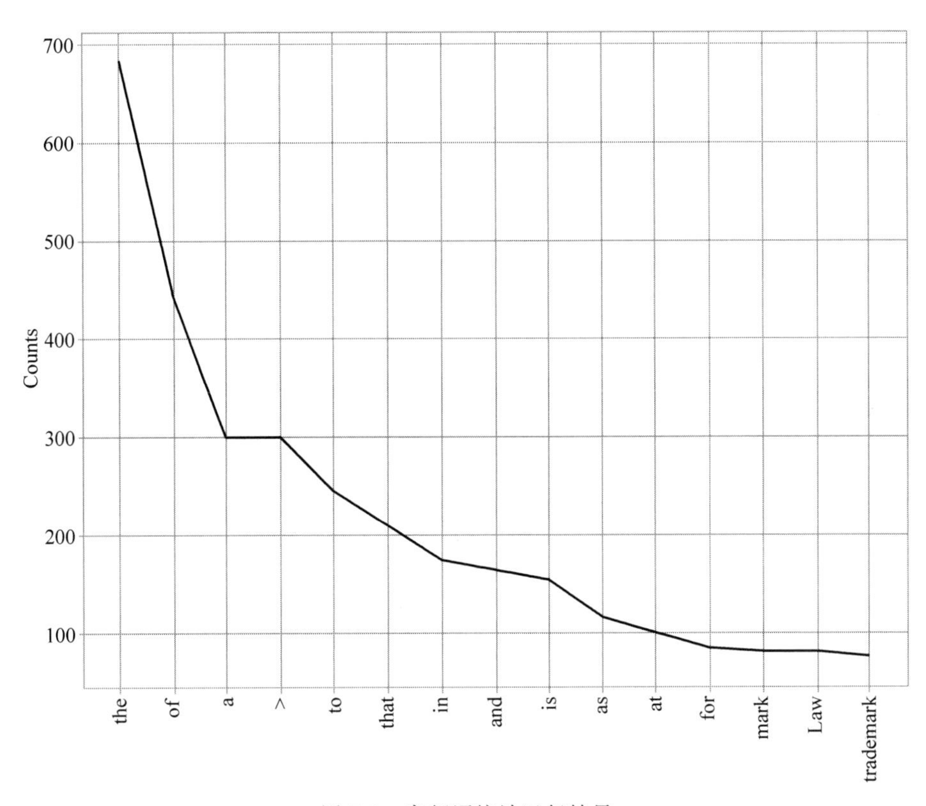

图 7-8　高频词统计运行结果

在该例中,只用了一行代码 fredist=FreqDist(text.split(' '))便能统计出文本的词频。FreqDist 继承自 dict,可以像操作字典一样操作 FreqDist 对象。在本例中,FreqDist 中的键为单词,值为单词的出现总次数。实际上 FreqDist 构造函数接受任意一个列表,它会将列表中的重复项给统计起来。在本例中,其运行结果和例 7-1 有所差别,可以看出直接用 NLTK 统计的词频,由于没有过滤停用词、标点符号和大小写转换等,出现的高频词都是 the、of、a 等无意义的词,这些词统称为停用词。在任何自然语言中停用词都是比较常用的词。为了分析文本数据和构建 NLP 模型,这些停用词可能对文档的语义没有太多价值,因此通常需要去掉。在 NLTK 库中,存在停用词库 stopwords 可以直接使用。下面尝试过滤掉文档中的停用词和标点符号之后再进行词频统计(gensim 也可以用于去除停用词)。

【例 7-4】 去掉上例文本中的停用词和标点符号之后再进行词频统计。

参考代码:

```
from nltk.probability import FreqDist
from matplotlib import rcParams
import string
from nltk.corpus import stopwords
def remove_punctuation(text):                          #自定义函数,去掉字符串中的标点符号
    temp = []
    for c in text:
        if c not in string.punctuation:
            temp.append(c)
    newtext = ''.join(temp)
    return(newtext)
f = open('demofile.txt', 'r', encoding = 'UTF-8').read()
text = remove_punctuation(f)
text = text.lower()                                    #字符串中所有的字母统一为小写
textlist = text.split('')
textlist = [textlist[i] for i in range(0,len(textlist)) if textlist[i]!= '']
                                                       #去掉列表中的空格元素
textlist = [w for w in textlist if not w in stopwords.words()]
                                                       #去掉停用词
fredist = FreqDist(textlist)
tops = fredist.most_common(15)                         #输出前n个高频词
print(tops)
print(fredist['the'])                                  #输出元素'the'的频率
print(fredist.freq('the'))                             #输出元素'the'出现的次数
fredist.tabulate(10)                                   #频率分布表
fredist.plot(15)                                       #绘制频率分布图
```

运行结果如图 7-9 和图 7-10 所示。

```
[('mark', 132), ('law', 115), ('trademark', 110), ('red', 86), ('inc', 81), ('court', 67), ('us', 64), (
'use', 62), ('color', 61), ('f3d', 58), ('general', 58), ('2d', 54), ('protection', 54), ('infringement'
, 51), ('louboutin', 50)]
0
0.0
     mark       law trademark        red       inc     court        us       use     color       f3d
      132       115       110         86        81        67        64        62        61        58
```

图 7-9　去掉停用词后词频统计结果

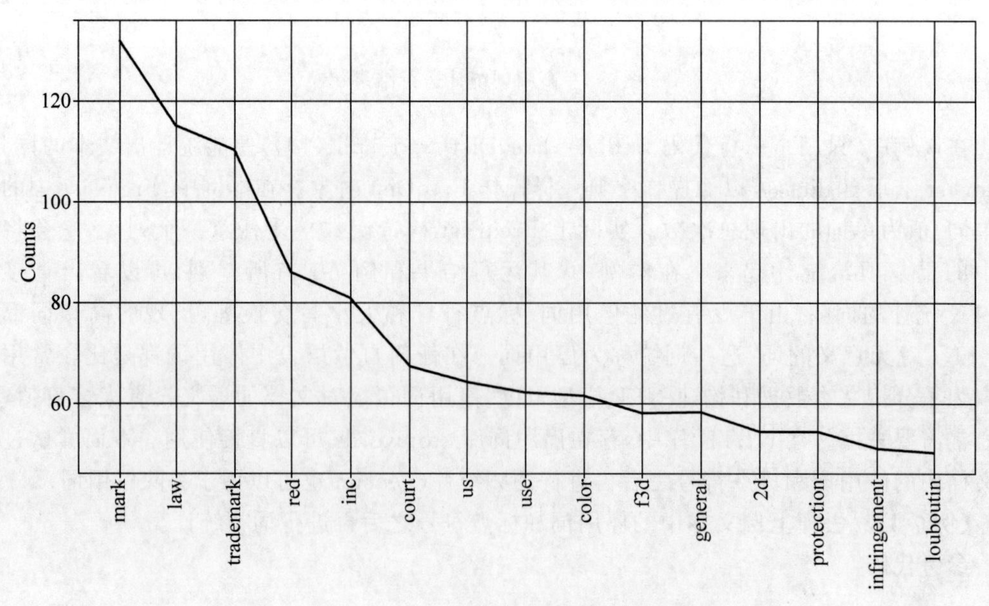

图 7-10　去掉停用词后词频统计折线图

在本例中,仅仅增加了一行代码,就可以过滤掉文本中的停用词。过滤后对'the'进行次数和频率统计时,得出的结果均为0。

7.4 jieba库

在Python中,jieba库是一个很重要的第三方库,可以用作进行中文分词。在文本分析中,词往往是最基本的分析单元。英文中词汇本来就是一个单词,单词与单词之间用空格连接,比较容易识别。而在中文文本中,词汇的分隔往往较为复杂,会出现同一语句存在不同的分词情形,不同的分词造成不同的语义理解,因此在中文文本的分析中,分词是最基本也是最重要的一步。中文分词有很多种不同的算法,在jieba库中,利用一个中文文本库,计算汉字之间的关联概率,可以组成词的概率最大的组合,形成分词结果。除了分词,jieba库还可以添加自定义的词组。jieba库分词有三种模式:精确模式、全模式和搜索引擎模式。

1. 精确模式

把文本精确地切分开,不存在冗余单词。

2. 全模式

把文本中所有可能的词语都扫描出来,有冗余。

```
>>> import jieba
>>> s = '我就读于上海华东政法大学'
>>> words = jieba.cut(s)
>>> words
<generator object Tokenizer.cut at 0x00000190543AF1B0>
>>> for x in words:
    print(x)
我
就读于
上海
华东政法
大学
>>> type(words)
<class 'generator'>
>>> words = jieba.lcut(s)                          #分词生成列表
Building prefix dict from the default dictionary ...
Dumping model to file cache C:\Users\ADMINI~1\AppData\Local\Temp\jieba.cache
Loading model cost 1.072 seconds.
Prefix dict has been built successfully.
>>> words
['我', '就读于', '上海', '华东政法', '大学']
>>> words = jieba.lcut(s, cut_all = True)
>>> words
['我', '就读', '就读于', '上海', '华东', '华东政法', '政法', '政法大', '政法大学', '大学']
```

jieba库中,常用的两种方法是jieba.cut()和jieba.lcut()。前者生成的是一个迭代器,需要用for语句将其中的元素遍历输出。后者分词后,返回一个列表,分出的每一个词都是列表中的一个元素。无论哪种方法,当属性设置为cut_all=True时,为全模式分词,把字符串中所有的可以成词的词语都扫描出来,速度非常快,但是不能解决歧义。

3. 搜索引擎模式

在精确模式基础上,对长词再次切分,提高召回率,适合用于搜索引擎分词。

```
>>> words = jieba.cut_for_search(s)
>>> words
<generator object Tokenizer.cut_for_search at 0x0000019054410D68>
>>> words = jieba.lcut_for_search(s)
>>> words
['我', '就读', '就读于', '上海', '华东', '政法', '华东政法', '大学']
>>>
```

使用 add_word(word, freq=None, tag=None) 和 del_word(word) 可在程序中动态修改词典。

```
>>> import jieba
>>> jieba.lcut('我爱华东政法大学')
['我', '爱', '华东政法', '大学']
>>> jieba.add_word('华东政法大学')                    #向词典中加入新词
>>> jieba.lcut('我爱华东政法大学')
['我', '爱', '华东政法大学']
>>> jieba.del_word('华东政法大学')                    #从词典中删除词
>>> jieba.lcut('我爱华东政法大学')
['我', '爱', '华东政法', '大学']
```

4. 中文分词

中文分词(Chinese Word Segmentation, CWS)在 NLP 的研究中一直受到广泛关注,无论在深度学习兴起之前,还是深度学习兴起以来,对 CWS 的研究都从未间断。尽管从形式上看中文的“字”是最小的音义结合体,但是在现代汉语中,只有“词”才具有表达完整语义的功能,而大部分的“词”都由多个“字”组合而成。

```
>>> import jieba
>>> s = '''再审申请人(一审起诉人、二审上诉人):廖倩娴,女,汉族,住广东省江门市。委托代理人:谭中华,广东骏道律师事务所律师。委托代理人:刘东东,广东骏道律师事务所实习律师。再审申请人廖倩娴因起诉江门市蓬江区荷塘镇禾冈股份合作经济联合社(以下简称禾冈经联社)、江门市蓬江区荷塘镇禾冈第八股份合作经济社(以下简称禾冈第八合作社)侵害集体经济组织成员权益纠纷一案,不服广东省江门市中级人民法院(2016)粤 07 民终 2839 号民事裁定,向本院申请再审。'''
>>> wordlist = jieba.lcut(s)
>>> wordlist
['再审', '申请人', '(', '一审', '起诉人', '、', '二审', '上诉人', ')', ':', '廖倩娴', ',', '女', ',', '汉族', ',', '住', '广东省', '江门市', '。', '委托', '代理人', ':', '谭', '中华', ',', '广东', '骏道', '律师', '事务所律师', '。', '委托', '代理人', ':', '刘', '东东', ',', '广东', '骏道', '律师', '事务所', '实习', '律师', '。', '再审', '申请人', '廖倩娴', '因', '起诉', '江门市', '蓬江区', '荷塘', '镇禾冈', '股份合作', '经济', '联合社', '(', '以下简称', '禾冈经', '联社', ')', '、', '江门市', '蓬江区', '荷塘', '镇禾冈', '第八', '股份合作', '经济', '社', '(', '以下简称', '禾', '冈', '第八', '合作社', ')', '侵害', '集体经济', '组织', '成员', '权益', '纠纷', '一案', ',', '不服', '广东省', '江门市', '中级', '人民法院', '(', '2016', ')', '粤', '07', '民终', '2839', '号', '民事裁定', ',', '向', '本院', '申请', '再审', '。']
>>>
```

5. 中文词频统计

【例 7-5】 统计裁判文书“罗峰盗窃罪再审刑事判决书.txt”中的词频。

参考代码:

```
import jieba
txt = open('罗峰盗窃罪再审刑事判决书.txt','rb').read()
words = jieba.lcut(txt)
```

```
counts = {}
excludes = {"\r\n"} #设置停用词过滤
for word in words:
    if len(word) == 1:                    #排除单个字符的分词结果
        continue
    else:
        counts[word] = counts.get(word,0) + 1
for word in excludes:
    del(counts[word])
items = list(counts.items())
items.sort(key = lambda x:x[1], reverse = True)
for i in range(25):
    word, count = items[i]
    print ("{0:<10}{1:>5}".format(word, count))
```

运行结果如图 7-11 和图 7-12 所示。

```
罗峰          31
原审          31
被告人         24
盗窃          15
再审          14
永康市         14
认定          14
人民法院        13
浙江省         11
龙飞          11
特别          11
刑事判决        10
某平          10
人民币         10
入户          10
盗窃罪          8
本案           8
判决           8
适用法律         8
抗诉           7
本院           7
依法           7
数额           7
其他           7
严重           7
>>>
```

图 7-11 例 7-5 运行结果

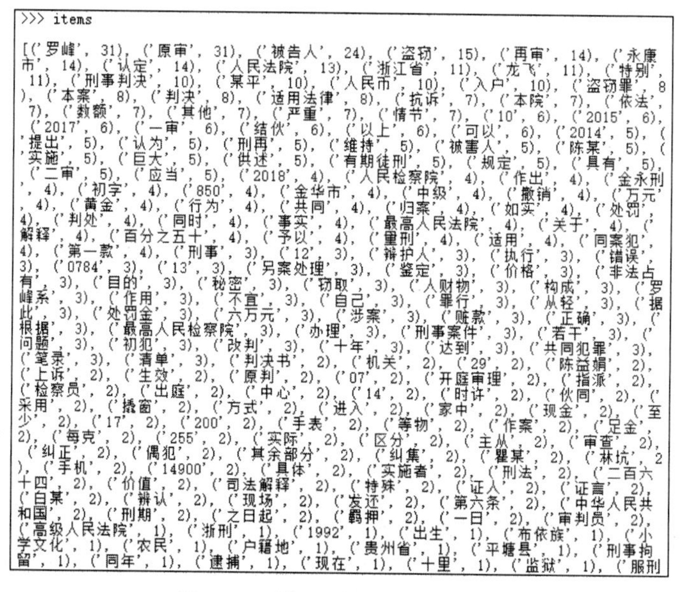

```
>>> items

[('罗峰', 31), ('原审', 31), ('被告人', 24), ('盗窃', 15), ('再审', 14), ('永康
市', 14), ('认定', 14), ('人民法院', 13), ('浙江省', 11), ('龙飞', 11), ('特别',
 11), ('刑事判决', 10), ('某平', 10), ('人民币', 10), ('入户', 10), ('盗窃罪', 8
), ('本案', 8), ('判决', 8), ('适用法律', 8), ('抗诉', 7), ('本院', 7), ('依法',
 7), ('数额', 7), ('其他', 7), ('严重', 7), ('情节', 7), ('10', 6), ('2015', 6),
 ('2017', 6), ('一审', 6), ('结伙', 6), ('以上', 6), ('可以', 6), ('2014', 5), (
'提出', 5), ('认为', 5), ('刑再', 5), ('维持', 5), ('被害人', 5), ('陈某', 5), (
'实施', 5), ('巨大', 5), ('供述', 5), ('有期徒刑', 5), ('规定', 5), ('具有', 5),
 ('二审', 5), ('应当', 5), ('2018', 4), ('人民检察院', 4), ('作出', 4), ('金永刑
', 4), ('初字', 4), ('850', 4), ('金华市', 4), ('中级', 4), ('撤销', 4), ('万元'
, 4), ('黄金', 4), ('行为', 4), ('共同', 4), ('归案', 4), ('如实', 4), ('处罚',
4), ('判处', 4), ('同时', 4), ('事实', 4), ('最高人民法院', 4), ('关于', 4), ('
解释', 4), ('百分之五十', 4), ('予以', 4), ('量刑', 4), ('适用', 4), ('同案犯',
4), ('第一款', 4), ('刑事', 3), ('12', 3), ('辩护人', 3), ('执行', 3), ('错误',
3), ('0784', 3), ('13', 3), ('另案处理', 3), ('鉴定', 3), ('价格', 3), ('非法占
有', 3), ('目的', 3), ('秘密', 3), ('窃取', 3), ('人财物', 3), ('构成', 3), ('罗
峰系', 3), ('作用', 3), ('不宜', 3), ('自己', 3), ('罪行', 3), ('从轻', 3), ('据
此', 3), ('处罚金', 3), ('六万元', 3), ('涉案', 3), ('赃款', 3), ('正确', 3), ('
根据', 3), ('最高人民检察院', 3), ('办理', 3), ('刑事案件', 3), ('若干', 3), ('
问题', 3), ('初犯', 3), ('改判', 3), ('十年', 3), ('达到', 3), ('共同犯罪', 3),
('笔录', 3), ('清单', 3), ('判决书', 2), ('机关', 2), ('29', 2), ('陈益娟', 2),
('上诉', 2), ('生效', 2), ('原判', 2), ('07', 2), ('开庭审理', 2), ('指派', 2),
('检察员', 2), ('出庭', 2), ('中心', 2), ('14', 2), ('时许', 2), ('伙同', 2), ('
采用', 2), ('撬窗', 2), ('方式', 2), ('进入', 2), ('家中', 2), ('现金', 2), ('至
少', 2), ('17', 2), ('200', 2), ('手表', 2), ('等物', 2), ('作案', 2), ('足金',
2), ('每克', 2), ('255', 2), ('实际', 2), ('区分', 2), ('主从', 2), ('审查', 2),
 ('纠正', 2), ('偶犯', 2), ('其余部分', 2), ('纠集', 2), ('瞿某', 2), ('林坑', 2
), ('手机', 2), ('14900', 2), ('具体', 2), ('实施者', 2), ('刑法', 2), ('二百六
十四', 2), ('价值', 2), ('司法解释', 2), ('特殊', 2), ('证人', 2), ('证言', 2),
('白某', 2), ('辨认', 2), ('现场', 2), ('发还', 2), ('第六条', 2), ('中华人民共
和国', 2), ('刑期', 2), ('之日起', 2), ('羁押', 2), ('一日', 2), ('审判员', 2),
('高级人民法院', 1), ('浙刑', 1), ('1992', 1), ('出生', 1), ('布依族', 1), ('小
学文化', 1), ('农民', 1), ('户籍地', 1), ('贵州省', 1), ('平塘县', 1), ('刑事拘
留', 1), ('同年', 1), ('逮捕', 1), ('现在', 1), ('十里', 1), ('监狱', 1), ('服刑
```

图 7-12 例 7-5 的词频统计结果

从结果中可以看出,高频词对文本的语义内容具有一定的体现作用,被告的名称、再审案件、案由、案件轻重情况和案发地等案件信息,在高频词中均有所呈现。在7.3节中,用NLTK库对英文的文本进行了词频统计,该库对中文文本同样适用。

【例7-6】 使用NLTK库对例7-5中裁判文书中的中文文本进行词频统计。

参考代码:

```
from nltk.probability import FreqDist
from matplotlib import rcParams
import string
from nltk.corpus import stopwords
import jieba
txt = open('罗峰盗窃罪再审刑事判决书.txt','rb').read()
words = jieba.lcut(txt)
fredist = FreqDist(words)
tops = fredist.most_common(15)
print(tops)
```

运行结果如图7-13所示。

```
[(',', 138), ('。', 50), ('、', 32), ('的', 32), ('罗峰', 31), ('原审', 31), ('\r\n', 24), ('被告人', 2
4), ('(', 20), (')', 20), ('盗窃', 15), ('再审', 14), ('永康市', 14), ('1', 14), ('为', 14)]
>>>
```

图7-13 例7-6的运行结果

使用NLTK库进行中文文本的词频统计,在统计结果中出现了很多标点符号,因此在NLTK库使用之前,仍需对文本进行清洗和标准化,去掉标点符号及停用词等。读者自行尝试。

6. 关键词提取

关键词提取是从待分析文本中抽取和其意义最相关的一些词语,在文献检索、自动文摘、文本聚类与分类等方面有着重要的应用。关键词提取算法一般分为有监督和无监督两类。

有监督的关键词提取方法主要是通过分类的方式进行的,通过构建一个较为丰富和完善的词表,然后判断每个文档与词表中每个词的匹配程度,以类似打标签的方式,达到关键词提取的效果。其优点是精度较高;缺点是需要大批量的标注数据,人工成本过高,并且词表需要及时维护。

无监督的方法对数据的要求低,既不需要一张人工生成、维护的词表,也不需要人工标注语料辅助训练。目前比较常用的关键词提取算法都基于无监督算法。如TF-IDF算法、TextRank算法和主题模型算法(包括LSA、LSI、LDA等)。

(1) TF-IDF(Term Frequency-Inverse Document Frequency)。该算法用于信息检索与数据挖掘的常用加权技术。TF意思是词频(Term Frequency),IDF意思是逆文本频率指数(Inverse Document Frequency)。这一统计方法用以评估一个字词对于一个文件集或一个语料库中的其中一份文件的重要程度。字词的重要性随着它在文件中出现的次数呈正比增加,但同时会随着它在语料库中出现的频率呈反比减少。其主要思想是:如果某个单词在一篇文章中出现的TF高,并且在其他文章中很少出现,则认为此词或者短语具有很好的类别区分能力,适合用来分类。

其中，词频表示词条(关键字)在文本中出现的频率，即词条出现的次数除以该文件的总词语数。假如一篇文件的总词语数是100个，而词语“母牛”出现了3次，那么“母牛”一词在该文件中的词频就是3/100=0.03。TF的公式：

$$\mathrm{TF}_{ij}=\frac{n_{ij}}{\sum_{k} n_{kj}}$$

即

$$\mathrm{TF}_{w}=\frac{\text{词条 } w \text{ 在某文本中出现的次数}}{\text{该文本中所有词条的数量}}$$

其中，n_{ij} 是该词在文件 d_j 中出现的次数，分母是文件 d_j 中所有词条出现的次数的总和。

某一特定词条的IDF可以由总文件数目除以包含该词语的文件的数目，再将得到的商取对数得到。如果包含词条 t 的文档越少，IDF越大，则说明词条具有很好的类别区分能力。

$$\mathrm{IDF}_{i}=\lg \frac{|D|}{|\{j: t_{i} \in d_{j}\}|}$$

其中，$|D|$ 是语料库中的文件总数。$|\{j: t_i \in d_j\}|$ 表示包含词语 t_i 的文件数目(即 $n_{ij} \neq 0$ 的文件数目)。如果该词语不在语料库中，就会导致分母为零，因此一般情况下使用 $1+|\{j: t_i \in d_j\}|$，即

$$\mathrm{IDF}=\lg\left(\frac{\text{语料库的文档总数}}{\text{包含词条 } w \text{ 的文档数}+1}\right)$$

在刚才的例子中，IDF是文件集里包含的文件总数除以出现过“母牛”这一词的文件总数。所以，如果“母牛”一词在1000份文件出现过，而文件总数是10 000 000份，其逆向文件频率就是lg(10 000 000/1000)=4。最后的TF-IDF的分数为0.03×4=0.12。

```
>>> import jieba.analyse
>>> jieba.analyse.extract_tags(sentence, topK = 20, withWeight = False, allowPOS = ())
```

其中，sentence为待提取的文本，topK为返回TF-IDF权重最大的关键词的个数，默认值为20；withWeight为是否一并返回关键词权重值，默认值为False；allowPOS仅包括指定词性的词，默认值为空，即不筛选。

```
>>> jieba.analyse.TFIDF(idf_path = None)
```

新建TF-IDF实例，idf_path为IDF频率文件。jieba库也可以自定义停用词：

```
>>> jieba.analyse.set_stop_words(file_name)
```

其中，file_name为自定义语料库的路径。

【例7-7】 使用jieba库中的TF-IDF算法提取文书中的关键词。

参考代码：

```
import jieba
import jieba.analyse
content = open('罗峰盗窃罪再审刑事判决书.txt','rb').read()
tags =  jieba.analyse.extract_tags(content,topK = 20,withWeight = True)
print(tags)
```

运行结果如图 7-14 所示。

```
[('罗峰', 0.360503689289786), ('原审', 0.34974792736284044), ('被告人', 0.1972678412080156), ('永康市',
0.1798690920229572), ('再审', 0.13840672419435798), ('盗窃', 0.13104129464226655), ('龙飞', 0.119074881
54348249), ('某平', 0.1162915126741245), ('刑事判决', 0.1138468197918288), ('人民法院', 0.0981696087281
8092), ('认定', 0.0981377610002918З), ('入户', 0.09697326866974708), ('浙江省', 0.08292881684711088), (
'适用法律', 0.08096630420622568), ('盗窃罪', 0.08028917286770428), ('抗诉', 0.07668418507470817), ('本
院', 0.07497290005710117), ('本案', 0.07181205305455253), ('10', 0.0697749076044747), ('2015', 0.069774
9076044747)]
```

图 7-14　例 7-7 的运行结果

关键词提取所使用逆向文件频率文本语料库可以切换成自定义语料库的路径：

```
>>> jieba.analyse.set_idf_path(file_name)
```

其中,file_name 为自定义语料库的路径。

(2) 基于 TextRank 算法的关键词抽取[1]。

这是一种用于文本的基于图的排序算法。通过把文本分割成若干组成单元(单词、句子)并建立图模型，利用投票机制对文本中的重要成分进行排序，仅利用单篇文档本身的信息即可实现关键词提取、摘要。TextRank 不需要事先对多篇文档进行学习训练,因其简捷有效而得到广泛应用。

TextRank 一般模型可以表示为一个有向有权图 $G=(V,E)$,由点集合 V 和边集合 E 组成,E 是 $V\times V$ 的子集。图中任两点 V_i,V_j 之间边的权重为 w_{ji},对于一个给定的点 V_i,$\mathrm{In}(V_i)$为指向该点的点集合,$\mathrm{Out}(V_i)$为点 V_i 指向的点集合。

该算法的基本思想是首先将待抽取关键词的文本进行分词；其次以固定窗口大小(默认为 5,通过 span 属性调整),根据词之间的共现关系构建图；最后计算图中节点的 PageRank。注意是无向带权图。

【例 7-8】 使用 jieba 库中的 TextRank 算法提取文书中的关键词。

参考代码：

```
import jieba
import jieba.analyse
content = open('罗峰盗窃罪再审刑事判决书.txt','rb').read()
tags =  jieba.analyse.textrank(content,topK = 20,withWeight = True)
print(tags)
```

运行结果如图 7-15 所示。

```
[('原审', 1.0), ('被告人', 0.7722584223335295), ('永康市', 0.5044671636241806), ('盗窃', 0.503659008509
439), ('再审', 0.4666190949030209), ('认定', 0.4418582583458487), ('浙江省', 0.4157936846954202), ('本
院', 0.3779984041112252), ('判决', 0.3584091190372057), ('入户', 0.356624914940627), ('人民币', 0.33044
149934536327), ('依法', 0.32443694525772165), ('盗窃罪', 0.3200790331971046), ('抗诉', 0.29502493407449
05), ('一审', 0.25776613129690157), ('笔录', 0.23532223652150328), ('涉案', 0.22113002361124676), ('应
当', 0.21580309225678054), ('结伙', 0.21007081338438105), ('提出', 0.20913704255997162)]
>>>
```

图 7-15　例 7-8 的运行结果

可以看出,无论算法简单与否,在 Python 中仅用一行代码,便可以实现对文本文档的关键词提取。两种关键词提取算法得出的结果有所不同,原因在于算法原理不同。读者可

---

① MIHALCEA R, TARAU P. TextRank: Bringing order into texts[C]. Association for Computational Linguistics, 2004.

以尝试将 jieba 中的语料库替换为司法专业的裁判文书语料库，得出的结果会更加具有专业说服力，更能代表某一文档的领域特征。

7.5　集合

7.5.1　集合类型

在 Python 中，集合是一个无序的、不重复的数据序列，它是一组对象的集合，集合中的任意对象都没有重复，集合中的元素都没有顺序。同样，不包含任意元素的集合是空集。数学中对集合的操作，求并集、交集、补集、差集等对 Python 中的集合同样适用。

集合的符号是大括号"{}"，集合里面的元素可以是多种数据类型，甚至可以是元组，但不能是列表、集合和字典。集合的创建用 set()函数。

```
>>> set1 = {1,2,3,'a'}
>>> set1
{1, 2, 3, 'a'}
>>> type(set1)
<class 'set'>
>>> list1 = [1,2,3,4]
>>> turtle1 = (5,6,7,8,9)
>>> set2 = set(list1)
>>> set2
{1, 2, 3, 4}
>>> set3 = set(turtle1)
>>> set3
{5, 6, 7, 8, 9}
>>> list2 = [1,2,2,2,2]
>>> set1 = set(list2)            # 当列表中包含重复的元素时，变成集合后会自动合并重复的元素
>>> set1
{1, 2}
```

7.5.2　集合的常用函数与操作

1. 添加元素

s.add(x)：将元素 x 添加到集合 s 中，若 s 中原来已经包含 x 元素，则不进行任何操作。

```
>>> s = {1,2,3,4}
>>> s.add('text')
>>> s
{1, 2, 3, 4, 'text'}
>>> s.add(3)
>>> s
{1, 2, 3, 4, 'text'}
```

2. 更新集合

s.update(x)：将集合 x 并入原有集合 s 中，其中 x 可以是列表、元组和字典，x 也可以有多个，用逗号分开。

```
>>> list1 = [1,2,3,4]
>>> turtle1 = (5,6,7,8,9)
>>> set1 = {'a','b','c'}
>>> set1.update(list1)
>>> set1
{1, 2, 3, 4, 'b', 'c', 'a'}
>>> set1.update(turtle1)
>>> set1
{1, 2, 3, 4, 'b', 5, 6, 7, 8, 9, 'c', 'a'}
>>> set1.update(100)
Traceback (most recent call last):
  File "<pyshell#7>", line 1, in <module>
    set1.update(100)
TypeError: 'int' object is not iterable
```

3. 删除集合中的元素

集合中删除元素有两个方法：s.discard(x)和 s.remove(x)。前者将 x 从集合 s 中删除，若 x 不存在，则不会报错，不进行任何操作；后者进行同样的删除动作，但当 x 不存在于 s 中时会报错。

在集合中也有 pop()方法，由于集合是无序的，不支持下标操作，因此没有“最后一个元素”。该方法会随机删除一个元素，并返回该值。

```
>>> set1 = {1, 2, 3, 4, 'b', 5, 6, 7, 8, 9, 'c', 'a'}
>>> set1.pop()
1
>>> set1.pop()
2
```

s.clear()方法会清除集合中的所有元素。

4. 集合的关系运算

Python 中的集合类型可以像数学中的集合进行运算，如求并集、交集、差集和补集等，除了使用常用的方法，还有相应等价的运算符，如表 7-4 所示。其中，s1 和 s2 是集合类型，x 是集合中的元素。

表 7-4 集合类型运算符和常用方法

<table>
<tr><th>运算符和方法</th><th>表 达 式</th><th>说 明</th></tr>
<tr><td>—</td><td>x in s1</td><td>判断元素 x 在集合 s1 中</td></tr>
<tr><td>—</td><td>x not in s1</td><td>判断元素 x 不在集合 s1 中</td></tr>
<tr><td>—</td><td>s1 == s2</td><td>判断两个集合等价</td></tr>
<tr><td>—</td><td>s1 = s2</td><td>判断两个集合是否不完全相同</td></tr>
<tr><td>—</td><td>s1 &|s2; s2</td><td>真子集测试</td></tr>
<tr><td>s1.issubset(s2)</td><td>s1 &|s2; =s2</td><td>子集测试</td></tr>
<tr><td>—</td><td>s1 > s2</td><td>严格意义上的超集测试</td></tr>
<tr><td>s1.issuperset(s2)</td><td>s > = t</td><td>超集测试</td></tr>
<tr><td>s1.union(s2)</td><td>s1 | s2</td><td>求并集</td></tr>
</table>

续表

运算符和方法	表 达 式	说 明
s1.intersection(s2)	s1 & s2	求交集
s1.difference(s2)	s1－s2	求差集
s1.symmetric_difference(s2)	s1 ^ s2	对称差集
s1.copy()		返回集合 s1 的浅拷贝

```
>>> set1 = {1,2,3,4,5,6}
>>> set2 = {4,5,6,7,8,9}
>>> set1|set2
{1, 2, 3, 4, 5, 6, 7, 8, 9}
>>> set1.union(set2)
{1, 2, 3, 4, 5, 6, 7, 8, 9}
>>> set1.difference(set2)              #返回集合 set1 中除去和 set2 中相同的部分后剩余的部分
{1, 2, 3}
>>> set1.symmetric_difference(set2)#返回两个集合中除去公共元素后的其他元素
{1, 2, 3, 7, 8, 9}
>>> set1.intersection(set2)            #返回两个集合公共的部分
{4, 5, 6}
7.3.5
```

【例 7-9】 对比李白和杜甫的诗词。李白和杜甫是诗词史上的一对双子星，他们是我国历史上最具影响力的两位诗人，一个被称为诗仙，一个被称为诗圣。他们共同经历了唐王朝由盛转衰的历史。面对这个乱世，不同的遭遇和不同的性格使他们形成了迥然不同的诗歌艺术风格，接下来从用词的角度比较二人诗词的差异。

参考代码：

```
import jieba
from collections import Counter
import matplotlib.pyplot as plt
import matplotlib.pyplot as pyplot
exword = { '——','/', '—','!','','，','。','：','(',')','?','!','（','）','·','\n','','；','、','\u3000',''}
def read_file(file):
    with open(file,'r',encoding = 'utf - 8') as f:
        l = f.readlines()
    return l

def clean_note(l):                    #清除原文中包含的括号
    txt = ''
    for r,line in enumerate(l):
        if '('in line:
            l[r] = line.split('(')[0]
        elif '（'in line:
            l[r] = line.split('（')[0]
        txt += l[r]
    return txt
```

```
def clean_word(l):
    for r,word in enumerate(l):
        if word in exword:
            del l[r]
        else:
            for ex in exword:
                l[r] = word.strip(ex)

def dic_to_tuple(dic):
    l = []
    for word in dic:
        l.append((dic[word],word))
    l = sorted(l,reverse = True)
    return l

def process_unique_set(s,d):          #将set生成字典
    l,w,c = [],[],[]
    for word in s:
        if len(word) == 1:
            continue
        l.append((d[word],word))

    l = sorted(l,reverse = True)
    for word in l:
        w.append(word[1])
        c.append(word[0])
    return l,w,c

def process_common_set(s,dic1, dic2):
    l,w,c = [],[],[]
    for word in s:
        if len(word) == 1:
            continue
        l.append((dic1[word] + dic2[word], word))
    l = sorted(l,reverse = True)
    for word in l:
        w.append(word[1])
        c.append(word[0])
    return l, w, c

def get_count(l,d):
    c = []
    for word in l:
        c.append(d[word[1]])
    return c
if __name__ == '__main__':
    li_list = read_file('李白诗集.txt')
    du_list = read_file('杜甫诗集.txt')

    li_txt = clean_note(li_list)
    du_txt = clean_note(du_list)

    li_list = jieba.lcut(li_txt) #此时list中包含jieba分词以后的结果,都是一个个的词
```

```
    du_list = jieba.lcut(du_txt)
    #print(li_list[:20])
    print(len(li_list))

    clean_word(li_list)
    clean_word(du_list)
    #print(li_list[:20])
    print(len(li_list))

    li_dic = dict(Counter(li_list))
    du_dic = dict(Counter(du_list))

    li_set = set(li_list)
    du_set = set(du_list)

    li_list = dic_to_tuple(li_dic)
    du_list = dic_to_tuple(du_dic)
    #print(du_list[:20])

    common_set = li_set & du_set
    li_unique_set = li_set - common_set
    du_unique_set = du_set - common_set

    li_unique_list,li_word_list,li_word_count = process_unique_set(li_unique_set,li_dic)
    du_unique_list,du_word_list,du_word_count = process_unique_set(du_unique_set, du_dic)

    common_list,common_word_list,common_word_count = process_common_set(common_set,li_
dic, du_dic)
    #common_list, common_li_word_list, common_li_word_count = process_unique_set(common_
set, li_dic)
    #common_list, common_du_word_list, common_du_word_count = process_unique_set(common_
set, du_dic)
    common_li_word_count = get_count(common_list,li_dic)
    common_du_word_count = get_count(common_list,du_dic)

    print(common_list[:20])
    print(common_word_list[:20])

    #print(sorted(li_dic, reverse = True)[:20])
    #print(sorted(du_dic, reverse = True)[:20])

    pyplot.rcParams['font.sans-serif'] = ['SimHei']      #'''画图'''
    pyplot.rcParams['axes.unicode_minus'] = False
    #plt.figure(figsize = (20, 6))

    plt.plot(li_word_list[:20],li_word_count[:20], label = '李白', color = 'g')
    plt.title('李白诗集中单独出现的高频词 top20', fontsize = 14)
    plt.show()

    plt.plot(du_word_list[:20],du_word_count[:20], label = '李白', color = 'g')
    plt.title('杜甫诗集中单独出现的高频词 top20', fontsize = 14)
    plt.show()

    plt.plot(common_word_list[:20], common_li_word_count[:20], label = '李白', color = 'g')
```

```
plt.plot(common_word_list[:20], common_du_word_count[:20], label='杜甫', color='r')
plt.plot(common_word_list[:20],common_word_count[:20], label='总和', color='b')
plt.xlabel('共现词', fontsize=14)
plt.ylabel('出现次数', fontsize=14)
plt.title('李白、杜甫诗集中共现词频统计 top 20', fontsize=18)
plt.legend()
plt.show()
```

运行结果如图 7-16～图 7-18 所示。

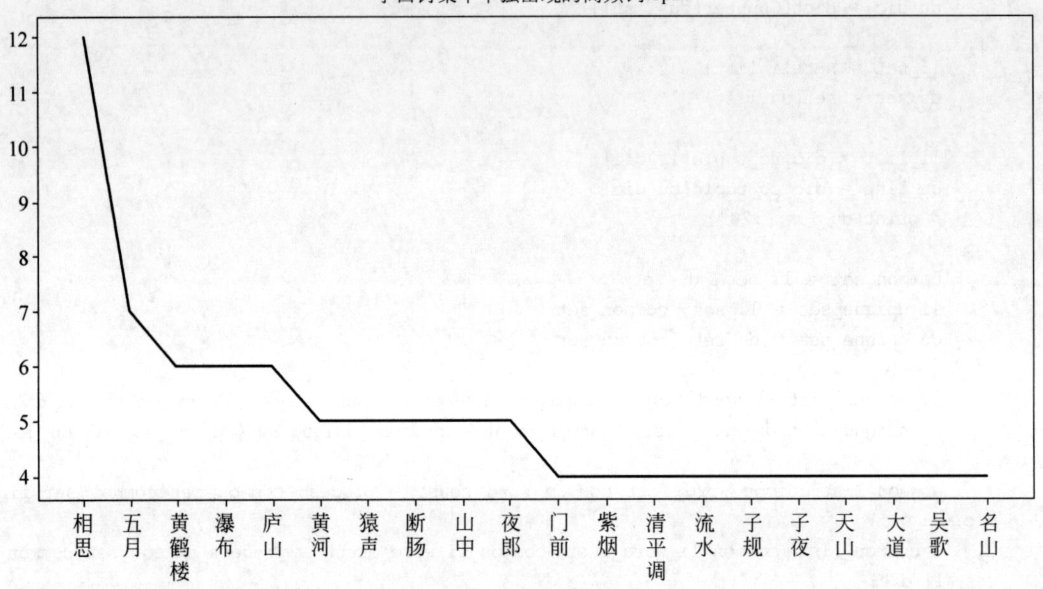

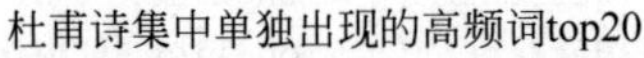

图 7-16 高频词统计 1

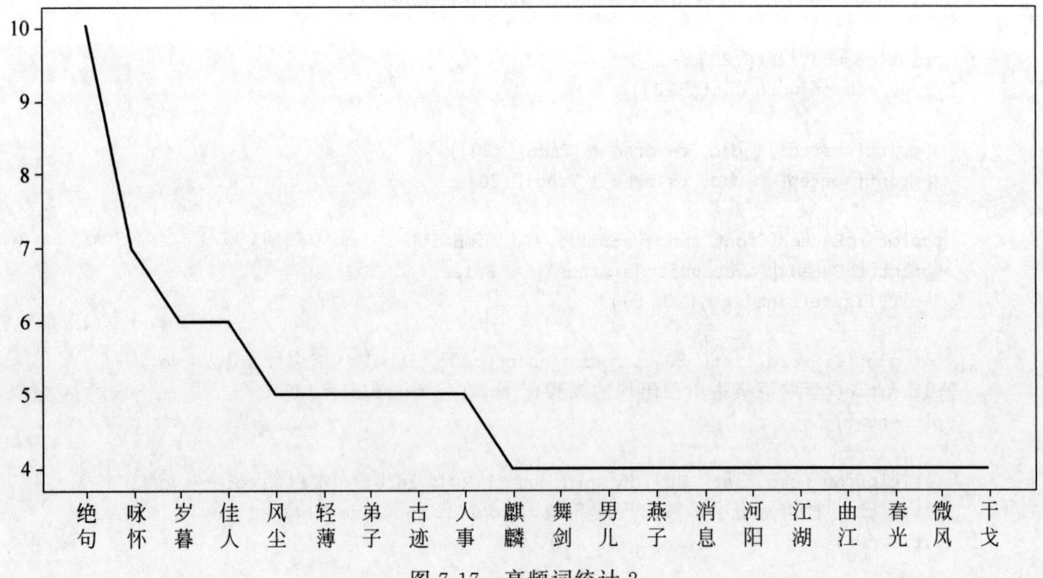

图 7-17 高频词统计 2

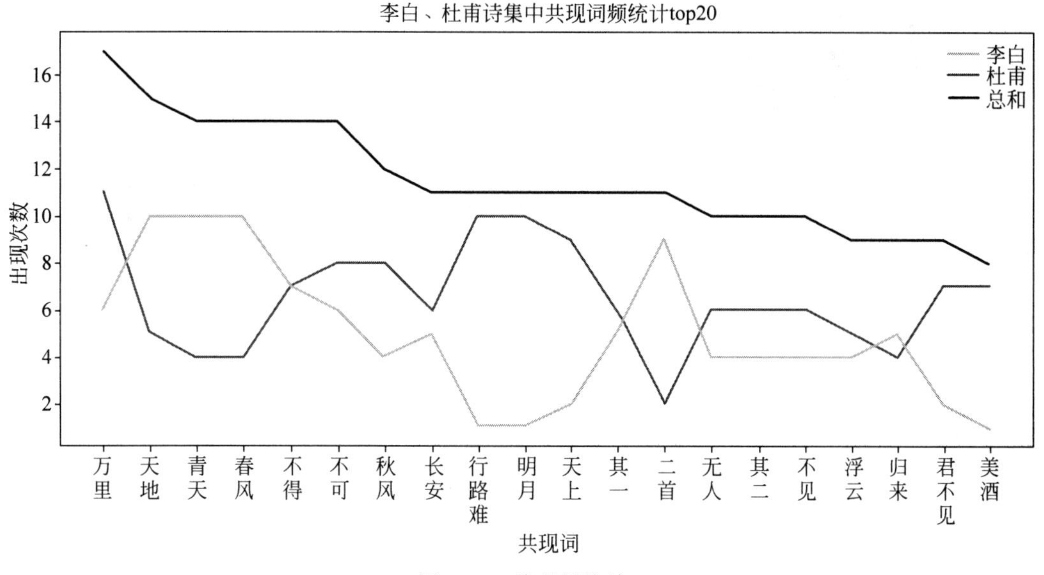

图 7-18　共现词统计

7.6　练习

1. 下列 Python 的类型中，非有序类型是(　　)。

   A. 字典　　B. 列表　　C. 元组　　D. 字符串

2. 下列关于字典对象方法的描述，不正确的是(　　)。

   A. 方法 get()可以获取指定“键”对应的“值”，并且可以在指定“键”不存在时返回指定值，如果不指定则返回 None

   B. 方法 items()返回字典中的“键值对”列表

   C. 方法 keys()返回字典的“键”列表

   D. “字典[键]”的表达式(例如 dict['name'])的结果与方法 get()的结果完全相同

3. 以下说法正确的是(　　)。

   A. values()方法将字典中的值以可迭代的 dict 对象返回

   B. del 命令不能删除整个字典

   C. 在字典中，某个键相关联的值可以通过赋值语句来修改，如果指定的键不存在，则会添加新的键值对

   D. update()方法将另一个字典中的所有键值对一次性地添加到当前字典中，如果两个字典中存在有相同的键，则会出错

4. 若 dic1 = {'甲':{'乙':1,'丙':5}}，执行 print(dic1.get('乙','未找到'))的结果是(　　)。

   A. 未找到　　B. 1　　C. 报错　　D. 输出空值

5. 若字典 aDict={"张三":18,"李四":19,"王五":20}，则 aDict.get("赵六",25)的值为(　　)。

   A. 18　　B. 无返回值　　C. 25　　D. NULL

文件及文件管理

本章重点内容：理解文件的基本概念；掌握文件的打开和关闭、文件的读取、写入以及文件的定位等操作；了解os模块及其主要方法和使用

本章学习要求：本章主要讲解文件的基本概念，文件打开及关闭的方式，使用read()、readline()及readlines()方式读取文件，使用write()方式写入文件，文件定位方法seek()的使用，文件复制等操作；掌握文本类型的转换和语料库的构建。

8.1 文件对象

在前序章节的学习中，经常需要用Python处理txt文本文件，例如：

```
>>> f = open('demofile.txt', 'r', encoding = 'UTF - 8')
>>> type(f)
<class '_io.TextIOWrapper'>
>>>
```

从概念上讲，文件就是一个存储在辅助存储器(通常是在磁盘驱动上)的数据序列。文件可以包含任何数据类型，其中最简单的就是文本文件。文本文件的优点是方便阅读和理解，使用常用的文本编辑器和文字处理器可以对其创建和修改。由于Python中字符串与其他类型之间的转换十分容易，因此Python的文本文件处理非常灵活。

8.2 文件的操作

为了实现文件的操作，首先，解释器会将磁盘上的文件与程序中的对象相关联，即打开文件，一旦文件被打开，它的内容就可以通过相关的文件对象获得；其次，需要一些方法来操作文件对象，读取文件和写入文件是最基本的操作；最后，完成文件操作后，需要关闭文件。关闭文件表示磁盘文件与文件对象之间的对应关系已经结束。当写入信息到文件对象中时，只有在文件关闭后磁盘上的文件才会显示变化。

8.2.1 打开和关闭文件

1. 打开文件

在Python中处理文件，需要创建一个文件对象来与磁盘上的文件相关联。打开文件的操作用open()函数实现，语法形式如下：

```
<variable> = open(<name>,<mode>)
```

这里参数 name 为字符串格式，表示要打开的磁盘文件名字；参数 mode 表示打开模式，具体如表 8-1 所示。

表 8-1　文件打开模式

文件打开模式	含　　义
r	只读(默认模式。如果文件不存在，则输出错误)
w	只写(如果文件不存在，则自动创建文件)
a	附加到文件末尾
rb	只读二进制文件(默认模式。如果文件不存在，则输出错误)
wb	只写二进制文件(如果文件不存在，则自动创建文件)
ab	附加到二进制文件末尾
r++	读写

【例 8-1】　以只读方式打开一个名为 stu. dat 的文件。

```
>>> infile = open("stu.dat", "r")
```

接下来，就可以使用 infile 文件指针来读取磁盘上 stu. dat 文件的内容。

2. 关闭文件

当文件读写完毕后，应关闭文件。

【例 8-2】　关闭例 8-1 中名为 stu. dat 的文件，可以用如下语句来实现：

```
>>> infile.close()
```

3. 读取文件内容

在打开文件后，可以利用一系列操作来读取文件的内容。Python 提供了三个相关的操作实现读取文件内容的操作，如表 8-2 所示。

表 8-2　文件读取操作

文件读取模式	含　　义
< file >. read()	返回值为包含整个文件内容的一个字符串
< file >. readline()	返回值为文件下一行内容的字符串。读入结果为一行并包含换行符
< file >. readlines()	返回值为整个文件内容的列表。每个列表项是以换行符为结尾的　行字符串

【例 8-3】　以二进制的形式读取文件“念奴娇赤壁怀古. txt”。

```
>>> f =  open('念奴娇赤壁怀古.txt', 'rb')
>>> f
<_io.BufferedReader name = '念奴娇赤壁怀古.txt'>
>>> for x in f:
    print(x)
```

运行结果如下：

```
b'\xe5\xa4\xa7\xe6\xb1\x9f\xe4\xb8\x9c\xe5\x8e\xbb\xef\xbc\x8c\xe6\xb5\xaa\xe6\xb7\x98\
xe5\xb0\xbd\xef\xbc\x8c\xe5\x8d\x83\xe5\x8f\xa4\xe9\xa3\x8e\xe6\xb5\x81\xe4\xba\xba\xe7\
```

```
x89\xa9\xe3\x80\x82\r\n'
b'\r\n'
b'\xe6\x95\x85\xe5\x9e\x92\xe8\xa5\xbf\xe8\xbe\xb9\xef\xbc\x8c\xe4\xba\xba\xe9\x81\x……①
```

当以 rb 的形式读取文件时，输出内容为文件底层存储的二进制内容，一般可用来打开音乐、图片等文件，通过修改其二进制内容，进而修改上层图片或音乐信息。

```
>>> f = open('念奴娇赤壁怀古.txt', 'r',encoding = 'UTF-8')
>>> file = f.read()
>>> file
'大江东去,浪淘尽,千古风流人物。\n\n故垒西边,人道是,三国周郎赤壁。\n\n乱石穿空,惊涛拍岸,卷起千堆雪。\n\n江山如画,一时多少豪杰。\n\n遥想公瑾当年,小乔初嫁了,雄姿英发。\n\n羽扇纶巾,谈笑间,樯橹灰飞烟灭。\n\n故国神游,多情应笑我,早生华发。\n\n人生如梦,一尊还酹江月。'
>>> file = f.readline()          #执行.read()之后,指针已经指向文件末尾,再进行读取操作时,读出
                                 #的内容为空
>>> file
''
>>> f.close()                                                #关闭文件
>>> f = open('念奴娇赤壁怀古.txt', 'r',encoding = 'UTF-8')    #再次读取文件
>>> file = f.readline()                                      #读取文件的一行,返回字符串
>>> file
'大江东去,浪淘尽,千古风流人物。\n'
>>> file = f.readline()                                      #读取第二行,返回字符串
>>> file
'\n'
>>> file = f.readline()                                      #读取第三行,返回字符串
>>> file
'故垒西边,人道是,三国周郎赤壁。\n'
>>> file = f.readlines()                                     #读取剩余文件,并返回列表
>>> file
['\n', '乱石穿空,惊涛拍岸,卷起千堆雪。\n', '\n', '江山如画,一时多少豪杰。\n', '\n', '遥想公瑾当年,小乔初嫁了,雄姿英发。\n', '\n', '羽扇纶巾,谈笑间,樯橹灰飞烟灭。\n', '\n', '故国神游,多情应笑我,早生华发。\n', '\n', '人生如梦,一尊还酹江月。']
>>>
```

可以看出，文件的读取是指针随着读取的方法和内容逐渐下移，在读取一部分内容之后，要想重新读取文件，需要先关闭，然后再次打开文件读取，或者使用文件指针，使用 seek() 方法移动文件指针。

【例 8-4】 把一个磁盘文件的内容读到内存并在屏幕上显示出来。

参考代码：

```
f = open('c:\\念奴娇赤壁怀古.txt', 'r')
while True:
    line = f.readline()
    if line:
```

① 文件太长，省略掉后面部分。

```
        print (line)
    else:
        break
```

运行结果如图 8-1 所示。

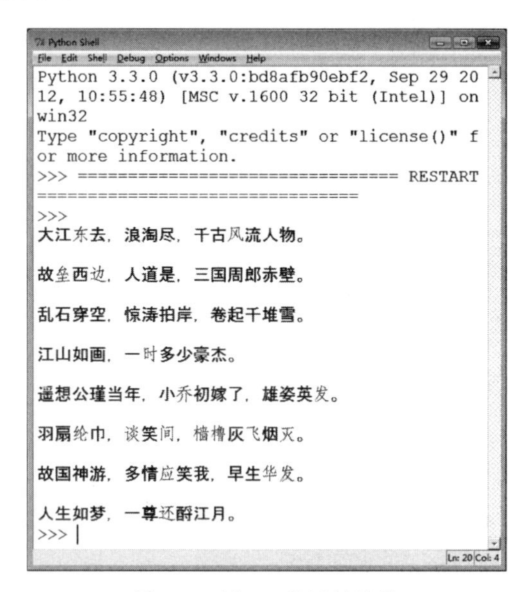

图 8-1　例 8-4 的运行结果

4. 写入文件

写入文件也是通过打开文件函数实现的，模式选择写模式。在打开文件时，如果给出的文件名称不存在，则会创建一个新文件（也可以理解为删除该文件原有内容重新编辑）；如果给出文件名的文件存在，Python 将会删除它并创建一个新的空文件。形式如下：

```
>>> outfile = open("stu.dat", "w")
```

写入信息到文本文件最简单的方法是使用输出语句。写入文件时，只需要指定要写入的文件名：

```
>>> print(" 写入内容", file = outfile)
```

这种方法与正常的输出操作类似，只是 print 语句将内容输出到要写入的文件 outfile 中，而不是输出到屏幕上。需要注意，写入文件后要使用 close()函数对文件进行关闭，只有在文件关闭后磁盘上的文件才会显示变化。因为当写文件时，操作系统往往不会立刻把数据写入磁盘，而是放到内存中缓存起来，空闲时再慢慢写入。只有调用了 close()函数时，操作系统才保证把没有写入的数据全部写入磁盘。

【例 8-5】 创建一个新文件 f.txt，内容是 0～9 的整数，每个数字占一行。

参考代码：

```
file = open('f.txt','w')
for i in range(0,10):
    file.write(str(i) + '\n')
file.close()
```

运行结果如图 8-2 所示。

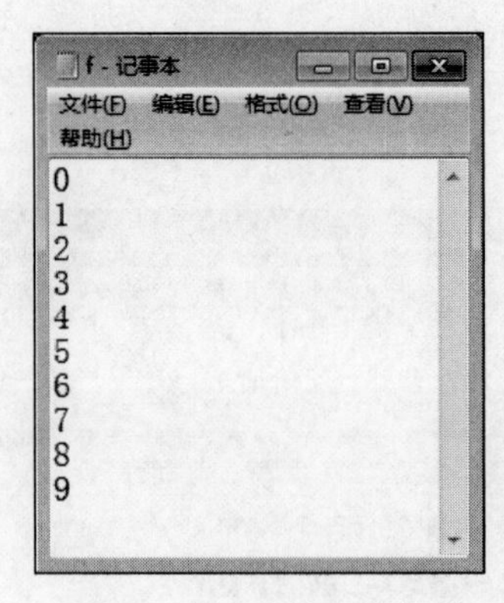

图 8-2 例 8-5 的运行结果

8.2.2 文件的定位

为了能做到在文件的任何位置读写内容,需要用 seek()方法移动文件指针。

seek(n):其中 n≥0,seek(0)表示文件指针移动到文件头;n>0 时,表示移动到文件头之后的位置。从任意位置读取内容时或从任意位置覆盖内容时需要这样做。

seek(0,2)表示把文件指针移到文件末尾。在追加新内容时需要这样做。

注意,不论是二进制文件还是文本文件,指针的相对位置的计算都是以字节为单位的。

【例 8-6】 当前目录下有一个文本文件 abc.txt,如图 8-3 所示,将该文件的最后 4 个字符复制到另一文件 abc_copy.txt 中。

观看视频

参考代码:

```
file1 = open("c:\\abc.txt")
file1.seek(4)
x = file1.readlines()
file2 = open("c:\\abc_copy.txt",'w')
for i in x:
  file2.write(i.upper())
file1.close()
file2.close()
```

运行结果如图 8-4 所示。

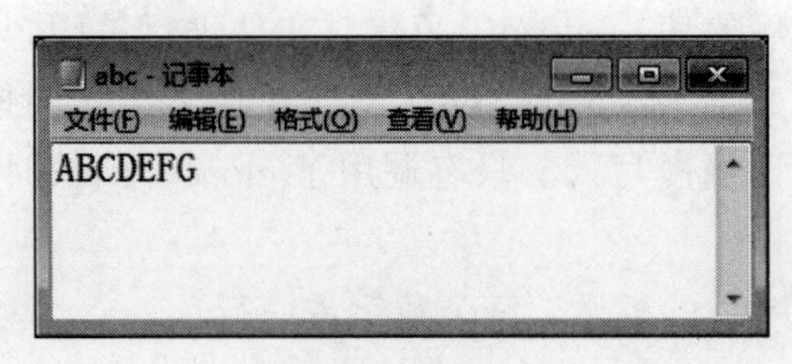

图 8-3 文本文件

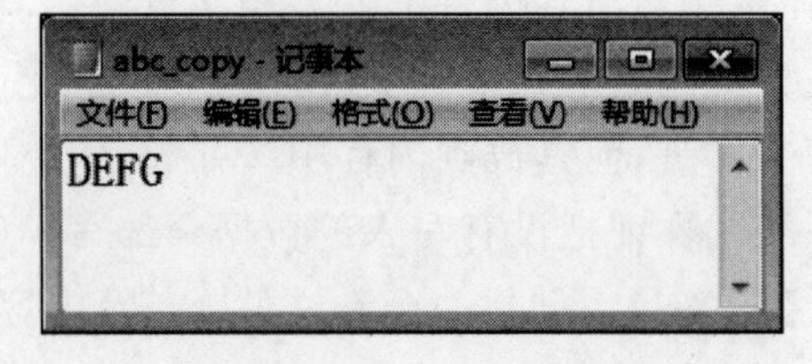

图 8-4 例 8-6 的运行结果

8.2.3 文件路径

在上述例子中,利用 open()函数对文件进行读写操作,代码中并没有指定文件位置,而是直接以文件名称为参数，这种直接传递名称的方式，要求 py 文件和需要读写的文件是存储在同一路径下的。但当需要编辑任意路径下的文件时，需要加上文件路径。

```
>>> infile = open('E:/word.txt','r')
```

该文件存放在 E 盘根目录下。注意，在 Python 中，文件路径的斜杠和操作系统中文件路径的斜杠方向是不一样的。也可以：

```
>>> file1 = open("C:\\abc.txt")
```

此时，打开的是 C 盘根目录下的文件，斜杠和操作系统中的文件路径斜杠方向是一致的，但需要再加上一个转义字符“\”。

8.3 os 模块

8.3.1 os 模块简介

Python 的 os 模块提供了多数操作系统的功能接口函数。当 os 模块被导入后，它会自动适应于不同的操作系统平台，根据所在平台进行相应的操作。os 模块提供了非常丰富的方法用来处理文件和目录，常用的方法如表 8-3 所示。

表 8-3 os 模块常用的方法

常用的方法	功能描述
os.name	name 顾名思义就是名字，这里的名字是指操作系统的名字，主要作用是判断目前正在使用的平台，并给出操作系统的名字，如 Windows 返回'nt'；Linux 返回'posix'。注意，该命令不带括号
os.getcwd()	全称应该是 get current work directory，获取当前工作的目录，如返回结果为'C:\\Program Files\\Python36'
os.listdir(path)	列出 path 目录下所有的文件和目录名(不区分文件和目录)，并返回列表。path 参数可以省略
os.walk()	将指定目录下所有文件与其子文件整合成树形结构并返回
os.remove(path)	删除 path 指定的文件，该参数不能省略
os.rmdir(path)	删除 path 指定的目录，该参数不能省略
os.mkdir(path)	创建 path 指定的目录，该参数不能省略。这样只能建立一层，要想递归建立可用 os.makedirs()
os.path.isfile(path)	判断指定对象是否为文件，并返回 True(是)或者 False(否)
os.path.isdir(path)	判断指定对象是否为目录，并返回 True(是)或者 False(否)
os.path.exists(path)	检验指定的对象是否存在，并返回 True(是)或者 False(否)
os.path.getsize()	获得文件的大小，如果参数指向目录，则返回 0
os.path.abspath()	获得绝对路径
os.path.join(path, name)	连接目录和文件名，与 os.path.split(path)相对
os.path.basename(path)	返回文件名
os.path.dirname(path)	返回文件路径

例如：

```
>>> import os
>>> os.getcwd()                                   #获取当前路径
'C:\\'
>>> os.name
'nt'
>>> os.listdir('C:\\')                            #C盘根目录下文件夹和文件名称
['$360Section', '$RECYCLE.BIN', '$WinREAgent', '360Rec', '360SANDBOX', 'Boot', 'bootmgr',
'BOOTNXT', 'd03a4fb7655f10cf754baba001d238ee', 'Documents and Settings', 'DumpStack.log.tmp',
'hiberfil.sys', 'Intel', 'KwDownload', 'pagefile.sys', 'Program Files', 'Program Files (x86)',
'ProgramData', 'Recovery', 'safemon', 'swapfile.sys', 'System Volume Information', 'tmp', 'Users',
'Windows']
>>> os.path.isdir('C:\\ProgramData')              #判断C盘根目录中ProgramData是否为目录
True
>>> os.path.exists('C:\\ProgramData')             #检验C盘根目录中ProgramData是否存在
True
>>>
```

8.3.2 语料库的创建

1. 语料库

大数据发展的基石就是数据量的指数增加，无论是数据挖掘、文本处理、自然语言处理还是机器模型的构建，大多都是基于一定量的数据，数据规模达到一定程度，采用基于规则方法或者概率统计学的方法进行模型构建，感兴趣的知识的获取才更有意义。语料库是为一个或者多个应用目标而专门收集的、有一定结构的、有代表的、可被计算机程序检索的、具有一定规模的语料的集合。从本质上讲，语料库实际上是通过对自然语言运用随机抽样，以一定大小的语言样本来代表某一研究中所确定的语言运用的总体。它一般为某个领域的研究样本文本整合，如司法大数据语料库，在研究某一罪名时，可将该罪名的大量裁判文书集合，形成语料库。

2. 从文本文件创建语料库文本

【例 8-7】 将文件夹中的txt文件全部读出并转换为文本语料库。

参考代码：

```
import os
path = 'D:\\workstation\\构建语料库\\txt文件\\'#.txt文件所在文件夹
path1 = 'D:\\workstation\\构建语料库\\txt文件\\jiaotongzhaoshi.txt' #汇总的txt文件存放位置
for file in os.listdir(path):
    if file[-3:] == 'txt': #判断文件是否为txt文件
        filepath = path + '/' + file                 #生成待读取文本文件路径
        f = open(path1, mode = 'a')
        text = open(filepath,'r').read()             #循环读取文本文件内容
        f.write(text)                                #写入汇总文件
        f.close()
```

运行结果如图8-5所示。

文件夹“txt文件”中，自动创建一个txt文本文档，将该文件夹下所有txt文件中的内容复制汇总到该文本文件中，形成语料库文本文件jiaotongzhaoshi.txt，如图8-6所示。

› workstation › 构建语料库 › txt文件

名称	修改日期	类型	大小
jiaotongzhaoshi.txt	2021/2/26 星期五 9:38	文本文档	60 KB
word (1).txt	2017/8/4 星期五 10:13	文本文档	5 KB
word (2).txt	2017/8/4 星期五 14:31	文本文档	2 KB
word (4).txt	2017/8/4 星期五 12:35	文本文档	2 KB
word (6).txt	2017/8/4 星期五 12:03	文本文档	2 KB
word (9).txt	2017/8/4 星期五 15:08	文本文档	10 KB
word (17).txt	2017/8/4 星期五 12:37	文本文档	1 KB
word (20).txt	2017/8/4 星期五 12:31	文本文档	1 KB
word (21).txt	2017/8/4 星期五 12:21	文本文档	1 KB
word (23).txt	2017/8/4 星期五 11:42	文本文档	2 KB
word (25).txt	2017/8/4 星期五 15:12	文本文档	1 KB
word (27).txt	2017/8/3 星期四 22:20	文本文档	1 KB
word (32).txt	2017/8/4 星期五 12:34	文本文档	14 KB
word (33).txt	2017/8/4 星期五 11:53	文本文档	11 KB
word (35).txt	2017/8/3 星期四 22:31	文本文档	11 KB
word (37).txt	2017/8/3 星期四 22:48	文本文档	2 KB

图 8-5　运行结果生成汇总文件

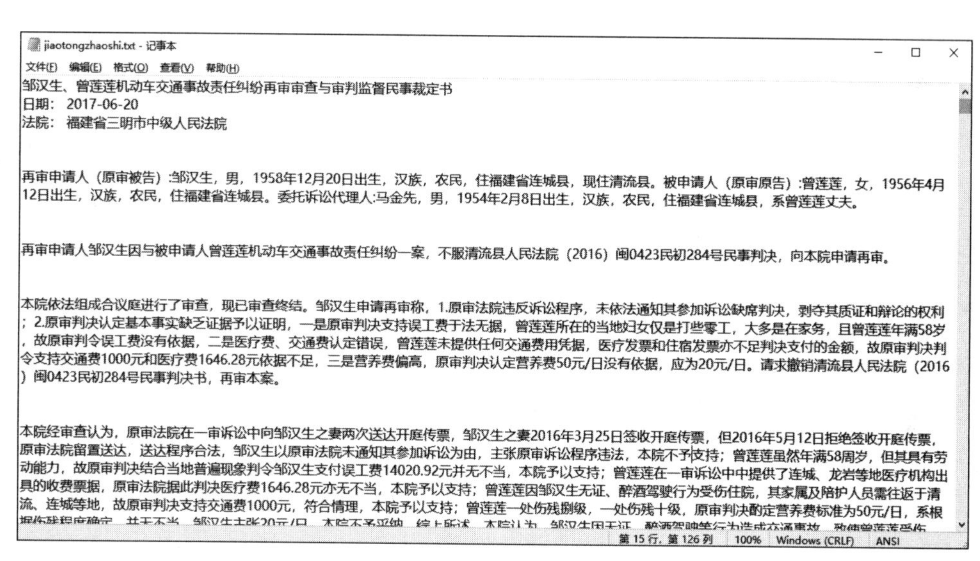

jiaotongzhaoshi.txt - 记事本

文件(F)　编辑(E)　格式(O)　查看(V)　帮助(H)

邹汉生、曾莲莲机动车交通事故责任纠纷再审审查与审判监督民事裁定书
日期：2017-06-20
法院：福建省三明市中级人民法院

再审申请人（原审被告）:邹汉生，男，1958年12月20日出生，汉族，农民，住福建省连城县，现住清流县。被申请人（原审原告）:曾莲莲，女，1956年4月12日出生，汉族，农民，住福建省连城县。委托诉讼代理人:马金先，男，1954年2月8日出生，汉族，农民，住福建省连城县，系曾莲莲丈夫。

再审申请人邹汉生因与被申请人曾莲莲机动车交通事故责任纠纷一案，不服清流县人民法院（2016）闽0423民初284号民事判决，向本院申请再审。

本院依法组成合议庭进行了审查，现已审查终结。邹汉生申请再审称，1.原审法院违反诉讼程序，未依法通知其参加诉讼缺席判决，剥夺其质证和辩论的权利；2.原审判决认定基本事实缺乏证据予以证明，一是原审判决支持误工费于法无据，曾莲莲所在的当地妇女仅是打些零工，大多是在家务，且曾莲莲年满58岁，故原审判令误工费没有依据，二是医疗费、交通费认定错误，曾莲莲未提供任何交通费用凭据，医疗发票和住宿发票亦不足判决支付的金额，故原审判决判令支持交通费1000元和医疗费1646.28元依据不足，三是营养费偏高，原审判决认定营养费50元/日没有依据，应为20元/日。请求撤销清流县人民法院（2016）闽0423民初284号民事判决书，再审本案。

本院经审查认为，原审法院在一审诉讼中向邹汉生之妻两次送达开庭传票，邹汉生之妻2016年3月25日签收开庭传票，但2016年5月12日拒绝签收开庭传票，原审法院留置送达，送达程序合法，邹汉生以原审法院未通知其参加诉讼为由，主张原审诉讼程序违法，本院不予支持；曾莲莲虽然年满58周岁，但其具有劳动能力，故原审判决结合当地普遍现象判令邹汉生支付误工费14020.92元并无不当，本院予以支持；曾莲莲在一审诉讼中提供了连城、龙岩等地医疗机构出具的收费票据，原审法院据此判决医疗费1646.28元亦无不当，本院予以支持；曾莲莲因邹汉生无证、醉酒驾驶行为受伤住院，其家属及陪护人员需往返于清流、连城等地，故原审判决支持交通费1000元，符合情理，本院予以支持；曾莲莲一处伤残捌级，一处伤残十级，原审判决酌定营养费标准为50元/日，系根

第15行，第126列　100%　Windows (CRLF)　ANSI

图 8-6　生成的语料库文本文件

3. 从 docx 文件创建语料库文本

【例 8-8】 将文件夹中的 Word 文档全部读出并转换为文本语料库。

参考代码：

```
import os
import textract                                        #引用第三方库进行文本提取
path = 'D:\\workstation\\构建语料库\\docx 文件\\'       #docx 文件所在文件夹
path1 = 'D:\\workstation\\构建语料库\\docx 文件\\zhapian.txt'   #汇总的 txt 文件存放位置
for file in os.listdir(path):
    if file[ - 4: ] == 'docx':                        #判断文件夹中的文件是否为 docx 文件
        text = textract.process(path + file)
```

```
    text = text.decode('utf - 8')
    f = open(path1, mode = 'a')                    #以追加写入的方式打开文件
    f.write(text)                                  #写入读取的内容
    f.close()
```

运行结果如图 8-7 所示。

› workstation › 构建语料库 › docx文件

名称	修改日期	类型	大小
1-蔡春伟、杨国周诈骗二审刑事裁定书.d...	2020/11/25 星期三 9:...	Microsoft Word ...	132 KB
1-李景万、李景玲诈骗一审刑事判决书.d...	2020/11/25 星期三 9:...	Microsoft Word ...	119 KB
1-詹成润、张长英、曾翔龙、范子鑫、王...	2020/11/25 星期三 9:...	Microsoft Word ...	132 KB
2-林英华诈骗罪一案一审刑事判决书.docx	2020/11/25 星期三 9:...	Microsoft Word ...	160 KB
2-刘某甲、吴甲敲诈勒索二审刑事裁定书...	2020/11/25 星期三 9:...	Microsoft Word ...	125 KB
2-潘兴力等诈骗罪一审刑事判决书.docx	2020/11/25 星期三 9:...	Microsoft Word ...	120 KB
3-陈某1诈骗罪再审审查与审判监督刑事...	2020/11/25 星期三 9:...	Microsoft Word ...	111 KB
3-曲某诈骗罪一案一审刑事判决书.docx	2020/11/25 星期三 9:...	Microsoft Word ...	117 KB
3-叶志喜、叶金儒诈骗一审刑事判决书.d...	2020/11/25 星期三 9:...	Microsoft Word ...	126 KB
4-李文锦等十六人诈骗一审刑事判决书.d...	2020/11/25 星期三 9:...	Microsoft Word ...	116 KB
4-刘治忠掩饰、隐瞒犯罪所得、犯罪所得...	2020/11/25 星期三 9:...	Microsoft Word ...	118 KB
4-张根华、苏某甲诈骗二审刑事裁定书.d...	2020/11/25 星期三 9:...	Microsoft Word ...	113 KB
zhapian.txt	2021/2/26 星期五 8:43	文本文档	372 KB

图 8-7　例 8-8 的运行结果

textract 是一个 Python 库,用来从各种文档中提取文本信息。在 docx 文件所在文件夹中,自动创建一个 txt 文本文件,将该文件夹下所有 docx 文件中的内容复制汇总到该文本文件中,形成语料库文本文件 zhapian. txt,如图 8-8 所示。

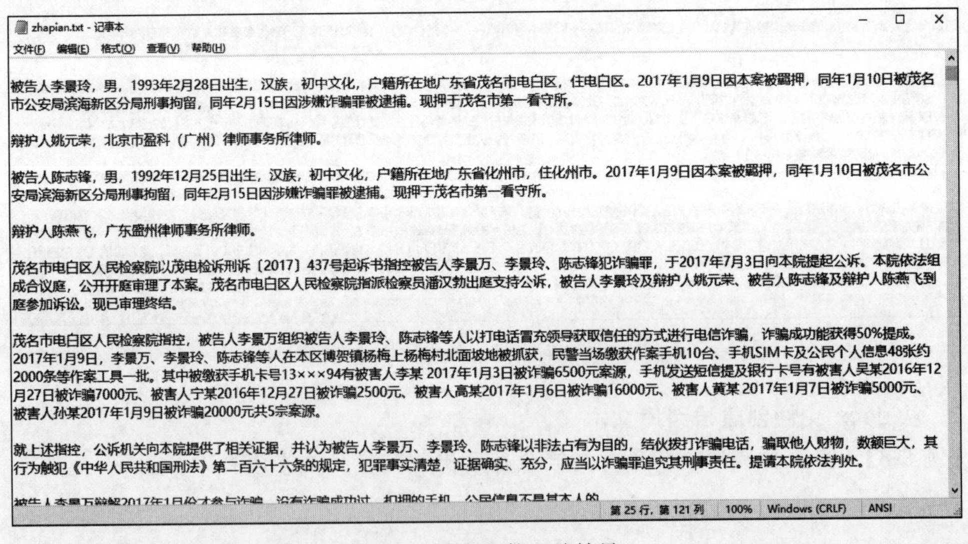
zhapian.txt - 记事本

文件(F) 编辑(E) 格式(O) 查看(V) 帮助(H)

被告人李景玲，男，1993年2月28日出生，汉族，初中文化，户籍所在地广东省茂名市电白区，住电白区。2017年1月9日因本案被羁押，同年1月10日被茂名市公安局滨海新区分局刑事拘留，同年2月15日因涉嫌诈骗罪被逮捕。现押于茂名市第一看守所。

辩护人姚元荣，北京市盈科（广州）律师事务所律师。

被告人陈志锋，男，1992年12月25日出生，汉族，初中文化，户籍所在地广东省化州市，住化州市。2017年1月9日因本案被羁押，同年1月10日被茂名市公安局滨海新区分局刑事拘留，同年2月15日因涉嫌诈骗罪被逮捕。现押于茂名市第一看守所。

辩护人陈燕飞，广东盛州律师事务所律师。

茂名市电白区人民检察院以茂电检诉刑诉〔2017〕437号起诉书指控被告人李景万、李景玲、陈志锋犯诈骗罪，于2017年7月3日向本院提起公诉。本院依法组成合议庭，公开开庭审理了本案。茂名市电白区人民检察院指派检察员潘汉勃出庭支持公诉，被告人李景玲及辩护人姚元荣、被告人陈志锋及辩护人陈燕飞到庭参加诉讼。现已审理终结。

茂名市电白区人民检察院指控，被告人李景万组织被告人李景玲、陈志锋等人以打电话冒充领导获取信任的方式进行电信诈骗，诈骗成功能获得50%提成。2017年1月9日，李景万、李景玲、陈志锋等人在本区博贺镇杨梅上杨梅村北面坡地被抓获，民警当场缴获作案手机10台、手机SIM卡及公民个人信息48张约2000条等作案工具一批。其中被缴获手机卡号13×××94有被害人李某 2017年1月3日被诈骗6500元案源，手机发送短信提及银行卡号有被害人吴某2016年12月27日被诈骗7000元、被害人宁某2016年12月27日被诈骗2500元、被害人高某2017年1月6日被诈骗16000元、被害人黄某 2017年1月7日被诈骗5000元、被害人孙某2017年1月9日被诈骗20000元共5宗案源。

就上述指控，公诉机关向本院提供了相关证据，并认为被告人李景万、李景玲、陈志锋以非法占有为目的，结伙拨打诈骗电话，骗取他人财物，数额巨大，其行为触犯《中华人民共和国刑法》第二百六十六条的规定，犯罪事实清楚，证据确实、充分，应当以诈骗罪追究其刑事责任。提请本院依法判处。

第 25 行，第 121 列　100%　Windows (CRLF)　ANSI

图 8-8　文本文件汇总结果

4. 从 pdf 文件创建语料库文本

【例 8-9】 在下载的很多资料中,除了 Word 文档外,更多的还有 pdf 文档,pdf 文件中的文本无法直接处理,需要将其转换为 txt 文件。

参考代码：

```
import os
from pdfminer.pdfinterp import PDFResourceManager, PDFPageInterpreter    #一个第三方库
#pdfminer,安装命令为 pip install pdfminer
from pdfminer.pdfpage import PDFPage
from pdfminer.converter import TextConverter
from pdfminer.layout import LAParams
#将一个 pdf 文件转换为 txt 文件
def pdftotxt(filepath, outpath):
    global outfp
    fp = open(filepath, 'rb')                           #以二进制格式打开一个文件用于只读
    outfp = open(outpath, 'w')                          #打开一个文件只用于写入
    rsrcmgr = PDFResourceManager(caching = False)       #创建一个 PDF 资源管理器对象来存储共
                                                        #享资源,caching = False 表示不缓存
    #创建一个 PDF 设备对象
    laparams = LAParams()
    device = TextConverter(rsrcmgr, outfp, laparams = laparams, imagewriter = None)
    #创建一个 PDF 解析器对象
    interpreter = PDFPageInterpreter(rsrcmgr, device)
    for page in PDFPage.get_pages(fp, pagenos = set(), maxpages = 0, caching = False, check_
extractable = True):
        page.rotate = page.rotate % 360
        interpreter.process_page(page)
    #关闭输入流
    fp.close()
    #关闭输出流
    device.close()
    outfp.flush()
    outfp.close()
path = 'D:\\workstation\\构建语料库\\pdf 文件\\'    #原 pdf 文件所在文件夹,末尾要加分隔符
path1 = 'D:\\workstation\\构建语料库\\pdf 文件\\' #新建的 txt 文件所在文件夹,末尾要加分隔符
for file in os.listdir(path):
    if file[-4:] == '.pdf':
        pdftotxt(path + file, path1 + file[:-4] + '.txt')
```

运行结果如图 8-9 和图 8-10 所示。

本地磁盘 (D:) › workstation › 构建语料库 › pdf文件

名称	修改日期	类型
被告人身份差异对量刑的影响.pdf	2018/10/3 星期三 15:...	Foxit Phanto
被告人身份差异对量刑的影响.txt	2021/2/28 星期日 10:...	文本文档
盗窃罪犯罪对象研析.pdf	2018/10/3 星期三 15:...	Foxit Phanto
盗窃罪犯罪对象研析.txt	2021/2/28 星期日 10:...	文本文档

图 8-9 例 8-9 的运行结果

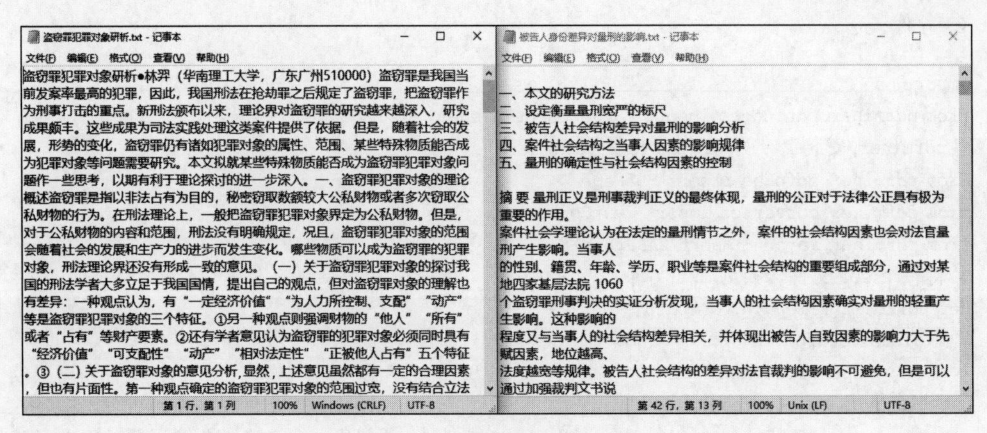

图 8-10　转换后的 txt 文件

【例 8-10】 流行病学通常关注单日治愈患者例数增长（新增治愈数，即当日治愈例数减去前日治愈例数），并以单日治愈患者例数最高增长点作为疫情向好发展的标志点。“部分疫情数据.txt”文件是以空格分隔的 2020 年 2 月 1 日至 3 月 31 日湖北省发生的新冠肺炎疫情变化数据文本文件。在流行病学中，病死率（case fatality rate）是指一定时期内某病死亡者占该病患者的比例，表示某病患者因该病死亡的可能性。它可以表示某确诊病例的死亡概率，可反映疾病的严重程度，也可以在一定程度上反映医疗水平和诊治能力。

$$\text{病死率}=\frac{\text{某时期内因某病死亡数}}{\text{同期某病的病人数}}\times 100\%$$

试找出该部分数据中治愈患者例数最高的单日日期并统计 2020 年 2 月 1 日至 3 月 31 日的病死率情况。

参考代码：

```
import matplotlib.pyplot as plt
fp = open('部分疫情数据.txt','r', encoding = 'utf - 8')
a = fp.readlines()                      #读取文本数据,生成列表 a
b = []
for i in range(1,len(a)):               #将文本中的第四列数据读出,以整型存入列表 b 中
    case = a[i].split('\t')
    b.append(int(case[top3]))
top = max(b)                            #计算新增治愈数列 b 的最大值
dayindex = b.index[top]                 #计算最大值对应的索引
day = a[dayindex][:9]                   #按照索引值,输出对应的日期
print('单日新增治愈数最高的一天是 %s' % day)
case_fatality_rate = []                 #创建病死率空列表
for i in range(1,len(a)):
    case = a[i].split('\t')
    case_fatality_rate.append(float(case[5])/float(case[6]))
plt.plot(case_fatality_rate)            #病死率可视化
plt.show()
```

运行结果如图 8-11 所示。

```
单日新增治愈数最高的一天是 2020.2.26
```

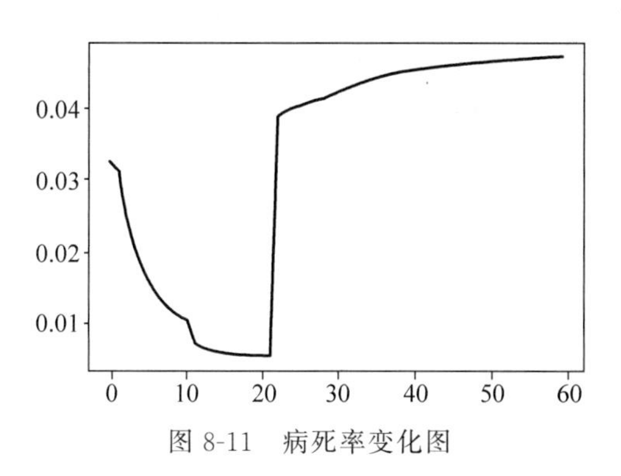

图 8-11　病死率变化图

8.4　练习

1. 创建一个文本文件 xt1.txt，其内容包含小写字母和大写字母。编写程序将该文件复制到另一文件 xt1_copy.txt 中，并将原文件中的小写字母全部转换为大写字母，其余格式均不变。

2. 创建两个文本文件 A 和 B，其中各存放一行字母，要求把这两个文件中的信息合并（按字母顺序排列），输出到一个新文件 C 中。

3. 文件打开模式中，使用 a 模式，文件指针指向（　　）。

A. 文件头　　B. 文件尾　　C. 文件随机位置　　D. 空

4. 若要进行二进制格式的文件读写操作应该选择下列（　　）文件打开方式。

A. rb　　B. r+　　C. rb+　　D. w

5. 下面代码对文本文件 text.txt 操作后，变量 a 的数据类型是（　　）。

```
MyFile = open('text.txt','r')
a = MyFile.readline()
```

A. 字符串　　B. 列表　　C. 元组　　D. 字典

6. 以下代码执行后，a.txt 文件的内容是（　　）。

```
f = open("a.txt","w")
ls = ['test','12','201910','20']
for ss in ls:
    f.write(ss)
f.close()
```

A. 报错　　B. ['test','12','201910','20']

C. test,12,201910,20　　D. test1220191020

7. 下列说法错误的是（　　）。

A. 文件对象的内置方法 f.readlines()可实现读取一个文件中的所有行，并将其作为一个元组返回。每一行的信息作为元组中的一个字符串元素

B. 利用 read()方法可读取文件中指定长度的字符，若括号中无数字，则直接读取文件中所有的字符；若提供数字，则一次读取指定数量字节的字符

C. 文件对象的内置方法 readline()可实现逐行读取字符，若括号中无数字，则默认读取一行；若括号中有数字，则读取这一行中对应数量的字符(如果该数字大于这一行的字符数，则读取这一行所有字符)

D. 建立文件对象 f 之后，可通过调用其内置方法 seek()移动指针的位置

第9章 模块和面向对象

本章重点内容：模块的基本概念，Python 程序的模块化结构，面向对象的概念，第三方库的安装和引用。

本章学习要求：通过本章学习，深入理解模块化的概念和作用，熟练掌握第三方库的安装和引用。

9.1 模块

9.1.1 Python 模块

在第 6 章中，介绍了函数，定义之后的函数可以在程序中复用，这是一种简单的方式。但当关掉解释器时，定义的函数就不能再使用了。在编写其他程序时经常需要复用大量的函数怎么办呢？利用模块。模块可以被其他程序导入并使用其提供的功能。Python 的标准库模块有很多，常用模块如表 9-1 所示。

表 9-1 Python 常用模块

类　型	名　称	描　述
文本	String	通用字符串操作
	Re	正则表达式操作
二进制数据	Struct	将字节解析为打包的二进制数据
	Codecs	注册表与基类的编解码器
数据类型	Datatime	基于日期和时间工具
	Calendar	通用月份函数
	Types	浅拷贝与深拷贝
数学	Math	数学常用函数
	Cmath	复数数学函数
	Random	生成伪随机数

9.1.2 模块化架构

通常 Python 程序的架构是指将一个完整的程序分割为源代码文件的集合以及将这些文件链接起来的方法，Python 使用模块化的方法来组织其架构，一个 Python 程序就是一个

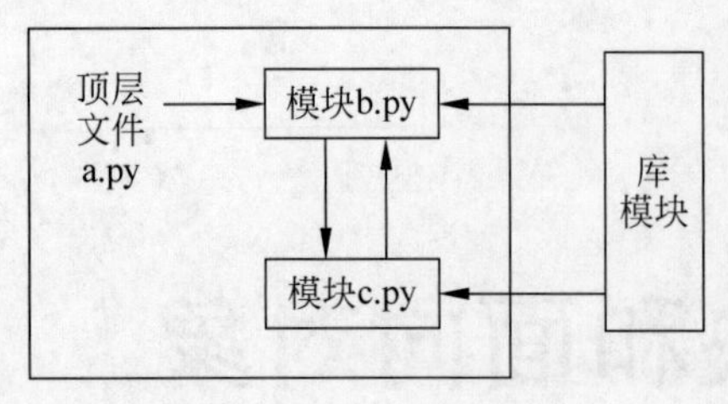

图 9-1 Python 程序架构

模块的系统,它有一个顶层文件和多个模块文件,具体架构如图 9-1 所示。

模块是 Python 程序中最高级别的组织单元,它将程序代码和数据封装在一起使用,便于代码的重用。一般来说,顶层文件包含了程序主要的控制流程,是程序运行时启动的文件。顶层文件使用了在模块中定义的工具,顶层文件也可以作为模块被其他文件调用,但一般情况下不建议这样使用。

9.1.3 包的管理

Python 语言虽然简单易用,但要写出能完成强大功能的函数,还是需要大量的代码。程序需要用模块化来进行组织和管理。可以把函数或者类定义在一个以.py 为扩展名的文件中,需要时导入(import,后续会介绍到导入的方法)即可。

Python 程序一般由三部分组成:包(package)、模块(module)和函数(function)。其中,包是由一系列模块组成的集合,模块是处理某一类问题的函数和类的集合。三者之间的关系如图 9-2 所示。

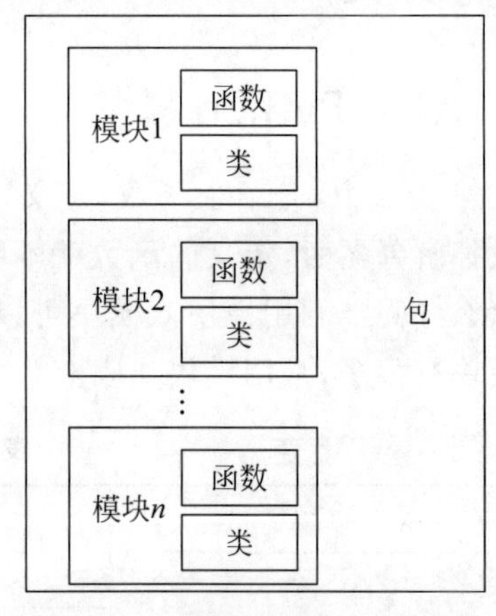

图 9-2 包、模块和函数之间的关系

一个包中可以包含多个模块,每个模块都可以包含多个函数与类,同时也可以包含执行语句,每个包其实都是完成特定任务的工具箱。

具体来说,一个 py 文件可以被视为一个独立的模块,一个模块通常就是一个文件,因为模块是按照逻辑组织代码的方法,而文件是在物理层存储上组织模块的方法。

包是一个可以完整测试的、独立发布的模块的组合,通常发布在 Python 制定的目录中。当有多个项目使用同一组模块时,可以将模块组封装成包,发布到公共目录中,这就是包的含义。所以,如果说模块对应的物理层结构是文件,那么包对应的物理层结构就是文件夹。包是通过目录结构组织的模块的集合,使用包的方式跟模块类似,可以通过 import 语句导入。需要注意的是,当文件夹需要被当作包使用时,文件夹需要包含一个_init_. py 文件,主要为了避免将文件夹名当作普通的字符串。_init_. py 的内容可以为空。

Python 中包管理工具有四种,包的格式有两种。

1. 包管理工具

(1) distutils。

distutils 是 Python 标准库的一部分,最初为开发者提供了一种方便的打开方式,同时也为使用者提供了方便的包安装方式。

(2) setuptools。

setuptools 是对 distutils 的增强,引入了包依赖管理。setuptools 可以为 Python 包创建 egg 文件,Python 与 egg 文件的关系相当于 Java 与 jar 包的关系。setuptools 提供的

easy_install 脚本可以用来安装 egg 包。

(3) easy_install。

easy_install 是由 PEAK(Python Enterprise Application Kit)开发的 setuptools 包中带的一个命令，所以使用 easy_install 实际上是在调用 setuptools 来完成安装模块的工作。easy_install 可以自动从 PyPI[①](第三方库网站)上下载相关的包，并完成安装和升级。

(4) pip。

pip 是安装管理 Python 包的标准工具，于 2008 年发布，它是对 easy_install 的一种增强，也是其替代品，但它仍有大量的功能建立在 setuptools 组件之上。同样可以从 PyPI 上自动下载安装包。在 pip 中，安装所需要的包都要先下载，所以不会出现安装了一部分而另一部分没有安装的情况，且所有的安装包都会被跟踪。

2. 包的格式

Python 提供的包的格式有如下两种。

(1) egg。

egg 格式是 setuptools 引入的一种文件格式，它使用. egg 作为扩展名，用于 Python 第三方库的安装。setuptools 可以识别这种格式，并解析和安装它。pip 支持 egg 格式，但希望不再使用它。

(2) wheel。

wheel 本质上是一个 zip 包格式，它使用. whl 作为扩展名，用于 Python 第三方库的安装，它的出现是为了替代 egg。wheel 和 egg 格式的具体区别参见官方文档[②]。

9.1.4　安装方法

Python 是一种简单易用的编程语言，特别是拥有大量的第三方库支持，下面介绍第三方库的安装。

1. 配置环境变量

在使用 pip 安装第三方库之前，需要配置环境变量。一般高版本的 Python 在安装过程中会自动设置环境变量，且自带 pip 的安装，如图 9-3 和图 9-4 所示。

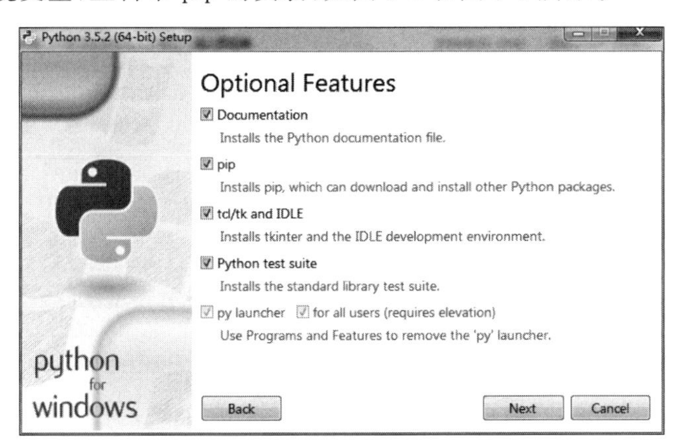

图 9-3　自带 pip 安装

---

① https://pypi.python.org/pypi。

② https://packaging.python.org/。

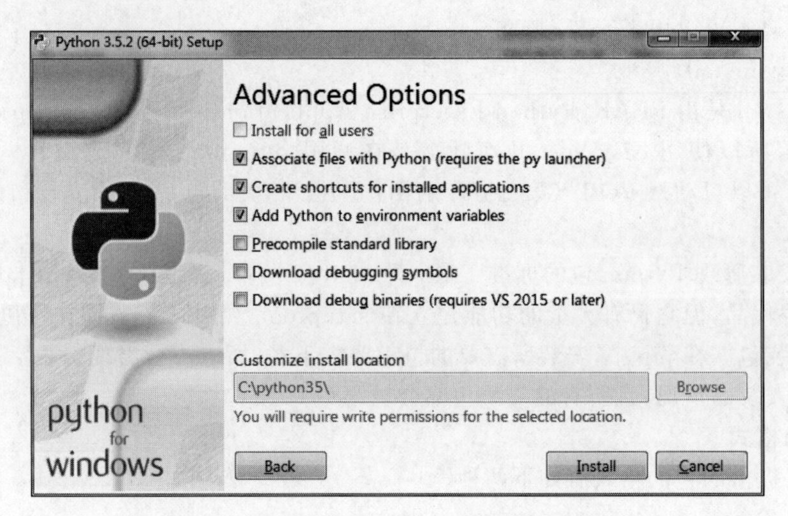

图 9-4　设置 Python 环境变量

若在 Python 的安装过程中没有设置环境变量,也可以手动设置,以 Windows 7 系统环境为例,环境变量的配置如下。

(1) 右击"计算机",在弹出的快捷菜单中选择"属性"选项,如图 9-5 所示。

(2) 在打开的窗口中,在"控制面板"主页的左侧栏选择"高级系统设置"选项,如图 9-6 所示。

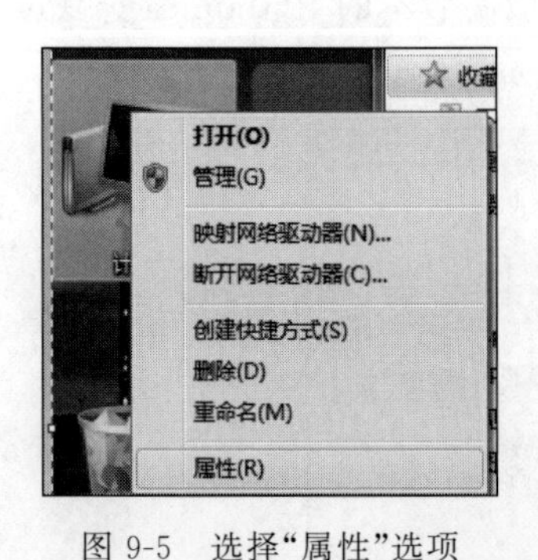

图 9-5　选择"属性"选项

图 9-6　选择"高级系统设置"选项

(3) 在弹出的"系统属性"对话中,单击"环境变量"按钮,如图 9-7 所示。

(4) 在弹出的"环境变量"对话框中的"系统变量"列表框中找到 Path 并双击,弹出"编辑系统变量"对话框,如图 9-8 所示。

(5) 在"变量值"文本框中的字符串的末尾加一个";",再输入 Python 的安装路径,多次单击"确定"按钮,直到设置完成。

图 9-7 单击“环境变量”按钮

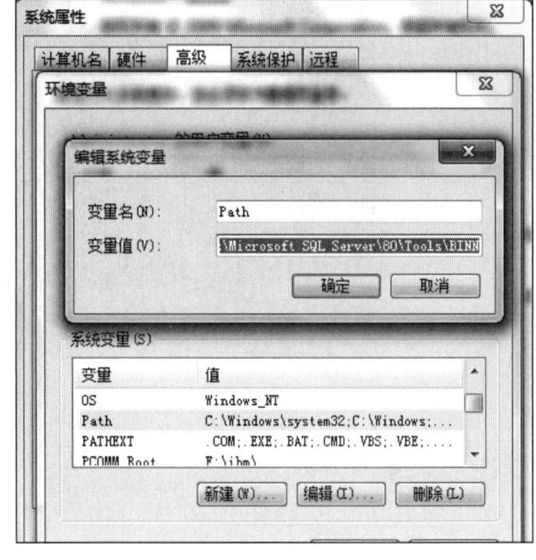

图 9-8 设置环境变量

(6) 按 Win+R 组合键，在弹出的“运行”对话框中输入 cmd 并单击“确定”按钮，如图 9-9 所示。在命令行中输入 python，如图 9-10 所示。如果出现如图 9-11 所示的提示则配置成功。

图 9-9 “运行”对话框

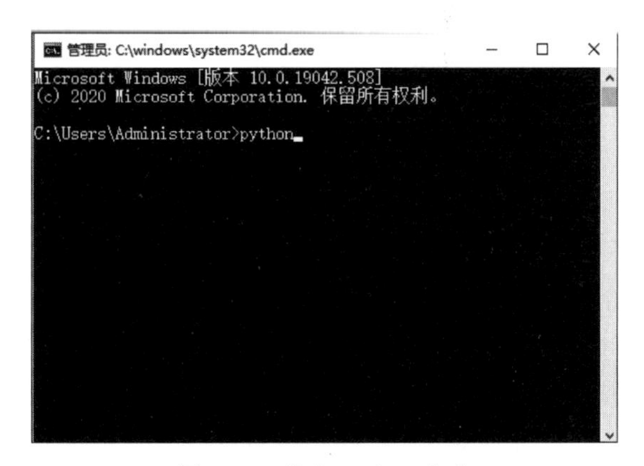

图 9-10 输入 python 命令

```
管理员: C:\Windows\system32\cmd.exe - python
Microsoft Windows [版本 6.1.7601]
版权所有 (c) 2009 Microsoft Corporation。保留所有权利。

C:\Users\macbook>python
Python 3.5.2 (v3.5.2:4def2a2901a5, Jun 25 2016, 22:18:55) [MSC v.1900 64 b
D64)] on win32
Type "help", "copyright", "credits" or "license" for more information.
>>> _
```

图 9-11 配置环境变量

2. 安装第三方库

接下来用 pip 安装第三方库。由于最新版本的 Python 已经自带 pip,因此使用 pip install 安装命令最为简单,但需保证计算机在联网状态。安装步骤如下。

(1) 进入 Python 安装目录所在的文件夹中的 scripts 文件夹(pip 在 scripts 目录下),如图 9-12 所示。

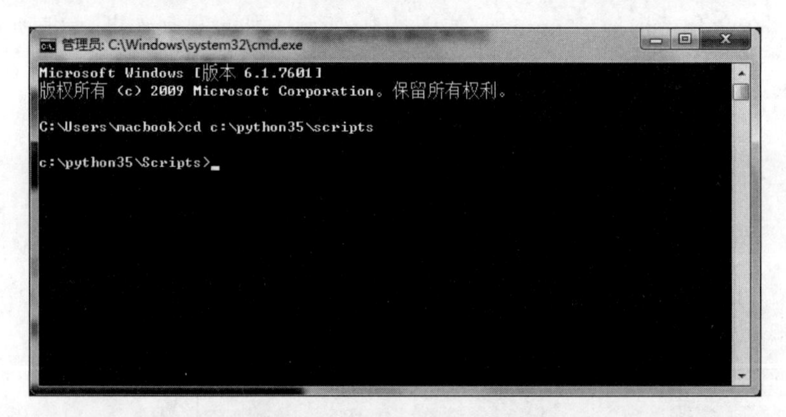

图 9-12 进入 scripts 文件夹

(2) 使用 pip install 命令安装第三方库,如 Numpy,输入命令 pip install numpy,接着就会自动下载所需文件并安装,最终提示安装成功。可能会遇到 pip 版本过低的情况(见图 9-13),可按照提示升级 pip 版本后继续安装第三方库。

1) wheel

下面以 Pandas 库的安装为例,介绍 wheel 格式的第三方库安装包的安装方法。进入 Python 第三方库官网[①],搜索 Pandas,单击 Downloads 按钮进入下载页面,可下载安装文件列表如图 9-14 所示。

提供下载的文件基本都是以.whl 为扩展名,也就是 wheel 包文件格式,选择相应的系统和自己安装的 Python 版本进行选择并下载相应的安装文件。将下载好的文件移入 Python 安装目录的 scripts 文件夹中,如图 9-15 所示。

---

① https://pypi.python.org/pypi。

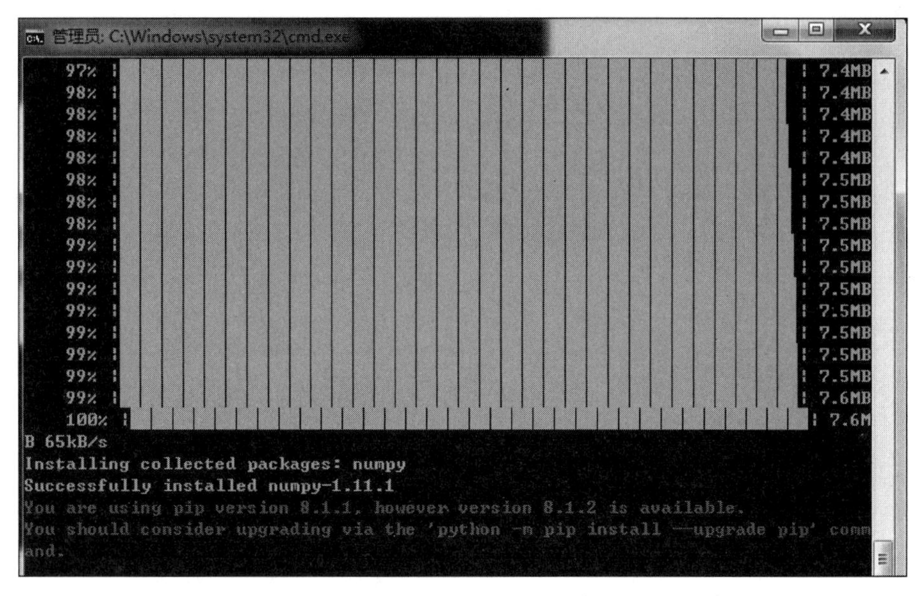

图 9-13　提示 pip 版本过低

pandas-0.18.1-cp34-cp34m-manylinux1_i686.whl (md5)	Pytho
pandas-0.18.1-cp34-cp34m-manylinux1_x86_64.whl (md5)	Pytho
pandas-0.18.1-cp34-cp34m-win32.whl (md5)	Pytho
pandas-0.18.1-cp34-cp34m-win_amd64.whl (md5)	Pytho
pandas-0.18.1-cp35-cp35m-macosx_10_6_intel.macosx_10_9_intel.macosx_10_9_x86_64.macosx_10_10_intel.macosx_10_10_x86_64.whl (md5)	Pytho
pandas-0.18.1-cp35-cp35m-manylinux1_i686.whl (md5)	Pytho
pandas-0.18.1-cp35-cp35m-manylinux1_x86_64.whl (md5)	Pytho
pandas-0.18.1-cp35-cp35m-win32.whl (md5)	Pytho
pandas-0.18.1-cp35-cp35m-win_amd64.whl (md5)	Pytho
pandas-0.18.1.tar.gz (md5)	Sour
pandas-0.18.1.zip (md5)	Sour

图 9-14　Pandas 可下载安装文件列表

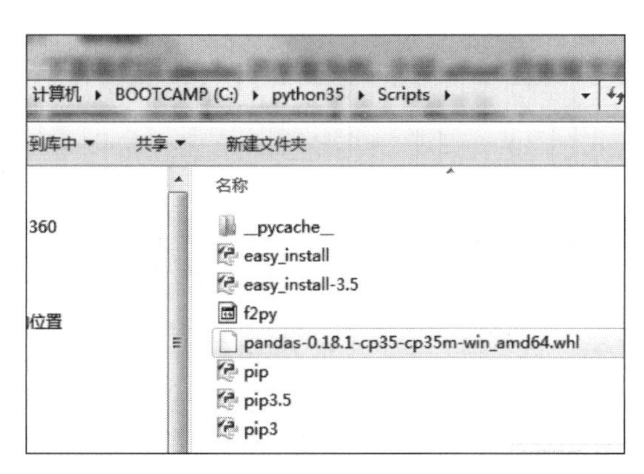

图 9-15　下载的 whl 文件

打开命令行,进入 scripts 文件夹,如图 9-16 所示。

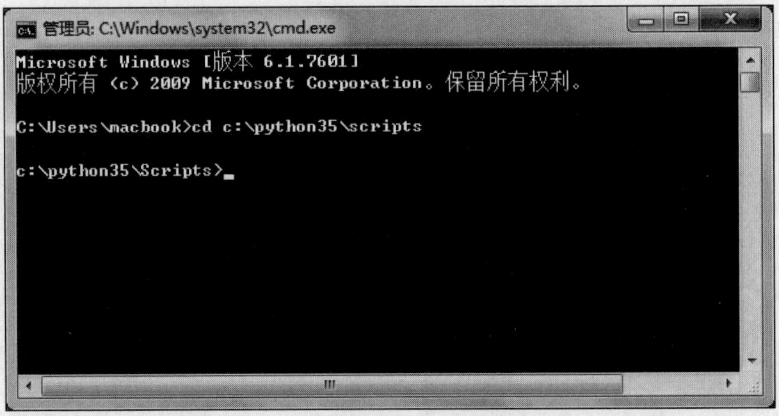

```
管理员: C:\Windows\system32\cmd.exe
Microsoft Windows [版本 6.1.7601]
版权所有 (c) 2009 Microsoft Corporation。保留所有权利。

C:\Users\macbook>cd c:\python35\scripts

c:\python35\Scripts>_
```

图 9-16 进入 scripts 文件夹

输入命令 pip install pandas-0.18.1-cp35-cp35m-win_amd64.whl,如图 9-17 所示。

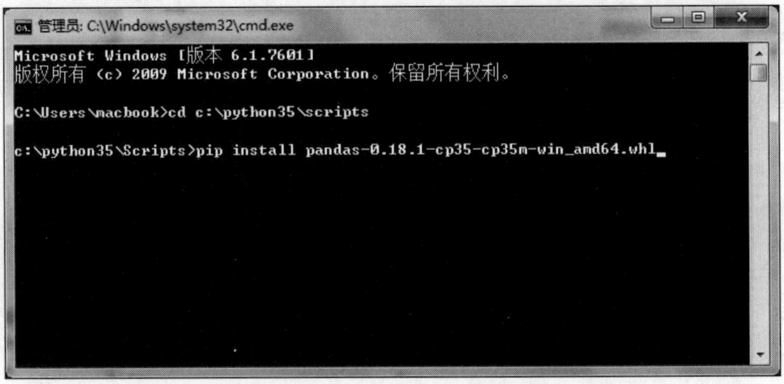

```
管理员: C:\Windows\system32\cmd.exe
Microsoft Windows [版本 6.1.7601]
版权所有 (c) 2009 Microsoft Corporation。保留所有权利。

C:\Users\macbook>cd c:\python35\scripts

c:\python35\Scripts>pip install pandas-0.18.1-cp35-cp35m-win_amd64.whl_
```

图 9-17 输入安装命令

开始安装,在安装 Pandas 第三方库时,会有一些依赖包需要安装,pip 会自动下载并安装,这里安装了三个依赖包,如图 9-18 所示,最后提示安装成功。

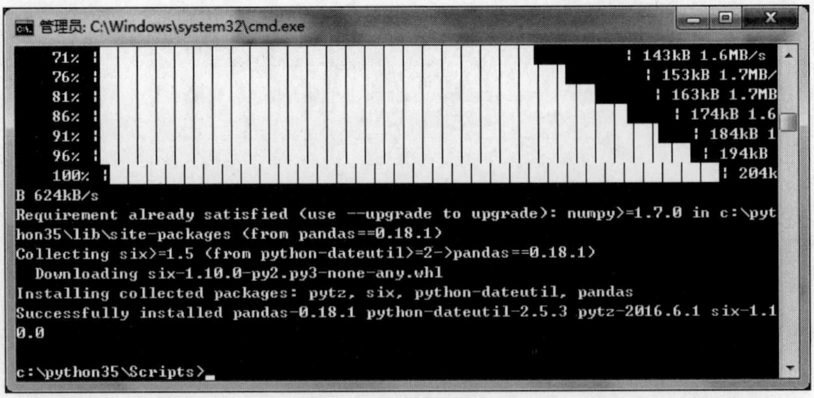

```
管理员: C:\Windows\system32\cmd.exe
    71% |                                | 143kB 1.6MB/s
    76% |                                 | 153kB 1.7MB/
    81% |                                  | 163kB 1.7MB
    86% |                                   | 174kB 1.6
    91% |                                    | 184kB 1
    96% |                                     | 194kB
   100% |                                      | 204k
B 624kB/s
Requirement already satisfied (use --upgrade to upgrade): numpy>=1.7.0 in c:\pyt
hon35\lib\site-packages (from pandas==0.18.1)
Collecting six>=1.5 (from python-dateutil>=2->pandas==0.18.1)
  Downloading six-1.10.0-py2.py3-none-any.whl
Installing collected packages: pytz, six, python-dateutil, pandas
Successfully installed pandas-0.18.1 python-dateutil-2.5.3 pytz-2016.6.1 six-1.1
0.0

c:\python35\Scripts>_
```

图 9-18 安装成功

2）exe 文件

有些 Python 的第三方库可以直接下载.exe 类型的可安装文件，如 pyparsing 库。在 PyPI 官网上搜索 pyparsing，下载列表如图 9-19 所示。只需下载相应的版本的安装包，下载完成后双击下载的文件，按照安装提示步骤安装即可。

File	Type
pyparsing-2.1.8-py2.py3-none-any.whl (md5)	Python Wheel
pyparsing-2.1.8.tar.gz (md5)	Source
pyparsing-2.1.8.win32-py2.6.exe (md5)	MS Windows installer
pyparsing-2.1.8.win32-py2.7.exe (md5)	MS Windows installer
pyparsing-2.1.8.win32-py3.3.exe (md5)	MS Windows installer
pyparsing-2.1.8.win32-py3.4.exe (md5)	MS Windows installer
pyparsing-2.1.8.win32-py3.5.exe (md5)	MS Windows installer
pyparsing-2.1.8.zip (md5)	Source

图 9-19　pyparsing 库可下载的安装文件列表

9.1.5　库的引用

在应用 Python 进行编程时，通常会使用一些库（模块）来满足开发需求。Python 中的库主要分为三大类：第一类是标准模块；第二类是第三方模块；第三类是自定义模块。通常，在安装完 Python 之后，Python 标准模块便已经存在；第三方模块通常由 Python 社区提供，需要安装之后才能使用（具体的安装方法见 9.1.4 节）。无论是第三方库还是标准库以及自定义的库，在使用之前都需要进行导入（这里库和模块的含义等同，均指 module）。

1. import 方式

使用 import 语句导入模块，语法如下所示：

```
import modname1
import modname2
      ...

import modnameN
```

也可以在一行内导入多个模块：

```
import modname1[, modname2[, … modnameN]]   # 这样书写的代码可读性较差，不推荐
```

导入这个模块之后，可以引用它的任何公共函数、类或者属性。当执行器执行到该条语句时，如果在搜索路径中找到了该模块，就会加载它。如果 import 语句是在代码的顶层，则它的作用域为全局；如果 import 语句在某个函数中，则它的作用域仅局限于该函数。

用 import 语句导入模块，就在当前的命名空间（namespace）建立了一个对该模块的引用，这种引用必须使用全称。也就是说，当使用被导入模块的函数时，在调用时必须同时包含模块的名字。所以不能只使用 funcname（函数名等），而应该使用 modname.funcname。如下面的例子所示，该例子中导入了 turtle 模块。

```
>>> import turtle
>>> t = turtle.Pen()
```

导入 turtle 模块后，第二行代码调用了 turtle 模块中的 Pen()函数，在函数的调用中，前面须加模块的名称。若不加模块的名称，则会报错。

```
>>> import turtle
>>> t = Pen()
Traceback (most recent call last):
  File "< pyshell #2 >", line 1, in < module >
    t = Pen()
NameError: name 'Pen' is not defined
```

2. from 方式

使用 from 方式，也可以将模块中指定的属性或名称导入进来，语法如下：

```
from modname import funcname
```

如下面的例子：

```
>>> from turtle import Pen
>>> t = Pen()
```

代码的第一行导入了 turtle 模块中的 Pen()函数，第二行调用 Pen()函数时，不需要再在函数前面加模块的名称。当程序调用 from turtle import Pen 语句时，将函数 Pen()的名称导入命名空间中，所以再次访问它时就不需要再引用模块名称了。当然，也可以把一个模块中的所有名称(包括函数的、方法的、属性的等)都导入当前命名空间中：

```
from modname import *
```

但是在实际编码中，不建议使用这种方法，因为很可能导入进来的名称会覆盖掉当前命名空间中已有的名称。

9.2 面向对象

9.2.1 面向对象的概念

在计算机世界里，“对象”这个概念很重要，它是程序组织代码的方法，把复杂的问题分类简化，各自解决，这样更容易被理解。常用的编程方式有两种：面向过程和面向对象。其中面向过程是最初程序员们开发程序时所使用的方法。面向过程首先将问题一步一步分解，然后用函数逐个按次序实现每个功能，运行时一个一个依次调用即可。面向对象是把构成问题的事物分解、组合、归纳并抽象成对象，建立对象不是为了完成其中某一个步骤，而是为了描述某个事物在解决整个问题中的行为，可能涉及一个步骤，但通常都会涉及多个步骤，它很好地体现了软件重用的思想。C++ 和 Java 语言是面向对象的，Python 在设计之初就是一门面向对象的语言。

(1) 类(class)：对具有相同数据和方法的一组对象的描述或定义。

(2) 对象(object)：一个类的实例。

(3) 实例(instance)：一个对象的实例化实现。

(4) 标识(identity)：每个对象的实例都需要一个可以唯一标识这个实例的标记。

(5) 实例属性(instance attribute)：一个对象就是一组属性的集合。

(6) 实例方法(instance method)：所有存取或者更新对象某个实例一条或者多条属性

的函数的集合。

(7) 类属性(class attribute)：属于一个类中所有对象的属性，不会只在某个实例上发生变化。

举个例子，在动物界，可以把动物分成爬行动物、哺乳动物和昆虫等，分类的标准是按照某一些动物都具有的共同特性来制定的，例如，哺乳动物是一个“类”，它们具有的共同类属性是全身有毛覆盖，它们都能“跑”，会“吃”食物，这些共同的特点是哺乳动物类的方法。猫属于哺乳动物的一种，它是哺乳动物这个类的子类。其中有一只叫 Kitty 的猫，这只具体的猫就叫作实例(instance)，也可以称为对象(object)。Python 中，对象是一个指针，指向一个数据结构，数据结构中有属性、方法。从面向对象的概念来讲，对象是类的一个实例，所有的变量都可以称为对象。

对象可以使用普通的属于对象的变量存储数据，属于一个对象或类的变量被称为特性；对象也可以使用属于类的函数具有的功能，这样的函数被称为类的方法，特性和方法可以合称为类的属性。特性有两种类型：属于每个实例/类的对象或者属于类本身，它们分别被称为实例变量和类变量。

9.2.2　类与实例

1. 创建类和子类

类使用 class 关键字创建，类的属性和方法被列在一个缩进块中。首先来定义“动物”这个类。

```
class animals:
     pass
```

这样就建立了一个名为 animals 的类，pass 语句表示后面暂时没有更多的信息。可以在后续的编程中完善这个类。

动物中包含哺乳动物，而哺乳动物中又包含狗这样一类动物，因此，类可以描述成一种树状图。如哺乳动物具有动物的一切属性，我们称“动物”这个类是“哺乳动物”的父类，同时，“哺乳动物”是“动物”的子类。

```
class mammals (animals):
     pass
class dog (mammals):
     pass
```

上面的例子中创建了两个类，名字分别为 mammals 和 dog，后面括号中的内容表示它们的父类分别是 animals 和 mammals。子类 mammals 可以继承父类 animals 的所有属性，同样，子类 dog 也可以继承父类 mammals 的所有属性。

2. 增加属于类的实例对象

已经定义了两个类 mammals 和 dog，现在有一只名叫 Bob 的狗，把它也加进去，它属于 dog 类，是一个具体实例对象，定义如下：

```
Bob = dog()
```

这里，用 dog()定义了一个 dog 类的实例对象，并把它赋值给变量 Bob。

3. 用函数表示类的特征

为前面定义的类增加一些函数，而不是只用 pass 表示，让这些类拥有了一些属性。例如：

```
class animals:
    def breath(self):
        print('breathing')
class mammals (animals):
    def move(self) :
        print('moving')
class dog (mammals):
    def eat(self):
        print('eating food')
```

接下来创建一个 dog 类的实例 Bob 并调用父类中的函数：

```
Bob = dog()
Bob.move()
Bob.eat()
```

运行结果如下：

```
moving
eating food
```

9.2.3 面向对象的特征

面向对象的编程提供了一种新的思维方式，使得程序员在进行软件设计时，能够不围绕程序的逻辑流程进行建设，而是更多地关注程序中对象与对象之间的关系。

Python 从设计之初就已经是一门面向对象(OPP)的语言，所以，用 Python 创建类和对象是十分容易的。本节将介绍面向对象的三个基本特性：封装、继承和多态。

1. 封装

封装即将抽象得到的数据和行为相结合，将基本类构造的细节隐藏起来，通过方法接口实现对实例变量的所有访问。Python 不提倡过度地包装，所以封装性在 Python 程序中体现得比较弱。

2. 继承

当程序员不想将同一段代码写很多次时，如已经有一个类，另外还想再创建一个和已有类非常相似的类时，就用到继承。继承是面向对象的重要特性之一，是在类上添加关联，使得位于关系下层的类可以继承位于关系上层的类的属性和方法。继承利于代码的复用性和规模化。和其他语言不同的是，Python 中的类还具有多继承的特性，即一个类可以有多个父类。

3. 多态

多态即多种状态，适用于接收可能有多种类型的传入，即无须设计者和用户的干预，类的成员函数的行为能够根据它的对象类型进行适应性调整，而且该调整发生在程序运行时。Python 中很多方法、内建运算符以及函数都能体现多态的性质。如"+"运算符，在连接整数时表示加法操作，连接字符串时，则表示拼接。

9.3　练习

1. 使用 pip 命令安装 Python 的第三方库 jieba。

2. 安装 wheel 包格式的 Python 第三方库 wordcloud。

3. Python 第三方库在引用时有几种不同的方式？几种方式的区别是什么？

4. 设计一个 Circle(圆)类，该类包括圆心位置、半径和颜色三个属性。编写构造方法和其他方法，计算圆的周长和面积。编写程序验证 Circle(圆)类的功能。

第10章 数据分析基础

本章重点内容：Numpy 库和 Pandas 库的基本使用方法、基本函数及数据分析和可视化。

本章学习要求：了解 Python 中 Numpy 库和 Pandas 库的基本使用方法，会用 Numpy 库和 Pandas 库进行数据分析和简单的可视化。

10.1 案例分析

观看视频

【例 10-1】 葡萄酒是经自然发酵酿造出来的果酒，它的成分比较简单，成分占比最高的是葡萄汁。葡萄酒有许多分类方式，以成品颜色来说，可分为红葡萄酒、白葡萄酒及粉红葡萄酒三类。不同类别的酒可以简单地从平衡性(balance)、浓郁度(intensity)、复杂度(complexity)和余味(length)这 4 方面进行评价。一款酒在这 4 方面的整体表现越好，品质就越出色。侍酒师也可以通过品尝来判断酒的种类和品质。实际生活中，也可以通过定量检测酒的各方面属性值来判断或者预测酒的品质。winequality-red. csv[①] 文件中，包含 1600 多条数据、12 种属性及酒的最终品质等级(1～10 级)，试对该数据集进行简单的概览。表 10-1 给出了酒的特征属性。

表 10-1 酒的特征属性

属 性	翻 译	属 性	翻 译	属 性	翻 译
FixedAcidity	固定酸度	Chlorides	氯化物	pH	pH
VolatileAcidity	挥发性酸度	FreeSulfurDioxide	游离二氧化硫	Sulphates	硫酸盐
CitricAcid	柠檬酸	TotalSulfurDioxide	总二氧化硫	Alcohol	酒精
ResidualSugar	残糖	Density	密度	Quality	品质

参考代码：

```
#第三方库引用
import numpy as np
import pandas as pd
import matplotlib.pyplot as plt
```

① 数据来源：http://archive.ics.uci.edu/ml/datasets/Wine+Quality。

```
from sklearn import datasets
from sklearn.model_selection import train_test_split
from sklearn.neighbors import KNeighborsClassifier
#导入红酒数据,读取csv文件
wine_quality = pd.read_csv('winequality-red.csv')
wq = wine_quality
wq.dtypes #查看各列数据属性
```

运行结果如图10-1所示。

```
Out[3]: FixedAcidity          float64
         VolatileAcidity      float64
         CitricAcid           float64
         ResidualSugar        float64
         Chlorides            float64
         FreeSulfurDioxide    float64
         TotalSulfurDioxide   float64
         Density              float64
         PH                   float64
         Sulphates            float64
         Alcohol              float64
        Quality                 int64
        dtype: object
```

图10-1 各列数据属性

```
wq.head()    #查看表格头和前几行数据
```

运行结果如图10-2所示。

Out[4]:

	FixedAcidity	VolatileAcidity	CitricAcid	ResidualSugar	Chlorides	FreeSulfurDioxide	TotalSulfurDioxide	Density	PH	Sulphates	Alcohol	Quality
0	7.4	0.70	0.00	1.9	0.076	11.0	34.0	0.9978	3.51	0.56	9.4	5
1	7.8	0.88	0.00	2.6	0.098	25.0	67.0	0.9968	3.20	0.68	9.8	5
2	7.8	0.76	0.04	2.3	0.092	15.0	54.0	0.9970	3.26	0.65	9.8	5
3	11.2	0.28	0.56	1.9	0.075	17.0	60.0	0.9980	3.16	0.58	9.8	6
4	7.4	0.70	0.00	1.9	0.076	11.0	34.0	0.9978	3.51	0.56	9.4	5

图10-2 表格头和前几行数据

```
wq.tail()    #查看末尾数据
```

运行结果如图10-3所示。

	FixedAcidity	VolatileAcidity	CitricAcid	ResidualSugar	Chlorides	FreeSulfurDioxide	TotalSulfurDioxide	Density	PH	Sulphates	Alcohol	Quality
1594	6.2	0.600	0.08	2.0	0.090	32.0	44.0	0.99490	3.45	0.58	10.5	5
1595	5.9	0.550	0.10	2.2	0.062	39.0	51.0	0.99512	3.52	0.76	11.2	6
1596	6.3	0.510	0.13	2.3	0.076	29.0	40.0	0.99574	3.42	0.75	11.0	6
1597	5.9	0.645	0.12	2.0	0.075	32.0	44.0	0.99547	3.57	0.71	10.2	5
1598	6.0	0.310	0.47	3.6	0.067	18.0	42.0	0.99549	3.39	0.66	11.0	6

图10-3 末尾数据

```
wq.index      #查看数据条目
```

运行结果如图10-4所示。

```
RangeIndex(start=0, stop=1599, step=1)
```

图10-4 数据条目

```
wq.columns   #查看数据列属性
```

运行结果如图 10-5 所示。

```
Index(['FixedAcidity', ' VolatileAcidity', ' CitricAcid', ' ResidualSugar',
       ' Chlorides', ' FreeSulfurDioxide', ' TotalSulfurDioxide', ' Density',
       ' PH', ' Sulphates', ' Alcohol', 'Quality'],
      dtype='object')
```

图 10-5　数据列属性

```
wq.values    #查看属性值
```

运行结果如图 10-6 所示。

```
array([[ 7.4  ,  0.7  ,  0.   , ...,  0.56 ,  9.4  ,  5.   ],
       [ 7.8  ,  0.88 ,  0.   , ...,  0.68 ,  9.8  ,  5.   ],
       [ 7.8  ,  0.76 ,  0.04 , ...,  0.65 ,  9.8  ,  5.   ],
       ...,
       [ 6.3  ,  0.51 ,  0.13 , ...,  0.75 ,  11.  ,  6.   ],
       [ 5.9  ,  0.645,  0.12 , ...,  0.71 ,  10.2 ,  5.   ],
       [ 6.   ,  0.31 ,  0.47 , ...,  0.66 ,  11.  ,  6.   ]])
```

图 10-6　属性值

```
wq.describe()                    #简单对数据进行统计
```

运行结果如图 10-7 所示。

	FixedAcidity	VolatileAcidity	CitricAcid	ResidualSugar	Chlorides	FreeSulfurDioxide	TotalSulfurDioxide	Density	PH	Sulphates
count	1599.000000	1599.000000	1599.000000	1599.000000	1599.000000	1599.000000	1599.000000	1599.000000	1599.000000	1599.000000
mean	8.319637	0.527821	0.270976	2.538806	0.087467	15.874922	46.467792	0.996747	3.311113	0.658149
std	1.741096	0.179060	0.194801	1.409928	0.047065	10.460157	32.895324	0.001887	0.154386	0.169507
min	4.600000	0.120000	0.000000	0.900000	0.012000	1.000000	6.000000	0.990070	2.740000	0.330000
25%	7.100000	0.390000	0.090000	1.900000	0.070000	7.000000	22.000000	0.995600	3.210000	0.550000
50%	7.900000	0.520000	0.260000	2.200000	0.079000	14.000000	38.000000	0.996750	3.310000	0.620000
75%	9.200000	0.640000	0.420000	2.600000	0.090000	21.000000	62.000000	0.997835	3.400000	0.730000
max	15.900000	1.580000	1.000000	15.500000	0.611000	72.000000	289.000000	1.003690	4.010000	2.000000

图 10-7　统计数据

```
quality = wq.iloc[:, 11:12]
quality                          #调取品质列数据(查看某一列的数据)
```

运行结果如图 10-8 所示。

Out[10]:

	Quality
0	5
1	5
2	5
3	6
4	5
5	5
1595	6
1596	6
1597	5
1598	6

1599 rows × 1 columns

图 10-8　品质列数据展示

```
h = quality.hist()                #观察红酒品质的分布
```

运行结果如图 10-9 所示。

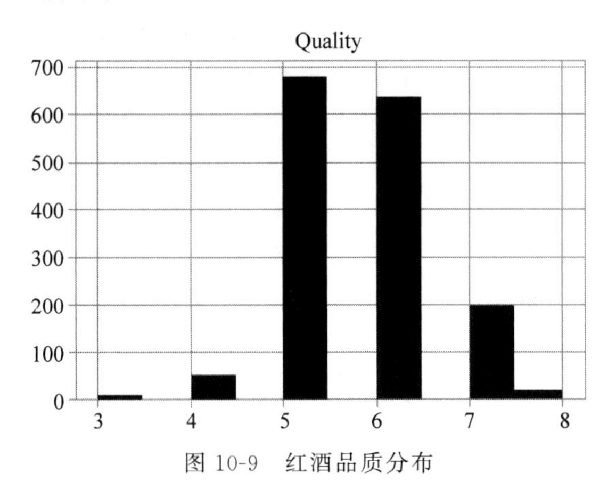

图 10-9 红酒品质分布

```
x = wq.iloc[:, 0:11]
y = wq.iloc[:, 11:12]             #数据切片
X_train, X_test, y_train, y_test = train_test_split(x, y, test_size = 0.3)  #进行分类学习
y_train                           #查看训练数据的分类
```

运行结果如图 10-10 所示。

Out[13]:

	Quality
498	8
359	6
865	5
92	5
956	6

图 10-10 训练数据分类结果

```
knn = KNeighborsClassifier() #利用 KNN 法对数据进行分类训练
knn.fit(X_train, y_train.values.ravel())
knn.predict(X_test)               #预测测试数据的分类结果
```

运行结果如图 10-11 所示。

```
array([5, 5, 5, 6, 5, 5, 6, 6, 6, 5, 5, 5, 6, 6, 5, 5, 5, 5, 5, 6, 5, 6, 5,
       5, 6, 6, 7, 5, 5, 5, 6, 6, 6, 6, 6, 6, 5, 6, 6, 6, 5, 6, 5, 6, 5, 5,
       5, 5, 5, 5, 5, 6, 7, 5, 6, 6, 7, 5, 5, 6, 5, 7, 5, 4, 6, 5, 5, 5, 5,
       6, 6, 6, 6, 5, 6, 6, 5, 5, 6, 5, 5, 6, 7, 5, 5, 5, 5, 6, 7, 6, 6, 5,
       5, 6, 5, 5, 8, 5, 5, 6, 5, 5, 5, 5, 5, 5, 5, 6, 5, 6, 6, 6, 5, 6, 5,
       6, 6, 7, 5, 7, 5, 6, 4, 6, 6, 7, 6, 5, 5, 5, 7, 5, 7, 5, 5, 5, 5, 6,
       5, 5, 5, 6, 5, 6, 5, 5, 6, 6, 5, 5, 5, 6, 5, 5, 5, 6, 6, 5, 5, 5, 7,
       6, 5, 6, 6, 5, 5, 7, 5, 6, 5, 6, 5, 6, 5, 6, 6, 6, 5, 6, 5, 5, 6, 6,
       5, 6, 6, 5, 5, 7, 5, 6, 6, 6, 5, 5, 6, 6, 7, 4, 7, 5, 6, 6, 5, 5, 5,
       6, 5, 5, 5, 6, 5, 5, 5, 6, 6, 5, 5, 5, 5, 5, 5, 5, 5, 5, 5, 6, 5, 6,
       7, 6, 5, 7, 6, 6, 6, 5, 6, 6, 6, 6, 5, 5, 5, 6, 5, 6, 5, 5, 6, 5, 5,
       6, 5, 7, 5, 5, 5, 5, 6, 6, 7, 5, 6, 5, 7, 6, 5, 6, 5, 7, 5, 6, 6, 6,
       5, 6, 5, 5, 6, 6, 5, 5, 5, 5, 5, 5, 7, 6, 5, 6, 6, 6, 6, 6, 6, 6, 5,
       5, 5, 6, 5, 7, 6, 5, 6, 5, 6, 7, 5, 7, 6, 6, 5, 6, 7, 5, 6, 5, 5, 6,
       6, 6, 5, 6, 5, 6, 6, 5, 6, 7, 6, 5, 7, 6, 6, 6, 5, 6, 6, 5, 6, 5, 6,
       5, 6, 5, 6, 6, 5, 4, 5, 5, 5, 6, 5, 5, 6, 5, 5, 5, 5, 5, 6, 5, 6, 5,
       6, 5, 5, 4, 6, 6, 5, 6, 5, 5, 5, 5, 6, 5, 5, 5, 5, 6, 6, 5, 6, 6, 6,
       5, 6, 5, 5, 5, 6, 6, 5, 5, 6, 6, 5, 6, 5, 5, 6, 5, 5, 6, 7, 5, 5, 5,
       7, 5, 7, 6, 6, 6, 5, 5, 5, 6, 6, 5, 6, 6, 5, 7, 7, 5, 5, 5, 6, 5, 5,
       5, 6, 6, 5, 5, 5, 6, 5, 5, 4, 5, 5, 5, 5, 6, 7, 5, 5, 6, 5, 5, 6, 5,
       5, 7, 5, 5, 5, 5, 5, 6, 6, 6, 5, 5, 4, 7, 5, 5, 6, 5, 6, 5])
```

图 10-11 测试数据分类结果预测

Out[15]:

	Quality
103	5
42	6
689	5
1488	5
1473	5
1066	7
1181	5
889	5

480 rows × 1 columns

图 10-12 测试数据分类结果

```
y_test            #输出测试数据的分类结果
```

运行结果如图 10-12 所示。

在该例中,需要处理的数据对象不再是前几章中常用的文本类型的文本数据,需要分析二维数据,数据中往往包含一类对象(红酒)中的多个具体的对象(每一款酒),且每个对象又包含多个属性。在 Python 中,列表可以处理一维数据,也可以用嵌套的列表表示二维对象,一般地,可以使用 Numpy 库和 Pandas 库来处理二维或者多维数据。

10.2 Numpy 入门

Numpy 是目前 Python 社区中使用非常广泛的一个第三方库,它为利用 Python 实现高性能科学计算和数据分析提供了很多基础且重要的功能,同时,它也是 Python 中许多高级数据分析工具(如 Pandas)的构建基础。

Numpy 可以通过 pip install 命令安装,一般导入 Numpy 库的约定如下:

```
import numpy as np
```

10.2.1 多维数组对象 ndarray

ndarray 是 Numpy 中一个重要且具有代表性的功能,它是一个具有矢量算术运算和复杂广播功能的多维数组对象,相当于一个快速灵活的"装载"数据的"大容器",其中包含的元素必须是同类型的。可以利用它方便地对整块数据进行一些类似标量数据的数学运算,也可以实现一些简单的矩阵操作。

创建 ndarray 有许多种函数,表 10-2 对一些常用函数做一个简单介绍(所有列出函数都定义在 Numpy 库中)。

表 10-2 ndarray 常用函数

函 数	功 能
array()	将输入数据(列表,元组和数组等一切序列类型对象)转换为 ndarray,可以通过传入 dtype 参数指定数据类型
arange()	类似于 Python 内置的 range()函数,但 arange()返回一个 ndarray 对象
ones()	根据指定的形状和数据类型创建一个全 1 数组
zeros()	根据指定的形状和数据类型创建一个全 0 数组
empty()	根据指定的形状和数据类型创建数组,只分配内存空间但不做初始化设置

```
>>> import numpy as np          #引入 Numpy 库
>>> np.array([1,2,3])           #通过 array()函数,将列表序列转换为一个 ndarray
array([1, 2, 3])
>>> y = np.array([[1,2,3],[4,5,6]])    #通过 array()函数,将二维列表序列转换为一个 ndarray
>>> y
array([[1, 2, 3],
```

```
        [4, 5, 6]])
>>> type(y)                     # 查看 y 的类型
<class 'numpy.ndarray'>
>>> np.arange(10)               # arange()函数,是 range()函数的数组版,从 0 开始生成 10 个数字
array([0, 1, 2, 3, 4, 5, 6, 7, 8, 9])
>>> np.ones((5))                # 创建含有 5 个元素的 ndarray,元素值都为 1(浮点类型)
array([1., 1., 1., 1., 1.])
>>> np.ones((2,3))              # 创建一个形状为 2 * 3 的、元素值都为 1(浮点类型)的 ndarray
array([[1., 1., 1.],
       [1., 1., 1.]])
>>> np.zeros((3,4))             # 创建一个形状为 3 * 4 的,元素值都为 0(浮点类型)的 ndarray
array([[0., 0., 0., 0.],
       [0., 0., 0., 0.],
       [0., 0., 0., 0.]])
>>> np.empty((2,3))             # 创建一个形状为 2 * 3 的随机元素(浮点类型)的 ndarray
array([[1., 1., 1.],
       [1., 1., 1.]])
>>> np.empty((2,3,3))           # 创建两个形状为 3 * 3 的随机元素(浮点类型)的 ndarray
array([[[6.23042070e-307, 3.56043053e-307, 1.60219306e-306],
        [7.56571288e-307, 1.89146896e-307, 1.37961302e-306],
        [1.05699242e-307, 8.01097889e-307, 1.78020169e-306]],

       [[7.56601165e-307, 1.02359984e-306, 1.33510679e-306],
        [2.22522597e-306, 1.24611674e-306, 1.29061821e-306],
        [6.23057349e-307, 1.86920193e-306, 9.34608432e-307]]])
>>> np.empty((4,3,3))           # 创建四个形状为 3 * 3 的随机元素(浮点类型)的 ndarray
array([[[6.01347002e-154, 1.14073631e+243, 3.65588281e+233],
        [1.39806869e-152, 2.52251414e-258, 1.03893918e-028],
        [1.05957293e+214, 6.01346953e-154, 7.49762279e+247]],

       [[4.26137297e+257, 2.17720409e+262, 4.83245960e+276],
        [6.03134480e-154, 1.17365078e+214, 6.01347002e-154],
        [1.27967852e-152, 2.98361442e+174, 2.92295609e-014]],

       [[6.01346953e-154, 1.20649543e+285, 9.42177880e-119],
        [1.68074695e-118, 1.02989663e+295, 8.82893930e+199],
        [2.08781288e+296, 6.01347002e-154, 2.26726761e+161]],

       [[7.22769628e+159, 2.08064564e-115, 8.73792941e-154],
        [3.18462754e-120, 2.68729503e-110, 4.00979049e+087],
        [2.46599819e-154, 4.47593816e-091, 1.91002772e+227]]])
>>>
```

通过 ndarray,可以很方便地对批量数据进行算术运算,当将数组与一个标量进行运算时,数组中的所有元素都会与这个标量进行运算,而不需要使用循环:

```
>>> arr1 = np.array([[1,2,3],[4,5,6]])
>>> arr1/2
array([[ 0.5, 1. , 1.5],
       [ 2. , 2.5, 3. ]])
>>> arr1 ** 2
```

```
array([[ 1, 4, 9],
       [16, 25, 36]])
```

两个规格相同的数组之间也可以进行算术运算，此时，数组 1 的每个元素都会与数组 2 中相同位置的元素进行运算：

```
>>> arr2 = np.array([[2,4,6],[8,10,12]])
>>> arr2 * arr1
array([[ 2, 8, 18],
       [32, 50, 72]])
>>> arr2 + arr1
array([[ 3, 6, 9],
       [12, 15, 18]])
```

需要注意的是，两个 ndarray 之间的乘法不是矩阵乘法，如果需要求矩阵内积，则需要调用 np.dot()函数。

```
>>> arr3 = np.arange(1,7).reshape(3,2) #用 1~6 这 6 个数字，创建一个 3 * 2 的 ndarray
>>> np.dot(arr1,arr3)                  #使用 np.dot()函数计算矩阵积(matrix product)
array([[22, 28],
       [49, 64]])
>>>
```

ndarray 有自己的索引方式，如果索引对象是一维数组，则它的索引方式和 Python 的列表类型相似：

```
>>> arr = np.arange(5)
>>> arr[2]
2
>>> arr[2:]
array([2, 3, 4])
>>> arr[2:4]
array([2, 3])
```

但 ndarray 的选取和列表的选取有一个很重要的区别，那就是 ndarray 选取出的数组切片并没有复制原来的数组。也就是说，即使将数组切片赋予了一个变量，对该切片的改动也将反映到原来的数组上：

```
>>> arr_slice = arr[2:4]
>>> arr_slice[0] = 8
>>> arr
array([0, 1, 8, 3, 4])
```

如此设计的目的是在处理大量的数据时不会因频繁地复制切片而浪费内存。

索引多维数组时，可以使用和索引嵌套列表时一样的递归访问方法，也可以通过传入一组以逗号分隔的索引列表来查找元素：

```
>>> arr
array([[1, 2, 3],
       [4, 5, 6]])
>>> arr[1][0]
```

```
4
>>> arr[1,0]
4
```

索引列表还可以用来生成多维数组的切片：

```
>>> arr[:,2:]
array([[3],
       [6]])
```

为了防止下标越界错误，索引时一定要确认传入的下标是有效的，可以通过 ndarray 的 shape()方法来查看当前数组的规格：

```
>>> arr.shape
(2, 3)
```

此外 ndarray 还支持根据布尔型数组进行过滤，如果想要筛选出 arr 中所有的偶数，可以进行如下操作：

```
>>> arr % 2 == 0
array([[False, True, False],
       [ True, False, True]], dtype = bool)
```

这一步操作返回了一个布尔型数组，该数组规格和 arr 一样，但对 arr 中所有满足条件的元素，其在结果数组的相同位置返回一个 True，否则返回一个 False。利用这个结果数组，可以对原数组进行过滤：

```
>>> arr[arr % 2 == 0]
array([2, 4, 6])
```

这样就得到了所有满足条件的结果。

10.2.2 通用函数

通用函数(ufunc)是一种快速的数组函数，它可以方便地对 ndarray 执行元素级的运算，从而实现大数据批量处理的效果。

先来看一些简单的通用函数的例子：

```
>>> arr = np.array([[1,3,5],[-2,-4,-6]])
>>> np.abs(arr)                        #返回数组各元素绝对值
array([[1, 3, 5],
       [2, 4, 6]])
>>> np.exp(arr)                        #对数组各元素 X 计算 ex
array([[ 2.71828183e+00, 2.00855369e+01, 1.48413159e+02],
       [ 1.35335283e-01, 1.83156389e-02, 2.47875218e-03]])
```

像以上这些接受一个数组参数返回一个结果数组的函数称为一元通用函数，还有一些二元通用函数接受两个数组：

```
>>> arr1
array([[1, 2, 3],
       [4, 5, 6]])
```

```
>>> arr2
array([[ 2, 4, 6],
       [ 8, 10, 12]])
>>> np.add(arr1,arr2)
array([[ 3, 6, 9],
       [12, 15, 18]])
```

二元函数在使用时需要确保传入的两个数组规格相同或者符合运算要求,如果不相同或者不符合运算要求,可能无法得到预期效果。表 10-3 中给出了一些常用的函数。

表 10-3 ndarray 的常用函数

元数	函数	功能	备注
一元	abs()、fabs()	计算整数,浮点数的绝对值	fabs()运算速度更快,abs()可以计算复数绝对值
	sqrt()	计算各元素平方根	如果数组中存在负数,在结果数组的该位置输出 NaN,并发出警告信息
	square()	计算各元素的平方	
	exp(X)	对数组各元素 X 计算 e^X	
	log()、log10()、log2()	计算各元素的对数	
	sin()、sinh()、cos()、cosh()、tan()、tanh()	计算三角函数	
二元	add()、subtract()、multiply()、divide()	分别对应加、减、乘、除四则运算	
	power()	对第一个数组中的元素 X 和第二个数组中的元素 Y 计算 X 的 Y 次方	
	mod()	第一个数组对第二个数组进行元素级求余运算	
	maximum()、minimum()	元素级最大、最小值运算	X 与 Y 逐位比较取其大者;至少有两个参数

```
>>> np.maximum(arr1,arr2)              # 按位比较 arr1 和 arr2 中的最大值并返回
array([[ 2, 4, 6],
       [ 8, 10, 12]])
>>> np.max(arr1)                       # 比较某一 ndarray 中所有元素中的最大值并返回
6
>>> np.sqrt(arr3)                      # 计算某一 arr3 中所有元素中的平方根并返回
array([[1.        , 1.41421356],
       [1.73205081, 2.        ],
       [2.23606798, 2.44948974]])
>>>
```

10.2.3 Numpy 随机数生成

Numpy 中的 random 模块是其为了适应 ndarray 而对 Python 内置的 random 模块所进行的补充。相比于 Python 内置模块,numpy.random 在大规模多种类生成随机数时显得

更加高效。

这一节将通过一个简单的随机漫步案例来学习，下面使用 Numpy 数组来实现，在此之前，先来看一些常用的 random 库函数，如表 10-4 所示。

表 10-4 常用的 random 库函数

函 数	功 能	备 注
seed()	确定随机数生成器的种子	Python 在默认情况下会自动选取系统时间作为随机种子
shuffle()	将传入的序列随机排列后返回	—
rand()	产生均匀分布的样本值	—
randint()	生成随机整数，可指定上下限范围	—
randn()	产生标准正态分布（期望为 0，方差为 1）的样本值	期望和方差不可通过设置参数进行调整
normal()	产生正态分布的样本值	默认为标准正态分布，期望和方差可以通过设置参数进行调整
uniform()	产生在[0,1)中均匀分布的样本值	—

【例 10-2】 假设有一个会走路的机器人，它每次走路只有两种可能：向前走一步或者向后退一步，并且这两种可能出现的概率是相同的，然后让这个机器人走 1000 步，那么，它行走的过程也就是一个随机漫步的过程，即每一步都可能向前一步或者向后一步。

参考代码：

```
import random                                  # 引入 random 库，用于生成随机数
position = 0                                   # 设置初始位置为 0
walk = [position]
steps = 1000                                   # 设置步数
for i in range(steps):
    step = 1 if random.randint(0,1) else - 1   # 每步向前一步或者向后一步
    position += step
    walk.append(position)
print(walk)
```

这个程序最后会打印机器人每一步走完后的位移值，程序运行结果如图 10-13 所示。

由于 Python 的 random 模块会自动选取系统时间作为随机种子，因此每次运行时生成的随机值都是不一样的，如果需要它像 C 语言那样不自动重置随机种子，就一定要手动设置它的随机种子。

以上是一个比较简单的随机漫步的例子，使用 Python 的基本模块就可以实现。更进一步，若让这个机器人进行 5000 次随机漫步，每次漫步 1000 步，并且要求将这些漫步的结果整合在一起分析，只用 Python 的基本模块实现就会比较困难，此时 Numpy 数组将会成为一个很好的工具。

【例 10-3】 使用 Numpy 实现随机漫步。

```
>>> print(walk)
[0, 1, 0, -1, -2, -1, -2, -1, -2, -3, -4, -5, -4, -3, -2, -3, -4, -3, -2, -1, -2, -3, -4, -3, -4, -3, -4, -3
, -2, -1, -2, -1, 0, -1, -2, -1, 0, -1, 0, -1, -2, -3, -2, -1, -2, -3, -2, -1, 0, 1, 2, 3, 4, 3, 2, 1, 0, 1,
0, -1, -2, -3, -2, -3, -2, -1, 0, -1, -2, -1, 0, -1, 0, -1, 0, 1, 2, 1, 2, 1, 2, 1, 2, 1, 2, 1, 0, 1, 0, 1,
2, 3, 4, 3, 2, 1, 2, 3, 4, 5, 6, 5, 6, 5, 4, 5, 4, 3, 4, 5, 6, 7, 6, 5, 6, 7, 8, 7, 6, 7, 6, 7, 8, 9, 10, 11
, 10, 11, 10, 11, 10, 11, 10, 11, 10, 11, 12, 11, 10, 9, 8, 7, 8, 7, 8, 7, 8, 7, 6, 7, 6, 5, 6, 7, 6, 7, 6,
5, 4, 3, 4, 5, 6, 5, 4, 5, 6, 7, 6, 7, 6, 5, 4, 3, 4, 3, 4, 3, 2, 3, 2, 1, 0, -1, 0, -1, -2, -1, 0, -1, -2,
-3, -4, -3, -2, -1, -2, -1, 0, 1, 0, 1, 2, 3, 4, 5, 4, 5, 4, 5, 6, 5, 6, 5, 6, 7, 6, 7, 8, 9, 10, 11, 12, 11
, 10, 11, 10, 9, 10, 11, 12, 11, 10, 11, 10, 9, 10, 9, 8, 9, 8, 9, 10, 11, 10, 9, 10, 9, 8, 9, 10, 9, 10, 9,
10, 11, 10, 9, 8, 9, 10, 9, 10, 11, 10, 11, 12, 13, 12, 13, 14, 15, 14, 13, 12, 11, 12, 13, 14, 13, 12, 11,
10, 11, 10, 9, 8, 9, 8, 9, 10, 9, 8, 9, 10, 9, 8, 7, 6, 7, 8, 9, 8, 9, 8, 7, 8, 7, 6, 7, 6, 7, 6, 5, 4, 5, 6
, 5, 6, 7, 6, 7, 8, 9, 10, 11, 12, 13, 12, 13, 12, 13, 12, 13, 14, 15, 16, 17, 16, 15, 14, 15, 14, 15, 16, 1
5, 16, 15, 16, 17, 18, 17, 16, 17, 16, 15, 16, 17, 16, 17, 16, 15, 16, 15, 16, 15, 14, 13, 14, 13, 14, 15, 1
4, 13, 14, 15, 14, 15, 14, 13, 12, 13, 14, 13, 14, 13, 14, 15, 14, 15, 16, 15, 14, 13, 12, 13, 14, 13, 12, 1
1, 12, 11, 12, 11, 12, 11, 12, 11, 12, 13, 12, 13, 12, 11, 12, 11, 12, 13, 14, 13, 14, 13, 12, 13, 12, 13, 1
4, 13, 14, 15, 16, 17, 18, 17, 16, 17, 18, 17, 18, 19, 20, 21, 20, 21, 20, 21, 22, 21, 20, 21, 22, 23, 24, 2
3, 24, 25, 24, 23, 24, 23, 22, 21, 22, 23, 24, 23, 22, 23, 22, 23, 22, 21, 20, 19, 20, 21, 20, 21, 20, 19, 2
0, 19, 20, 19, 20, 21, 22, 21, 20, 19, 18, 19, 20, 21, 22, 21, 22, 23, 24, 25, 24, 23, 24, 23, 22, 21, 20, 2
1, 22, 21, 22, 21, 22, 23, 22, 21, 20, 19, 20, 21, 20, 21, 20, 21, 22, 21, 22, 23, 22, 23, 24, 23, 24, 25, 2
6, 25, 26, 27, 28, 27, 28, 27, 26, 27, 26, 27, 28, 29, 30, 29, 28, 27, 28, 29, 28, 27, 26, 27, 28, 27, 28, 2
9, 28, 29, 28, 27, 26, 27, 28, 29, 28, 27, 26, 27, 28, 27, 28, 29, 28, 29, 28, 29, 30, 31, 32, 33, 34, 35, 3
6, 37, 36, 35, 36, 37, 36, 35, 36, 37, 38, 37, 36, 35, 34, 35, 36, 35, 34, 35, 34, 33, 34, 33, 34, 35, 34, 3
3, 34, 33, 34, 33, 32, 33, 32, 31, 30, 29, 30, 31, 30, 29, 30, 29, 28, 29, 30, 29, 30, 29, 28, 27, 26, 27, 2
6, 27, 26, 25, 24, 23, 22, 21, 20, 21, 22, 23, 22, 21, 20, 19, 18, 17, 18, 19, 18, 19, 18, 19, 18, 19, 18, 1
9, 18, 19, 20, 19, 20, 19, 18, 17, 16, 17, 16, 15, 16, 15, 16, 17, 16, 15, 14, 15, 16, 17, 16, 15, 14, 13, 1
4, 15, 16, 15, 16, 15, 16, 17, 18, 17, 18, 19, 18, 17, 16, 17, 18, 17, 16, 15, 16, 17, 18, 17, 16, 17, 16, 1
5, 16, 17, 18, 17, 18, 19, 20, 19, 18, 17, 18, 17, 18, 17, 18, 17, 16, 17, 16, 17, 18, 17, 18, 17, 18, 17, 1
8, 17, 16, 17, 16, 17, 16, 17, 18, 17, 16, 15, 16, 15, 14, 13, 14, 15, 16, 15, 14, 15, 14, 13, 12, 11, 10, 9
, 10, 11, 12, 11, 12, 11, 10, 11, 10, 11, 12, 13, 12, 13, 12, 11, 12, 13, 14, 15, 14, 13, 14, 13, 14, 15, 16
, 17, 18, 19, 18, 17, 16, 15, 14, 13, 12, 11, 10, 9, 10, 9, 8, 7, 6, 7, 6, 5, 4, 3, 4, 5, 6, 5, 6, 5, 4, 3,
4, 5, 6, 7, 6, 5, 6, 7, 8, 9, 10, 9, 8, 9, 8, 9, 8, 9, 8, 7, 8, 9, 10, 9, 8, 9, 8, 9, 8, 9, 8, 7, 8, 7, 8, 7
, 6, 7, 6, 5, 6, 5, 6, 7, 8, 9, 10, 11, 10, 11, 12, 13, 12, 13, 14, 13, 12, 11, 12, 11, 12, 11, 12, 11, 12,
11, 10, 11, 10, 11, 10, 9, 10, 11, 12, 13, 12, 13, 12, 11, 10, 11, 12, 11, 10, 9, 8, 7, 8, 9, 8, 9, 10, 9, 8
, 9, 8, 9, 10, 11, 10, 9, 10, 9, 10, 9, 8, 7, 8, 7, 8, 9, 10, 9, 10, 9, 10, 11, 10, 11, 12, 13, 14, 15, 16,
15, 14, 13, 12, 13, 12, 13, 14, 15, 16, 17, 18, 17, 18, 17, 16, 15, 16, 15, 14, 15, 16, 17, 18, 19, 18, 17,
16, 17, 18, 17, 18, 19, 18, 19, 20, 19, 20, 21, 22]
```

图 10-13　例 10-2 的运行结果

参考代码：

```
import numpy as np
nwalks = 5000                                    #漫步 5000 次
nsteps = 1000                                    #每次漫步 1000 步
#生成一个 nwalks 行,nsteps 列的随机布尔矩阵(元素只有 0/1 的矩阵)
draws = np.random.randint(0,2,size = (nwalks,nsteps))
steps = np.where(draws > 0,1, - 1)               #将矩阵中所有的 0 转换为 1
```

我们先来运行一下这些代码：

```
>>> print(steps)
[[ 1 - 1 - 1 ... - 1 1 - 1]
[ 1 - 1 - 1 ... 1 1 1]
[ 1 1 1 ... 1 - 1 - 1]
...
[ - 1 - 1 1 ... - 1 - 1 - 1]
[ - 1 1 1 ... - 1 1 1]
[ - 1 1 1 ... 1 1 - 1]]
>>>
```

这段代码生成了一个反映机器人行走状态的二维 ndarray,这个机器人第 2017 次漫步的第 720 步的行走状态：

```
>>> steps[2017][720]
- 1
```

返回值为－1 说明机器人在这里前进了一步,如果返回值为 1,则说明它在此后退了一步[①]。

① 由于 1 和－1 是随机生成的,因此每次运行程序得到的值可能会有所不同。

通过 ndarray 的 cumsum()函数,可以方便地将步数转化为反映机器人位移的数组：

```
>>> walks = steps.cumsum(1)                    # cumsum()为累计求和函数,参数 1 表示按行求和
>>> walks
array([[ 1, 0, -1, ..., 14, 15, 14],
       [ 1, 0, -1, ..., -6, -5, -4],
       [ 1, 2, 3, ..., -38, -39, -40],
       ...,
       [ -1, -2, -1, ..., 58, 57, 56],
       [ -1, 0, 1, ..., 12, 13, 14],
       [ -1, 0, 1, ..., -58, -57, -58]], dtype = int32)
>>>
```

如果想筛选出 5000 次漫步中最远漫步距离(相对于初始位置的偏移)超过 30 步的漫步,可以这么做：

```
>>> hits30 = (np.abs(walks)> = 30).any(1)      # any(1/0)按数组行/列判断,每行/列中存在
# True 则返回一个 True
>>> hits30
array([False, False, True, ..., True, True, True])
>>> len(np.where(hits30 == True)[0])           # where()为条件查找函数
3345
>>>
```

可见,5000 次漫步中最大偏移超过 30 的有 3345 次。

此外,还可以结合 argmax()函数找出以上漫步中,机器人最早一次偏移为 30 是在哪一步：

```
>>> crossing_times = (np.abs(walks[hits30])> = 30).argmax(1)    # argmax()会返回数组中第一个
# 最大值的下标(布尔型数组返回第一个 True 的坐标)
>>> crossing_times
array([887, 875, 589, ..., 587, 279, 295], dtype = int64)
>>>
```

从概率论的角度,这个机器人漫步到偏移为 30 位置所需要的步数的数学期望是无穷,但如果只需要计算这 3424 次漫步中机器人走到该位置所需要的平均步数,就可以使用 mean()函数：

```
>>> crossing_times.mean()
503.27204783258594
```

10.3 Pandas

Pandas 是现在数据分析社区所使用的最热门的工具之一,它是由 Wes McKinne 于 2008 年基于 Numpy 构建的,近年来 Pandas 库经过许多优秀的程序员与数据分析师的不断修改与完善,已经成长为了一个非常强大的数据分析工具。Pandas 是专门为处理表格和混杂数据设计的,正确使用 Pandans 可以使数据预处理、清洗、分析工作更加轻松与简单。而 Numpy 更适合处理统一的数值数组数据。Pandas 可以像其他常用库一样,使用 pip install 命令安装,通常情况下遵守以下导入约定：

```
import pandas as pd
from pandas import Series, DataFrame                #这两个函数较为常用,故直接导入本地命名空间
```

Pandas 有两个主要的数据结构：Series 和 DataFrame,它们是使用 Pandas 的基础。

10.3.1 Series

Series 是一种类似于字典的一维数组对象,它由一组数据和数据的索引组成,在生成 Series 时,最少只需要一组数据就可以了,此时,索引由系统自动生成。创建 Series 的语句:

```
pd.Series(list, index = [ ])
```

其中,第一个参数可以是列表,也可以是 ndarray；第二个参数是 Series 中数据的索引,可以省略。

```
>>> from pandas import Series
>>> s = Series([12,34,56,78])
>>> s
0    12
1    34
2    56
3    78
dtype: int64
```

当然,也可以显式设置它的索引:

```
>>> import numpy as np
>>> s = Series([12,34,56,78], index = np.arange(10,50,10))
>>> s
10    12
20    34
30    56
40    78
dtype: int64
```

对已有 Series 的索引,也可以通过赋值的方式修改:

```
>>> s.index = ['a','b','c','d']
>>> s
a    12
b    34
c    56
d    78
dtype: int64
```

需要注意,在修改索引时,索引的数量必须和值的数量相同,能够做到一一对应。和字典一样,Series 的值也不一定仅限于数值类型,事实上任何 Numpy 支持的数据类型都可以被作为 Series 的值传入。

Series 的 values()方法可以以 ndarray 的形式返回 Series 的值:

```
>>> s.values
array([12, 34, 56, 78], dtype = int64)
```

可以使用和字典类似的方式来实现对 Series 的索引和数值更新：

```
>>> s['a']
12
>>> s['c'] = 30
```

与字典不同的是，Series 还可以通过传入一个索引列表来实现对多个值的选取：

```
>>> s[['b','c','d']]
b    34
c    30
d    78
dtype: int64
```

Numpy 的数组运算都可以应用在 Series 上，此时参与运算的是 Series 的值：

```
>>> s/2
a    6.0
b    17.0
c    15.0
d    39.0
dtype: float64
>>> np.sqrt(s)
a    3.464102
b    5.830952
c    5.477226
d    8.831761
dtype: float64
>>> np.add(s,s)
a    24
b    68
c    60
d    156
dtype: int64
```

当根据布尔型数组过滤 Series 数值时，索引和值之间的对应关系会被保留：

```
>>> s[s <= 30]
a    12
c    30
dtype: int64
```

当两个不同的 Series 进行四则运算时，只有两个 Series 中相同索引的值会参与运算，仅在其中一个 Series 中出现的索引在结果中会被保留，但统一赋值为 NaN：

```
>>> s1 = Series([10,20,30,40],index = ['a','b','e','f'])
>>> s1 + s
a    22.0
b    54.0
c    NaN
```

```
d    NaN
e    NaN
f    NaN
dtype: float64
```

Series 和 ndarray 之间的主要区别在于 Series 之间的操作需要根据索引自动对齐数据。

10.3.2 DataFrame

DataFrame 是一个表格型的数据结构，它既有行索引又有列索引，与 Excel 表格的格式非常相似，因此，大部分的.csv、.xlsx 文件都可以被很方便地读取成 DataFrame 格式，这个特点也使得 DataFrame 成为 Python 数据分析的一大利器。

DataFrame()函数是 DataFrame 数据结构最常用的构造器，它可以接受很多种类型的数据，下面介绍比较常用的几种，如表 10-5 所示。

表 10-5 常用的数据类型

数据类型	解释	例子
不传入数据	生成一个空 DataFrame	—
由列表组成的列表或二维 ndarray	系统自动生成行标列标，也可以通过参数显式设置	[[1,2,3,4],[5,6,7,8]]
由 Series 组成的字典	字典的键成为行索引，每个 Series 成为一列	{1: Series(data1), 2: Series(data2)}
由字典组成的字典	外层字典的键成为行索引，内层字典的键成为列索引	{1: {01: data1}, 2: {02: data2}}
由列表组成的字典	字典的键成为列索引，如未显式指定行索引则由系统自动生成	{'bill': [2000,3000,5000,600], 'tips': [200,250,350,40], 'name': ['zhao','qian','sun','li']}

这些方法中，比较常用的是用一组等长列表或 ndarray 组成的字典来构建：

```
>>> from pandas import Series, DataFrame
>>> frame = DataFrame({'bill':[2000,3000,5000,600],
                'tips':[200,250,350,40],
                'name':['zhao','qian','sun','li']})
>>> frame
   bill tips name
0  2000  200  zhao
1  3000  250  qian
2  5000  350   sun
3   600   40    li
>>>
```

可以通过字典标记或属性的方式选取 DataFrame 的一列，Pandas 将会以 Series 的形式返回这一列：

```
>>> frame.bill
0    2000
1    3000
```

```
2     5000
3     600
Name: bill, dtype: int64
>>> frame['bill']
0     2000
1     3000
2     5000
3     600
Name: bill, dtype: int64
>>>
```

Series 的很多操作也可以用在 DataFrame 结构上：

```
>>> frame[frame['bill']> 2000]
   bill  tips  name
1  3000   250  qian
2  5000   350   sun
>>> frame.index = ['table1','table2','table3','table4']   # 设置索引
>>> print(frame.index)
Index(['table1', 'table2', 'table3', 'table4'], dtype = 'object')
>>> frame
        bill  tips  name
table1  2000   200  zhao
table2  3000   250  qian
table3  5000   350   sun
table4   600    40    li
>>> frame['bill']['table2']                    # 使用递归索引的方式选取特定的值
3000
>>> frame.loc['table1':'table3','bill':'name'] # loc()方法对 DaraFrame 进行切片操作
        bill  tips  name
table1  2000   200  zhao
table2  3000   250  qian
table3  5000   350   sun
>>> frame.iloc[0:3,0:2]                        # iloc()切片索引方法，只接受索引的位置数值
        bill  tips
table1  2000   200
table2  3000   250
table3  5000   350
>>>
```

如果需要给 DataFrame 中未定义的列赋值，DataFrame 会自动创建一个新列：

```
>>> frame['waiter_number'] = [4463,1080,7110,4869]
>>> frame
        bill  tips  name  waiter_number
table1  2000   200  zhao           4463
table2  3000   250  qian           1080
table3  5000   350   sun           7110
table4   600    40    li           4869
>>>
```

如果需要删除一列，可以使用 Python 内置的 del()方法：

```
>>> del frame['waiter_number']
>>> frame
        bill  tips  name
table1  2000   200  zhao
table2  3000   250  qian
table3  5000   350   sun
table4   600    40    li
>>>
```

和 Series 类似，DataFrame 的 values()方法会以二维 ndarray 的形式返回它的值，如果表格中的数据类型不全相同，DataFrame 会自动选取能兼容所有数据的数据类型作为返回值的数据类型：

```
>>> frame.values
array([[2000, 200, 'zhao'],
       [3000, 250, 'qian'],
       [5000, 350, 'sun'],
       [600, 40, 'li']], dtype = object)
>>>
```

10.3.3 索引对象 Index 简介

在前面已经接触到了很多 Series 和 DataFrame 的索引操作，这些操作都是得益于索引对象 Index 才能够实现的。

在构建 Series 或 DataFrame 时，都需要指定或由系统各自生成相应的索引，使用 Index()方法就可以获得索引列表：

```
>>> index = frame.index
>>> index
Index(['table1', 'table2', 'table3', 'table4'], dtype = 'object')
>>> index[0] = 'table5'
Traceback (most recent call last):
  File "<pyshell#21>", line 1, in <module>
    index[0] = 'table5'
  File "D:\ProgramData\Anaconda3\lib\site-packages\pandas\core\indexes\base.py", line
2065, in __setitem__
    raise TypeError("Index does not support mutable operations")
TypeError: Index does not support mutable operations
>>>
```

为了确保 Index 可以在多个不同数据结构之间共享而不出现报错，Index 对象是不可修改的。

【例 10-4】 疫情数据分析。在第 8 章中，用 open()函数打开 txt 文件，分析相应的疫情数据。相应的 txt 文件中，数据的组织结构类似 Excel 数据，一条记录一行存放在 txt 文件中，在此例中，利用 Pandas 的 opencsv()函数打开 txt 文件，分析相应的数据，对比两种方法的异同。

参考代码：

```
In [2]: import pandas as pd

In [3]: a =pd.read_csv('covid19hubei.txt',encoding='gbk')

In [4]: b=a.iloc[:,4]#选取对应列数据

In [5]: a
Out[5]:
```

	日期	省市	确诊	死亡	治愈
0	1/22/2020	湖北	444	17	28
1	1/23/2020	湖北	444	17	28
2	1/24/2020	湖北	549	24	31
3	1/25/2020	湖北	761	40	32
4	1/26/2020	湖北	1058	52	42
5	1/27/2020	湖北	1423	76	45
6	1/28/2020	湖北	3554	125	80
7	1/29/2020	湖北	3554	125	88

```
In [13]: b
Out[13]: 0      28
         1      28
         2      31
         3      32
         4      42
         5      45
         6      80
         7      88
         8      90
         9     141
         10    168

In [15]: c=[]
         for i in range (1,60):
             c.append(b[i]-b[i-1])

In [16]: d=max(c)

In [17]: d
Out[17]: 3418

In [18]: i
Out[18]: 59

In [19]: c.index(d)
Out[19]: 30

In [20]: b[30]
Out[20]: 11881

In [21]: a.iloc[30]
Out[21]: 日期    2/21/2020
         省市           湖北
         确诊        62662
         死亡         2144
         治愈        11881
         Name: 30, dtype: object

In [22]: a.iloc[30][0]
Out[22]: '2/21/2020'
```

注：这里的代码以代码图片的方式呈现，因为此处使用的是 Jupyter Notebook，它是数据分析最常用的代码编辑解释工具，其优势在于可以随时输出之前定义的变量，并且数据的交互性非常好。为了体现这种"随时对已有变量进行查阅"的特点，这部分的代码与其及时反馈结果均以截图的形式统一呈现。

下面介绍 read_csv()函数[①]。read_csv()函数不仅可以读取 csv 文件，同样可以直接读入 txt 文件，默认分隔符为逗号，且默认文本中第一行为标题，即 header。也可以手动设置标题，这时需要设置 names 参数。当读取无标题文件时，或者将文本中第一行也作为数据读入时，这时应该设置 header 参数为 None。

参数：

(1) filepath_or_buffer：str，pathlib。str，pathlib. Path，py. _path. local. LocalPath or any object with a read() method (such as a file handle or StringIO)，表示文件路径或数据缓存地址。

(2) sep：str，default ','，指定分隔符。如果不指定参数，默认使用逗号分隔。如果分隔符长于一个字符并且不是'\s+'，将使用 Python 的语法分析器，并忽略数据中的逗号。正则表达式例子：'\r\t'。

(3) delimiter：str，default None，定界符，备选分隔符(如果指定该参数，则 sep 参数失效)。

(4) header：read_csv()读取时会自动识别表头，数据有表头时不能设置 header 为空(默认获取第一行，即 header=0)；数据无表头时，若不设置 header，第一行数据会被视为表头，应传入 names 参数设置表头名称或设置 header=None。

(5) names：array-like，default None，用于结果的列名列表，如果数据文件中没有列标题行，就需要执行 header=None。默认列表中不能出现重复，除非设定参数 mangle_dupe_cols=True。

(6) index_col：int or sequence or False，default None，用作行索引的列编号或者列名，如果给定一个序列则有多个行索引。如果文件不规则，行尾有分隔符，则可以设定 index_col=False 来使得 Pandas 不使用第一列作为行索引。

(7) usecols：array-like，default None，返回一个数据子集，该列表中的值必须可以对应到文件中的位置(数字可以对应到指定的列)或者是字符传为文件中的列名。例如，usecols 有效参数可能是 [0,1,2]或者是['foo'，'bar'，'baz']。使用这个参数可以加快加载速度并降低内存消耗。

【例 10-5】 股票数据的简单分析与可视化。数据挖掘是通过对大量的数据进行排序，挑选出相关信息的过程，它一般由商业情报机构和金融分析师所使用，而且正日益被用在科学领域，从现代实验和观测方法所产生的巨大数据集中提取信息。本例中，使用 Pandas 中的 DataReader 对一些公司的股票价格进行初步的统计。

参考代码：

```
import numpy as np                                          #导入第三方库
import pandas as pd
from pandas_datareader import data,wb
```

① 函数官网介绍见 http://pandas.pydata.org/pandas-docs/stable/generated/pandas.read_csv.html。

```
goog = data.DataReader('GOOG',data_source = 'yahoo')                    # 从互联网读入数据
goog.head()                                                             # 查看数据概览
goog.tail()
goog['log_ret'] = np.log(goog['Close']/goog['Close'].shift(1))          # 实现对波动率的计算
#goog['volatility'] = pd.rolling_std(goog['log_ret'],window = 252) * np.sqrt(252)   # 会报错
%matplotlib inline                                                      # 绘制图形
goog[['Close']].plot(subplots = True,color = 'Red',figsize = (8,6))
goog[['Adj Close']].plot(subplots = True,color = 'Red',figsize = (8,6))      # 似乎中间有除权的行
# 为影响了判断。用除权后的价格进行计算
#goog['volatility'] = pd.rolling_std(goog['log_ret'],window = 252) * np.sqrt(252)
goog[['Adj Close']].plot(subplots = True,color = 'Red',figsize = (8,6))
# 用除权后的数据避免了断崖式的缺口,但是,规律仍旧不是非常明显,再用收益率试一试
goog['log_ret'] = np.log(goog['Adj Close']/goog['Adj Close'].shift(1))
#goog['volatility'] = pd.rolling_std(goog['log_ret'],window = 252) * np.sqrt(252)
```

波动率图形如图 10-14 所示。

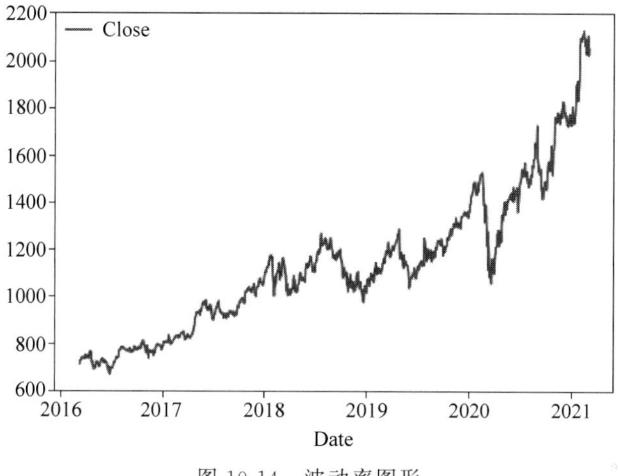

图 10-14　波动率图形

除权后的价格如图 10-15 所示。

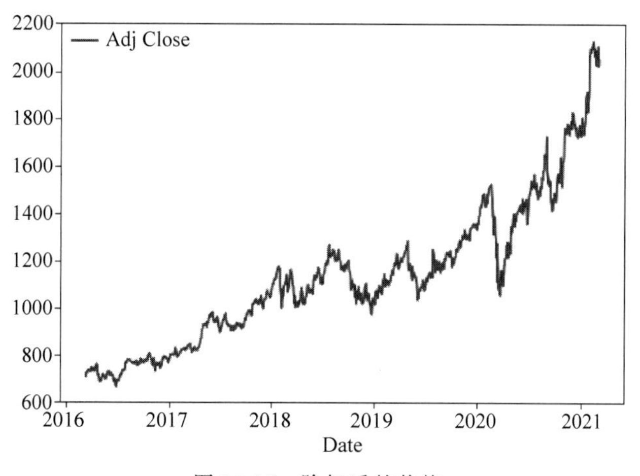

图 10-15　除权后的价格

收益效率如图 10-16 所示。

```
array([<matplotlib.axes._subplots.AxesSubplot object at 0x00000178EF83D048>],
      dtype=object)
```

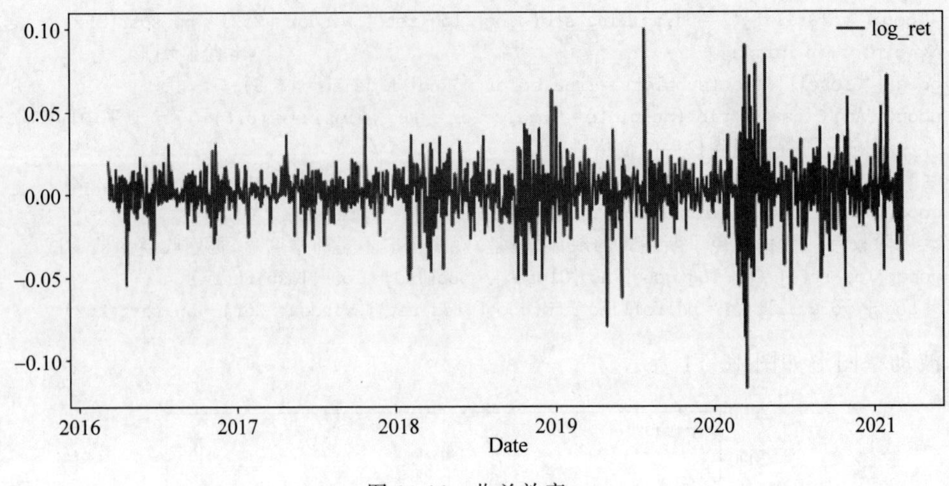

图 10-16　收益效率

10.4　综合案例：期刊文献分析

分析目标：文件期刊汇总. xlsx 中，收集了部分 cssci 期刊中的部分文献，现要求将文件中的文献的标题“Title-提名”列内容进行分词并做词频统计，筛选出其中的关键词，并加上各个期刊的影响因子进行计算。计算公式：

$$标题分词加权频率 = 该分词出现次数 \times 所在期刊影响因子$$

文件“影响因子. xlsx”中标记了各个期刊的影响因子[①]，数据预览如图 10-17 所示。其中 A 列为期刊名称，B 列“综合值”为该期刊对应的影响因子。

	A	B	C	D	E	F
1	期刊名称	综合值				
2	**管理世界**	**3.0000**				
3	南开管理评论	2.1368				
4	中国软科学	1.6018				
5	科研管理	1.5935				
6	科学学研究	1.3646				
7	公共管理学报	1.3430				
8	管理科学学报	1.1971				
9	管理科学	1.0844				
10	科学学与科学技术管理	1.0393				
11	研究与发展管理	0.9784				
12	外国经济与管理	0.9428				
13	管理工程学报	0.8616				
14	管理学报	0.7583				
15	中国行政管理	0.7000				
16	管理评论	0.6949				
17	中国管理科学	0.6610				

图 10-17　期刊影响因子数据预览

① 该影响因子数据更新于 2021 年 10 月。

10.4.1　前期准备

需要用到的库有 Pandas(数据分析常用工具)、Matplotlib(科学绘图工具)、xlrd(读取.xlsx 类型文件所需要的库)、PyQt5(GUI 界面制作)、QT designer 和 jieba(中文语句处理工具,分词用)。xlsx 文件概览如图 10-18 所示。其中“Title-题名”是文章的标题,“Source-文献”来源是刊载该文章的期刊。

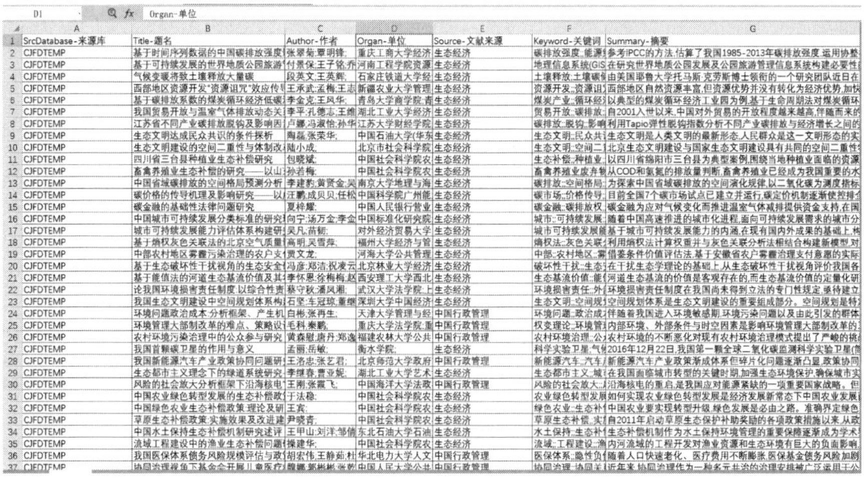

图 10-18　xlsx 文件概览

```
from pandas import Series,DataFrame           #直接导入 Pandas 库中两个比较常用的函数
import pandas as pd
import jieba
journal = pd.read_excel("期刊汇总.xlsx")  #读取 xlsx 数据文件
```

注意,这种写法需要保证 xlsx 文件与脚本文件在同一目录下,否则,需要输入 xlsx 文件的完整路径。Pandas 的 read_excel()函数会将 xlsx 文件读成一个 DataFrame,读取结果如图 10-19 所示。

```
>>> journal
   SrcDatabase-来源库                                   Title-题名  \
0        CJFDTEMP                 基于时间序列数据的中国碳排放强度影响
因素协整分析
1        CJFDTEMP   基于可持续发展的世界地质公园旅游管理信息系统设计—
—以伏牛山世界地质公园为例
2        CJFDTEMP                          气候变暖将致土壤释放大量碳
3        CJFDTEMP                西部地区资源开发“资源诅咒”效应传导
机制与测度
4        CJFDTEMP                    基于碳排放系数的煤炭循环经济低碳
潜力计量
5        CJFDTEMP                    我国贸易开放与温室气体排放动态关系
实证研究
6        CJFDTEMP                    江苏省不同产业碳排放脱钩及影响因
素研究
7        CJFDTEMP                        生态文明达成民众共识的条件探
析
8        CJFDTEMP                生态文明建设的空间二重性与体制改革—
—以北京为例
9        CJFDTEMP                        四川省三台县种植业生态补偿研
究
10       CJFDTEMP                畜禽养殖业生态补偿的研究——以山东省
烟台市为例
11       CJFDTEMP                        中国省域碳排放的空间格局预测
分析
12       CJFDTEMP                碳价格的传导机理及影响研究——以广东
碳市场为例
13       CJFDTEMP                         碳金融的基础性法律问题研究
14       CJFDTEMP                  中国城市可持续发展分类标准的研究现状
```

图 10-19　文件读取结果

由于该数据集的数据量较大，因此在显示时会出现如上格式混乱的情况，可以对信息进行一些筛选，在这个项目中，仅需对题名（即标题名）和文献来源（即期刊名称）两个关键词进行分析，所以只读取两列内容，重新筛选后的结果如图 10-20 所示。

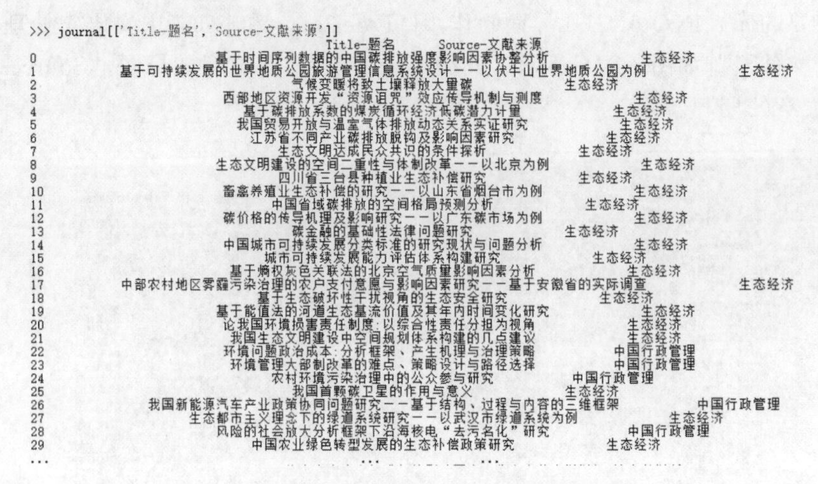

图 10-20　筛选后的结果

10.4.2　中文分词

首先将每一条标题名的内容读取出来，并使用 jieba 分词，然后再按照期刊名称(Source)进行分类，在这里使用字典 gerne 来完成这项工作，字典的结构如表 10-6 所示。

表 10-6　字典的结构

键(字符串)	值(列表)
期刊名称(Source)	该期刊下标题的分词列表

在字典 gerne 中，键是期刊列表中的 Source 列的所有元素的无重复集合，字典的值是 Source 列下所有文章的题目经过分词处理后合并而成的列表，期刊的数量为字典中元素的个数。以《生态经济》为例，显示数据文件中所有该刊源文献标题中的分词，显示效果如图 10-21 所示。

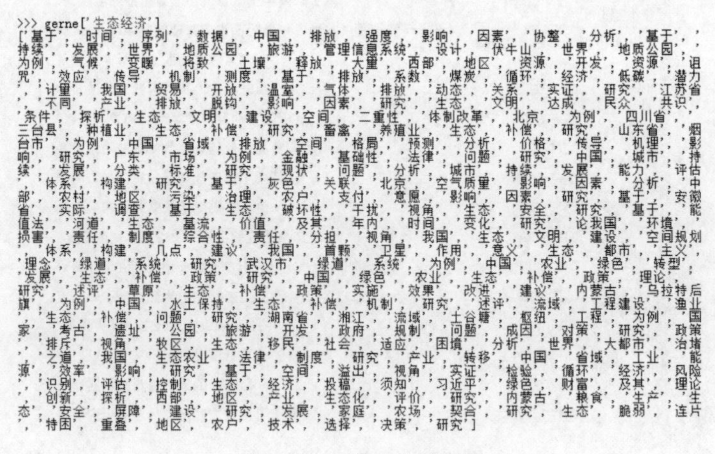

图 10-21　期刊分析列表

原始数据中，Source 列包含很多重复性的值，为了确定字典的键，可以使用 DataFrame 的 unique 功能来去除重复元素，在初始化时统一将字典 gerne 的值设置为空列表，代码如下：

```
gerne = {}
for i in journal['Source - 文献来源'].unique():
    gerne[i] = []
```

查看生成的字典，如图 10-22 所示。

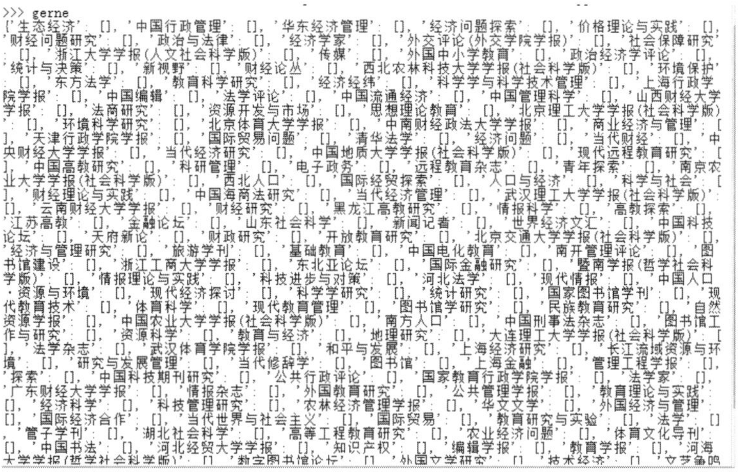

```
>>> gerne
{'生态经济': [], '中国行政管理': [], '华东经济管理': [], '经济问题探索': [], '价格理论与实践': [],
'财经问题研究': [], '政治与法律': [], '经济学家': [], '外交评论(外交学院学报)': [], '社会保障研究'
: [], '浙江大学学报(人文社会科学版)': [], '传媒': [], '外国中小学教育': [], '政治经济学评论': [],
'统计与决策': [], '新视野': [], '财经论丛': [], '西北农林科技大学学报(社会科学版)': [], '环境保护'
: [], '东方法学': [], '教育科学研究': [], '经济经纬': [], '科学学与科学技术管理': [], '上海行政学
院学报': [], '中国编辑': [], '法学评论': [], '中国流通经济': [], '中国管理科学': [], '山西财经大学
学报': [], '法商研究': [], '资源开发与市场': [], '思想理论教育': [], '北京理工大学学报(社会科学版)
': [], '环境科学研究': [], '北京体育大学学报': [], '中南财经政法大学学报': [], '商业经济与管理': [
], '天津行政学院学报': [], '国际贸易问题': [], '清华法学': [], '经济问题': [], '当代财经': [], '中
央财经大学学报': [], '当代经济研究': [], '中国地质大学学报(社会科学版)': [], '现代远程教育研究': [
], '中国高教研究': [], '科研管理': [], '电子政务': [], '远程教育杂志': [], '青年探索': [], '南京农
业大学学报(社会科学版)': [], '西北人口': [], '国际经贸探索': [], '人口与经济': [], '科学与社会': [
], '财经理论与实践': [], '中国海商法研究': [], '当代经济管理': [], '武汉理工大学学报(社会科学版)':
[], '云南财经大学学报': [], '财经研究': [], '黑龙江高教研究': [], '情报科学': [], '高教探索': [],
'江苏高教': [], '金融论坛': [], '山东社会科学': [], '新闻记者': [], '世界经济文汇': [], '中国科技
论坛': [], '天府新论': [], '财政研究': [], '开放教育研究': [], '北京交通大学学报(社会科学版)': [],
'经济与管理研究': [], '旅游学刊': [], '基础教育': [], '中国电化教育': [], '南开管理评论': [], '图
书馆建设': [], '浙江工商大学学报': [], '东北亚论坛': [], '国际金融研究': [], '暨南学报(哲学社会科
学版)': [], '情报理论与实践': [], '科技进步与对策': [], '河北法学': [], '现代情报': [], '中国人口
·资源与环境': [], '现代经济探讨': [], '科学学研究': [], '统计研究': [], '国家图书馆学刊': [], '现
代教育技术': [], '体育科学': [], '现代教育管理': [], '图书馆学研究': [], '民族教育研究': [], '自然
资源学报': [], '中国农业大学学报(社会科学版)': [], '南方人口': [], '中国刑事法杂志': [], '图书馆工
作与研究': [], '资源科学': [], '教育与经济': [], '地理研究': [], '大连理工大学学报(社会科学版)': [
], '法学杂志': [], '武汉体育学院学报': [], '和平与发展': [], '上海经济研究': [], '长江流域资源与环
境': [], '研究与发展管理': [], '当代修辞学': [], '图书馆': [], '上海金融': [], '管理工程学报': [],
'探索': [], '中国科技期刊研究': [], '公共行政评论': [], '国家教育行政学院学报': [], '法学家': [],
'广东财经大学学报': [], '情报杂志': [], '外国教育研究': [], '公共管理学报': [], '教育理论与实践':
[], '经济科学': [], '科技管理研究': [], '农林经济管理学报': [], '华文文学': [], '外国经济与管理':
[], '国际经济合作': [], '当代世界与社会主义': [], '国际贸易': [], '教育研究与实验': [], '法学': []
, '管子学刊': [], '湖北社会科学': [], '高等工程教育研究': [], '农业经济问题': [], '体育文化导刊':
[], '中国书法': [], '河北经贸大学学报': [], '知识产权': [], '编辑学报': [], '教育学报': [], '河海
大学学报(哲学社会科学版)': [], '数字图书馆论坛': [], '外国文学研究': [], '技术经济': [], '文艺争鸣
```

图 10-22　生成字典 gerne

生成字典之后，需要补充字典的值。使用 jieba 库的 lcut()函数对每条标题名进行分词，由于 lcut()函数的返回值为列表类型，因此可以直接把它符合条件的所有元素添加到 gerne 字典的相应位置，代码如下：

```
for i in journal.index:
    for word in jieba.lcut(journal['Title - 题名'][i]):
        if len(word) == 1:                    # 排除单个字符的分词结果
            continue
        else:
            gerne[ journal['Source - 文献来源'][i] ].append(word)
```

以《生态经济》期刊为例，生成的字典如图 10-23 所示。其中，字典的值为数据文件中该期刊源的文献标题分词后生成的列表。分词工作结束，已经将原始数据“放入”字典数据结构中。

10.4.3　词频统计

在 gerne 字典的基础上，生成一个包含每一个分词加权词频统计的二重字典 counts，以《生态经济》期刊为例，字典效果如图 10-24 所示。其中，该字典的键是分词，对应的值是该词的加权词频统计。字典结构如表 10-7 所示。

图 10-23 生成的字典

```
>>> counts['生态经济']
{'基于': 0.6432000000000001, '时间': 0.1608, '序列': 0.0804, '数据': 0.0804, '中国': 0.5628000000000001, '排放': 0.402, '强度': 0.0804, '影响': 0.4824000000000005, '因素': 0.3216, '协整': 0.0804, '分析': 0.402, '持续': 0.2412, '发展': 0.402, '世界': 0.2412, '地质公园': 0.1608, '旅游': 0.1608, '管理信息系统': 0.0804, '设计': 0.0804, '伏牛山': 0.0804, '为例': 0.5628000000000001, '气候': 0.0804, '变暖': 0.0804, '将致': 0.0804, '土壤': 0.0804, '释放': 0.0804, '大量': 0.0804, '西部': 0.1608, '地区': 0.3216, '资源': 0.1608, '开发': 0.1608, '诅咒': 0.0804, '效应': 0.0804, '传导': 0.1608, '机制': 0.1608, '测度': 0.0804, '系数': 0.0804, '煤炭': 0.0804, '循环': 0.1608, '经济': 0.2412, '低碳': 0.0804, '潜力': 0.0804, '计量': 0.0804, '我国': 0.3216, '贸易': 0.0804, '开放': 0.0804, '温室': 0.0804, '气体': 0.0804, '动态': 0.0804, '关系': 0.0804, '实证': 0.1608, '研究': 1.8492000000000004, '江苏省': 0.0804, '不同': 0.0804, '产业': 0.2412, '脱钩': 0.0804, '生态': 1.4472000000000003, '文明': 0.2412, '达成': 0.0804, '民众': 0.0804, '共识': 0.0804, '条件': 0.0804, '探析': 0.1608, '建设': 0.2412, '空间': 0.2412, '二重性': 0.0804, '体制改革': 0.0804, '北京': 0.1608, '四川省': 0.0804, '三台县': 0.0804, '种植业': 0.0804, '补偿': 0.5628000000000001, '畜禽': 0.0804, '养殖业': 0.0804, '山东省': 0.0804, '烟台市': 0.0804, '省域': 0.1608, '格局': 0.0804, '预测': 0.0804, '价格': 0.0804, '机理': 0.0804, '广东': 0.0804, '市场': 0.0804, '金融': 0.0804, '基础性': 0.0804, '法律': 0.1608, '问题': 0.3216, '城市': 0.1608, '分类': 0.0804, '标准': 0.0804, '现状': 0.0804, '能力': 0.0804, '评估': 0.1608, '体系': 0.1608, '构建': 0.1608, '灰色': 0.0804, '关联': 0.0804, '空气质量': 0.0804, '中部': 0.0804, '农村': 0.0804, '污染': 0.0804, '治理': 0.0804, '农户': 0.1608, '支付': 0.0804, '意愿': 0.0804, '安徽省': 0.0804, '实际': 0.0804, '调查': 0.0804, '破坏性': 0.0804, '干扰': 0.0804, '视角': 0.3216, '安全': 0.1608, '能值法': 0.0804, '河道': 0.0804, '基流': 0.0804, '价值': 0.0804, '及其': 0.1608, '年内': 0.0804, '变化': 0.0804, '论我国': 0.0804, '环境': 0.0804, '损害': 0.0804, '责任': 0.1608, '制度': 0.1608, '综合性': 0.0804, '分担': 0.0804, '空间规划': 0.0804, '几点': 0.0804, '建议': 0.1608, '首颗': 0.0804, '卫星': 0.0804, '作用': 0.0804, '意义': 0.0804, '都市': 0.0804, '主义': 0.0804, '理念': 0.0804, '绿道': 0.1608, '系统': 0.1608, '武汉市': 0.0804, '农业': 0.1608, '绿色': 0.2412, '转型': 0.0804, '政策': 0.3216, '理论': 0.1608, '述评': 0.1608, '草原': 0.0804, '实施': 0.0804, '效果': 0.0804, '改进': 0.0804, '内蒙古': 0.1608, '乌拉特后旗': 0.0804, '水土保持': 0.0804, '流域': 0.1608, '工程建设': 0.0804, '渔业': 0.0804, '湖南省': 0.0804, '湘江': 0.0804, '土谷塘': 0.0804, '枢纽': 0.0804, '工程': 0.0804, '国家': 0.0804, '考古': 0.0804, '遗址': 0.0804, '公园': 0.0804, '政府': 0.0804, '规制': 0.0804, '成因': 0.0804, '对策': 0.0804, '排斥': 0.0804, '牧区': 0.0804, '移民': 0.0804,
```

图 10-24 counts 字典效果

表 10-7 字典结构

<table>
<tr><td rowspan="2">键(字符串)</td><td colspan="2">值(字典 counts)</td></tr>
<tr><td>键(字符串)</td><td>值(数值)</td></tr>
<tr><td>期刊名称(Source)</td><td>文章标题分词</td><td>分词加权频率</td></tr>
</table>

代码如下:

```
counts = {}                                  #初始化 counts
for i in gerne.keys():
    counts[i] = {}
```

运行结果如图 10-25 所示。

```
>>> counts
{'生态经济': {}, '中国行政管理': {}, '华东经济管理': {}, '经济问题探索': {}, '价格理论与实践': {},
'财经问题研究': {}, '政治与法律': {}, '经济学家': {}, '外交评论(外交学院学报)': {}, '社会保障研究'
: {}, '浙江大学学报(人文社会科学版)': {}, '传媒': {}, '外国中小学教育': {}, '政治经济学评论': {},
'统计与决策': {}, '新视野': {}, '财经论丛': {}, '西北农林科技大学学报(社会科学版)': {}, '环境保护'
: {}, '东方法学': {}, '教育科学研究': {}, '经济经纬': {}, '科学学与科学技术管理': {}, '上海行政学
院学报': {}, '中国编辑': {}, '法学评论': {}, '中国流通经济': {}, '中国管理科学': {}, '山西财经大学
学报': {}, '法商研究': {}, '资源开发与市场': {}, '思想理论教育': {}, '北京理工大学学报(社会科学版)
': {}, '环境科学研究': {}, '北京体育大学学报': {}, '中南财经政法大学学报': {}, '商业经济与管理': {
}, '天津行政学院学报': {}, '国际贸易问题': {}, '清华法学': {}, '经济问题': {}, '当代财经': {}, '中
央财经大学学报': {}, '当代经济研究': {}, '中国地质大学学报(社会科学版)': {}, '现代远程教育研究': {
}, '中国高教研究': {}, '科研管理': {}, '电子政务': {}, '远程教育杂志': {}, '青年探索': {}, '南京农
业大学学报(社会科学版)': {}, '西北人口': {}, '国际经贸探索': {}, '人口与经济': {}, '科学与社会': {
}, '财经理论与实践': {}, '中国海商法研究': {}, '当代经济管理': {}, '武汉理工大学学报(社会科学版)':
{}, '云南财经大学学报': {}, '财经研究': {}, '黑龙江高教研究': {}, '情报科学': {}, '高教探索': {},
'江苏高教': {}, '金融论坛': {}, '山东社会科学': {}, '新闻记者': {}, '世界经济文汇': {}, '中国科技
论坛': {}, '天府新论': {}, '财政研究': {}, '开放教育研究': {}, '北京交通大学学报(社会科学版)': {},
'经济与管理研究': {}, '旅游学刊': {}, '基础教育': {}, '中国电化教育': {}, '南开管理评论': {}, '图
书馆建设': {}, '浙江工商大学学报': {}, '东北亚论坛': {}, '国际金融研究': {}, '暨南学报(哲学社会科
学版)': {}, '情报理论与实践': {}, '科技进步与对策': {}, '河北法学': {}, '现代情报': {}, '中国人口
·资源与环境': {}, '现代经济探讨': {}, '科学学研究': {}, '统计研究': {}, '国家图书馆学刊': {}, '现
代教育技术': {}, '体育科学': {}, '现代教育管理': {}, '图书馆学研究': {}, '民族教育研究': {}, '自然
资源学报': {}, '中国农业大学学报(社会科学版)': {}, '南方人口': {}, '中国刑事法杂志': {}, '图书馆工
作与研究': {}, '资源科学': {}, '教育与经济': {}, '地理研究': {}, '大连理工大学学报(社会科学版)': {
}, '法学杂志': {}, '武汉体育学院学报': {}, '和平与发展': {}, '上海经济研究': {}, '长江流域资源与环
境': {}, '研究与发展管理': {}, '当代修辞学': {}, '图书馆': {}, '上海金融': {}, '管理工程学报': {},
'探索': {}, '中国科技期刊研究': {}, '公共行政评论': {}, '国家教育行政学院学报': {}, '法学家': {},
'广东财经大学学报': {}, '情报杂志': {}, '外国教育研究': {}, '公共管理学报': {}, '教育理论与实践':
{}, '经济科学': {}, '科技管理研究': {}, '农林经济管理学报': {}, '华文文学': {}, '外国经济与管理':
{}, '国际经济合作': {}, '当代世界与社会主义': {}, '国际贸易': {}, '教育研究与实验': {}, '法学': {}
, '管子学刊': {}, '湖北社会科学': {}, '高等工程教育研究': {}, '农业经济问题': {}, '体育文化导刊':
{}, '中国书法': {}, '河北经贸大学学报': {}, '知识产权': {}, '编辑学报': {}, '教育学报': {}, '河海
大学学报(哲学社会科学版)': {}, '数字图书馆论坛': {}, '外国文学研究': {}, '技术经济': {}, '文艺争鸣
': {}, '技术经济与管理研究': {}, '农业技术经济': {}, '现代财经(天津财经大学学报)': {}, '城市问题':
{}, '管理评论': {}, '高校教育管理': {}, '华南农业大学学报(社会科学版)': {}, '软科学': {}, '中国远
程教育': {}}
```

图 10-25　初始化 counts

初始化 counts 字典之后，接下来需要开始计算分词的加权词频。期刊权重的计算往往涉及较复杂的算法，本例中期刊影响因子数据已经提供，读取影响因子数据：

```
weight = pd.read_excel("影响因子.xlsx")
```

运行结果如图 10-26 所示。

```
>>> weight
           期刊名称       综合值
0          管理世界  3.000000
1        南开管理评论  2.136774
2         中国软科学  1.601786
3          科研管理  1.593454
4         科学学研究  1.364582
5        公共管理学报  1.342950
6        管理科学学报  1.197129
7          管理科学  1.084431
8    科学学与科学技术管理  1.039275
9       研究与发展管理  0.978358
10      外国经济与管理  0.942776
11       管理工程学报  0.861593
12         管理学报  0.758350
13       中国行政管理  0.700037
14         管理评论  0.694911
15       中国管理科学  0.661018
16          软科学  0.603277
17       中国科技论坛  0.594960
18     系统工程理论与实践  0.547463
19         经济管理  0.537658
20           预测  0.520436
21      科技进步与对策  0.489651
22       经济体制改革  0.487085
23         系统工程  0.481258
24       科学管理研究  0.480724
25       中国科学基金  0.411743
26       华东经济管理  0.390552
27       科技管理研究  0.363302
```

图 10-26　影响因子

使用 weight_dic 字典对期刊名称和其对应的影响因子进行处理，其结构如表 10-8 所示。

表 10-8 weight_dic 字典结构

键(字符串)	值(数值)
期刊名称(Source)	影响因子(权重)

```
weight_dic = {}
for x in weight.index:
    weight_dic[weight['期刊名称'][x]] = float(weight['综合值'][x])
```

运行结果如图 10-27 所示。

```
>>> weight_dic
{'管理世界': 3.0, '南开管理评论': 2.13677411746766, '中国软科学': 1.601785955068
05, '科研管理': 1.59345435377809, '科学学研究': 1.3645822709286, '公共管理学报':
 1.34295004111092, '管理科学学报': 1.19712879184418, '管理科学': 1.0844312221650
6, '科学学与科学技术管理': 1.03927451083604, '研究与发展管理': 0.978358403037418
, '外国经济与管理': 0.942776105216227, '管理工程学报': 0.861592821081198, '管理
学报': 0.758349781001553, '中国行政管理': 0.700036819352096, '管理评论': 0.69491
1022205299, '中国管理科学': 0.661018071502613, '软科学': 0.603277226551491, '中
国科技论坛': 0.59495996496035, '系统工程理论与实践': 0.547462688803193, '经济管
理': 0.537658445047663, '预测': 0.52043581368851, '科技进步与对策': 0.4896507109
71285, '经济体制改革': 0.487084540953589, '系统工程': 0.481258021499272, '科学管
理研究': 0.480724165704395, '中国科学基金': 0.411742967857593, '华东经济管理': 0
.39055243063842, '科技管理研究': 0.363301703392472, '系统管理学报': 0.3095118668
19334, '马克思主义研究': 2.80663256229852, '求是': 2.31403266334199, '马克思主义
与现实': 2.27570499301293, '国外理论动态': 2.00674190866225, '教学与研究': 1.919
02574724203, '社会主义研究': 1.89358109111381, '红旗文稿': 1.76769843580914, '当
代世界与社会主义': 1.55686094571013, '毛泽东邓小平理论研究': 1.41090004329551, '
中共党史研究': 1.34452953733359, '中国特色社会主义研究': 1.21735176212451, '思想
理论教育导刊': 1.0485013355985, '党史研究与教学': 1.04389964564967, '当代世界社
会主义问题': 1.04167394193881, '科学社会主义': 0.957397778969914, '理论视野': 0.
884672706041707, '哲学研究': 3.0, '哲学动态': 1.19720014189084, '自然辩证法研究'
: 1.15903904855722, '道德与文明': 1.09875563146601, '世界哲学': 0.99193757684253
1, '自然辩证法通讯': 0.962761144885917, '伦理学研究': 0.891701750220494, '现代哲
学': 0.703552973387532, '周易研究': 0.635998348670411, '孔子研究': 0.57838879540
7206, '中国哲学史': 0.552986149653782, '科学技术哲学研究': 0.055, '世界宗教研究'
: 2.80715991285403, '宗教学研究': 1.7416009212158, '世界宗教文化': 1.52704021856
441, '外语教学与研究': 2.90069933520966, '中国语文': 2.03273715124273, '外语界':
 1.75919915499284, '世界汉语教学': 1.74417552862332, '外国语': 1.69491878439796,
 '现代外语': 1.6208306720194, '中国外语': 1.46373637662394, '当代语言学': 1.3752
4040163929, '中国翻译': 1.26336442629961, '汉语学报': 1.17656188399287, '语言研
究': 1.12216972348416, '外语电化教学': 1.02336217778847, '语言科学': 1.015111402
25609, '外语教学理论与实践': 0.994695316182126, '语言教学与研究': 0.961149734835
554, '语文研究': 0.953866476920398, '外语教学': 0.913591056877943, '外语学刊': 0
.876214257119093, '语言文字应用': 0.850688420263279, '外语与外语教学': 0.8075002
91431323, '当代修辞学': 0.769477903325998, '方言': 0.724501901018724, '民族语文'
: 0.52934082414358, '外国文学评论': 2.96477203647416, '外国文学': 2.126880887327
32, '外国文学研究': 1.9441044539473, '当代外国文学': 1.7762960324018, '国外文学'
```

图 10-27 期刊的影响因子

加权词频计算代码如下：

```
not_found = []                                   #用于存放无影响因子的分词
for title in gerne.keys():
    if title in weight_dic.keys():
        word_weight = float(weight_dic[title])
    else:                                        #将无影响因子的分词权重设置为 0
        word_weight = 0
        not_found.append(title)
    for word in gerne[title]:
        counts[title][word] = counts[title].get(word,0) + 1 * word_weight
```

运行结果如图 10-28 所示。

注意，由于可能存在两张 Excel 表中的期刊数目不匹配的问题，需要查看一下 not_found 中的数据：

```
>>> not_found
```

```
>>> counts['生态经济']
{'基于': 0.6432000000000001, '时间': 0.1608, '序列': 0.0804, '数据': 0.0804, '中
国': 0.5628000000000001, '排放': 0.402, '强度': 0.0804, '影响': 0.4824000000000
005, '因素': 0.3216, '协整': 0.0804, '分析': 0.402, '持续': 0.2412, '发展': 0.40
2, '世界': 0.2412, '地质公园': 0.1608, '旅游': 0.1608, '管理信息系统': 0.0804, '
设计': 0.0804, '伏牛山': 0.0804, '为例': 0.5628000000000001, '气候': 0.0804, '变
暖': 0.0804, '将致': 0.0804, '土壤': 0.0804, '释放': 0.0804, '大量': 0.0804, '西
部': 0.1608, '地区': 0.3216, '资源': 0.1608, '开发': 0.1608, '诅咒': 0.0804, '效
应': 0.0804, '传导': 0.1608, '机制': 0.1608, '测度': 0.0804, '系数': 0.0804, '煤
炭': 0.0804, '循环': 0.1608, '经济': 0.2412, '低碳': 0.0804, '潜力': 0.0804, '计
量': 0.0804, '我国': 0.3216, '贸易': 0.0804, '开放': 0.0804, '温室': 0.0804, '气
体': 0.0804, '动态': 0.0804, '关系': 0.0804, '实证': 0.1608, '研究': 1.849200000
0000004, '江苏省': 0.0804, '不同': 0.0804, '产业': 0.2412, '脱钩': 0.0804, '生态
': 1.4472000000000003, '文明': 0.2412, '达成': 0.0804, '民众': 0.0804, '共识': 0
.0804, '条件': 0.0804, '探析': 0.1608, '建设': 0.2412, '空间': 0.2412, '二重性':
 0.0804, '体制改革': 0.0804, '北京': 0.1608, '四川省': 0.0804, '三台县': 0.0804,
 '种植业': 0.0804, '补偿': 0.5628000000000001, '畜禽': 0.0804, '养殖业': 0.0804,
 '山东省': 0.0804, '烟台市': 0.0804, '省域': 0.1608, '格局': 0.0804, '预测': 0.0
804, '价格': 0.0804, '机理': 0.0804, '广东': 0.0804, '市场': 0.0804, '金融': 0.0
804, '基础性': 0.0804, '法律': 0.1608, '问题': 0.3216, '城市': 0.1608, '分类': 0
.0804, '标准': 0.0804, '现状': 0.0804, '能力': 0.0804, '评估': 0.1608, '体系': 0
.1608, '构建': 0.1608, '灰色': 0.0804, '关联': 0.0804, '空气质量': 0.0804, '中部
': 0.0804, '农村': 0.0804, '污染': 0.0804, '治理': 0.0804, '农户': 0.1608, '支付
': 0.0804, '意愿': 0.0804, '安徽省': 0.0804, '实际': 0.0804, '调查': 0.0804, '破
坏性': 0.0804, '干扰': 0.0804, '视角': 0.3216, '安全': 0.1608, '能值法': 0.0804,
 '河道': 0.0804, '基流': 0.0804, '价值': 0.0804, '及其': 0.1608, '年内': 0.0804,
 '变化': 0.0804, '论我国': 0.0804, '环境': 0.0804, '损害': 0.0804, '责任': 0.160
8, '制度': 0.1608, '综合性': 0.0804, '分担': 0.0804, '空间规划': 0.0804, '几点':
 0.0804, '建议': 0.1608, '首颗': 0.0804, '卫星': 0.0804, '作用': 0.0804, '意义':
 0.0804, '都市': 0.0804, '主义': 0.0804, '理念': 0.0804, '绿道': 0.1608, '系统':
 0.1608, '武汉市': 0.0804, '农业': 0.1608, '绿色': 0.2412, '转型': 0.0804, '政策
': 0.3216, '理论': 0.1608, '述评': 0.1608, '草原': 0.0804, '实施': 0.0804, '效果
': 0.0804, '改进': 0.0804, '内蒙古': 0.1608, '乌拉特后旗': 0.0804, '水土保持': 0
.0804, '流域': 0.1608, '工程建设': 0.0804, '渔业': 0.0804, '湖南省': 0.0804, '湘
江': 0.0804, '土谷塘': 0.0804, '枢纽': 0.0804, '工程': 0.0804, '国家': 0.0804, '
考古': 0.0804, '遗址': 0.0804, '公园': 0.0804, '政府': 0.0804, '规制': 0.0804, '
成因': 0.0804, '对策': 0.0804, '排斥': 0.0804, '牧区': 0.0804, '移民': 0.0804, '
```

图 10-28 《生态经济》期刊中的加权词频

运行结果：

```
['广东财经大学学报','农林经济管理学报','现代财经(天津财经大学学报)']
```

这三份期刊的权重由于数据缺失而被自动设置为 0，需要手动补充这三份期刊的影响因子，并重新计算(也可将影响因子数据补充在 Excel 文档中，重新读取)：

```
>>> weight_dic['广东财经大学学报'] = 1.37450523944345    #手动补充影响因子
```

10.4.4 数据可视化

数据可视化中，需要利用 QT designer 制作一个简单的 GUI 界面，并使用 Matplotlib 库进行科学绘图展示。

第一步：打开 QT designer。

这是 QT designer 的初始界面，在自动弹出的 NewForm 对话框中选择 MainWindow 选项，单击下方的 Create 按钮以创建空白窗口，如图 10-29 所示。

第二步：创建和编辑界面。

在界面右侧部分显示当前选中模块的参数(当前是主窗口 mainwindow)，如图 10-30 所示。其中，粗体 objectName 是之后 Python 代码中调用该模块所需要使用的模块名，建议按照 Python 的变量命名规则慎重命名。

第三步：添加"绘制总表"按钮。

添加一个 pushbottom(按钮)模块，希望这个按钮能够实现绘制全部期刊中加权频率最高的词的图表，将其 objectName 设置为 draw_all，text 设置为"绘制总表"，如图 10-31 所示。

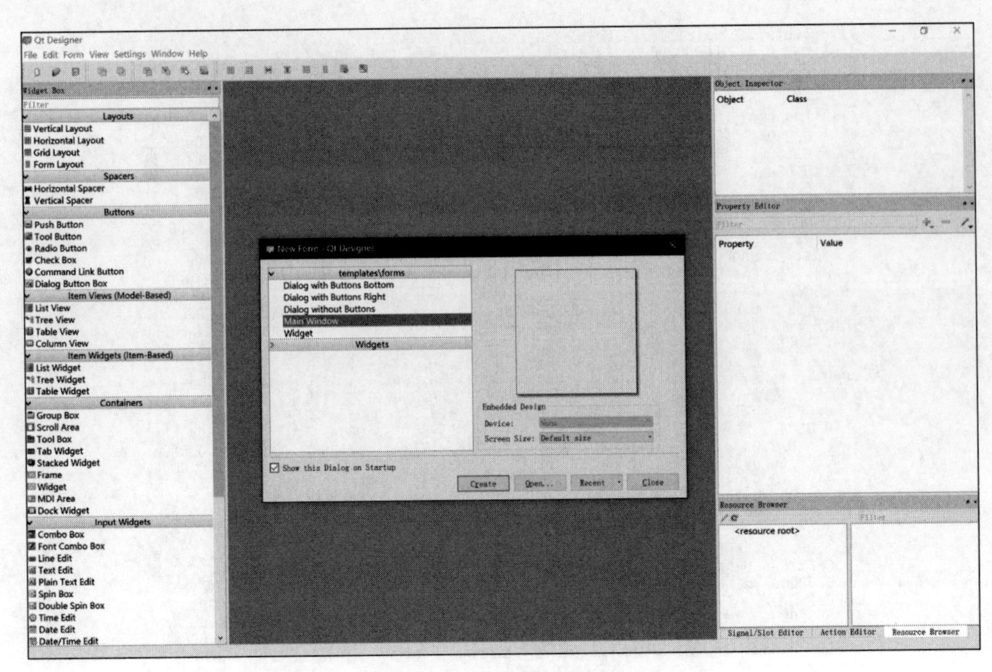

图 10-29 创建 GUI(1)

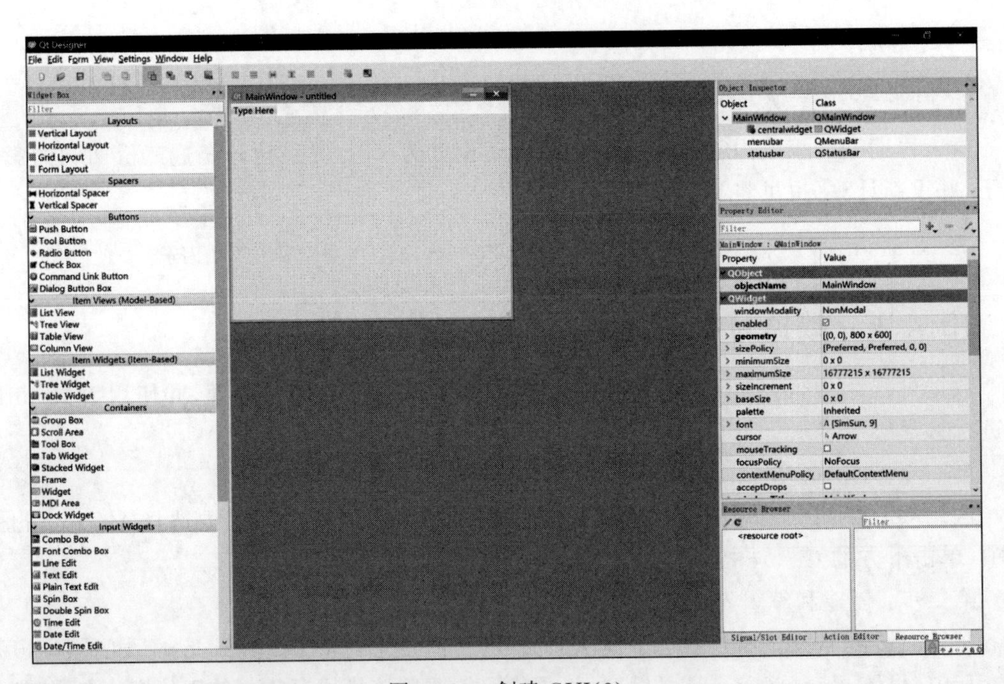

图 10-30 创建 GUI(2)

第四步：添加“绘制期刊表”按钮和文本框。

其中，文本框用来输入期刊名称，用 text 模块(objectName：name)实现，供用户输入期刊名称。按钮由 pushbottom(objectName:draw_single)来实现。

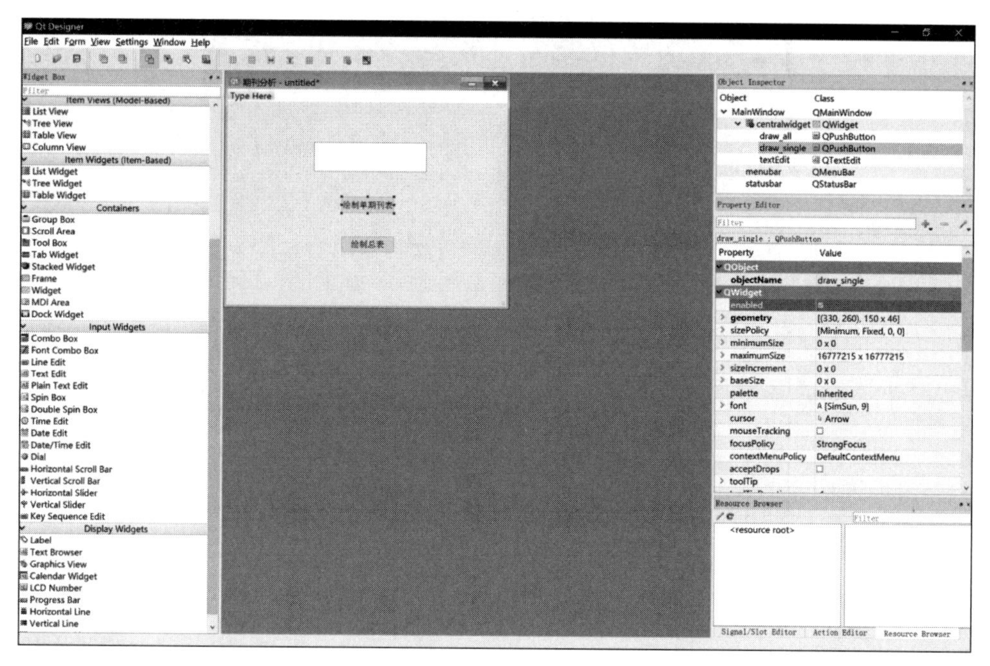

图 10-31 创建 GUI(3)

第五步：保存界面。

简单的界面设计完成后，需要保存其为 ui 文件，供后续代码调用。

第六步：调用界面。

参考代码：

```
import sys
from PyQt5 import QtWidgets, uic
qtCreatorFile = "界面.ui"                    #这里输入 ui 文件的名称
Ui_MainWindow, QtBaseClass = uic.loadUiType(qtCreatorFile)
class MyApp(QtWidgets.QMainWindow, Ui_MainWindow):
    def __init__(self):
        QtWidgets.QMainWindow.__init__(self)
        Ui_MainWindow.__init__(self)
        self.setupUi(self)
        #此处开始调用函数
    #此处开始定义函数
if __name__ == "__main__":
    app = QtWidgets.QApplication(sys.argv)
    window = MyApp()
    window.show()
    sys.exit(app.exec_())
```

上述调用框架中的 MyApp 类只从 ui 文件中定义并引入了主窗体，运行代码，之前所创建的界面就显示出来了，如图 10-32 所示。

第七步：给按钮关联函数。

在绑定函数之前，按钮是没有任何功能的。

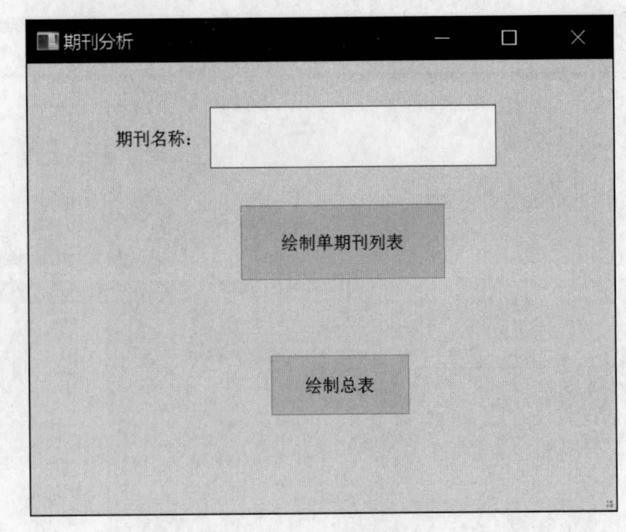

图 10-32 界面

```
import matplotlib                                    # 导入 Matplotlib 库,实现绘图功能
import matplotlib.pyplot as plt
class MyApp(QtWidgets.QMainWindow, Ui_MainWindow): # 在 class MyApp 中为两个 pushbottom 添加关联
def __init__(self):
    QtWidgets.QMainWindow.__init__(self)
    Ui_MainWindow.__init__(self)
    self.setupUi(self)
    self.draw_all.clicked.connect(self.Draw_all)
    self.draw_single.clicked.connect(self.Draw_single)
```

最后两行新增的函数,实现的功能是将 draw_all 按钮关联该类自身的 Draw_all()函数,以及将 draw_single 按钮关联该类自身的 Draw_single()函数。

这两个函数定义如下:

```
def Draw_all(self):
counts_all = {}
for title in counts.keys()

# 将二重字典 counts 中的所有值整合到一个大一重字典 counts_all 中
counts_all = dict(counts_all, ** counts[title])
# 对字典中所有分词按加权频率由高到低排序
frame_for_draw = Series(counts_all).sort_values(ascending = False)
# 绘制加权频率排名前 10 的分词的图表
frame_for_draw[:10].plot(kind = 'barh',rot = 0,title = '全期刊高频词统计')
plt.show()

def Draw_single(self):
journal_name = str(self.name.toPlainText()) # 获取 name(text 模块)的信息
# 验证 name 中的内容是否在期刊名称列表中
if journal_name in counts.keys():
    frame_for_draw = Series(counts[journal_name]).sort_values(ascending = False)
    frame_for_draw[:10].plot(kind = 'barh', rot = 0,title = '期刊《' + journal_name + '》高频词统计')
```

```
    plt.show()
else:
#如果不在,则给出"期刊不存在"的提示
    self.name.setText("期刊不存在")
```

这两段代码需要放置在 class MyApp 类下,缩进级别与 def __init__相同。

程序运行结果如图 10-33 所示,单击“绘制总表”按钮,可显示所有文献的加权高频词;在“期刊名称”文本框中输入期刊的名字,如《生态经济》,再单击“绘制单期刊列表”按钮,则显示该期刊的文献加权词频,如图 10-34 所示。

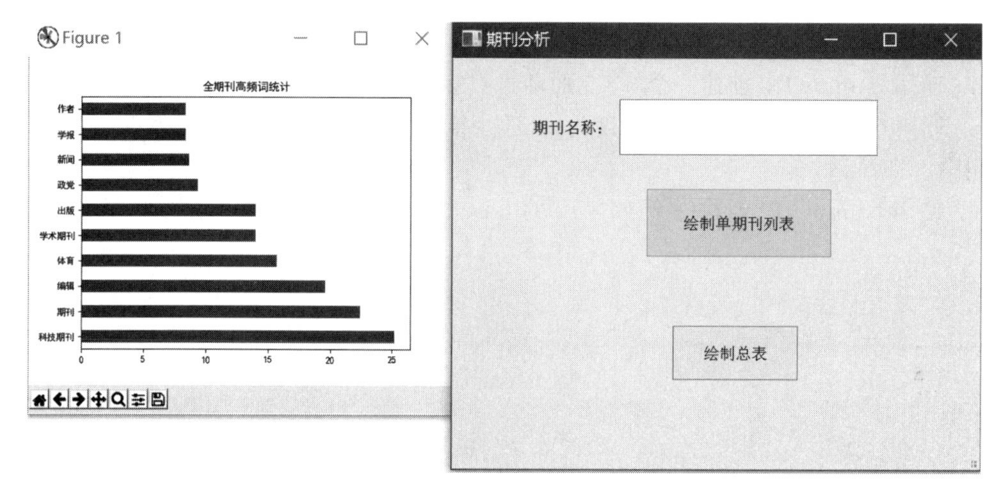

图 10-33 运行结果(1)

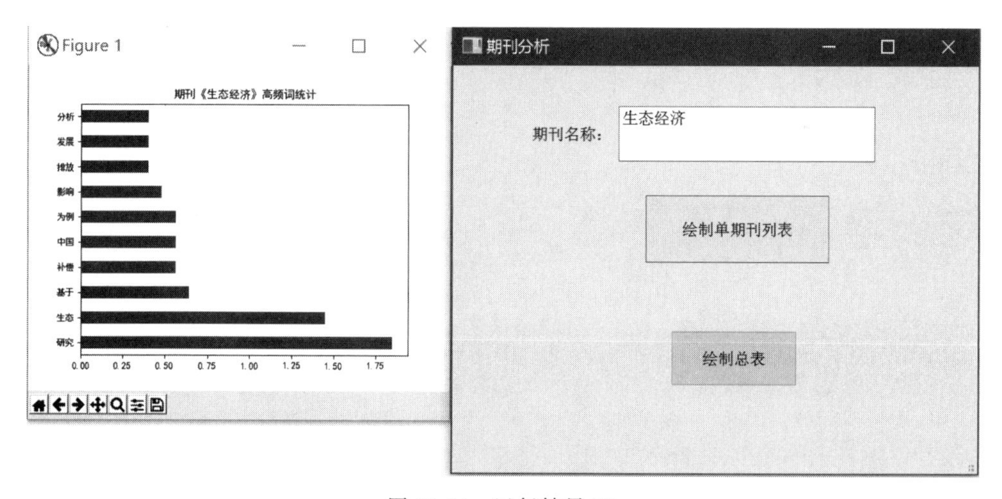

图 10-34 运行结果(2)

10.5 练习

1. 下列语句可以用来查看 df 列名的是(　　)。

A. df.columns　　　　B. df.values

C. df.describe()　　　　D. df.index

2. DataFrame 判断重复值可以采用以下(　　)语句。

A. df. drop_duplicates()　　B. df. repeat ()
C. df. duplicated()　　D. df. dropna()

3. 执行下述程序后,最终输出的结果为(　　)。

```
import pandas as pd
Data = pd.DataFrame([[2,3],] * 3, columns = ['A','B'])
B = Data.apply(lambda x:x + 1)
print (B.loc[1,'B'])
```

A. 3　　B. 1　　C. 2　　D. 4

4. 使用 Numpy 库,创建一个 5×5 的随机数矩阵,打印其中的最大值与最小值。

5. 使用 Numpy 库,创建一个长度为 10 的一维全为 0 的 ndarray 对象,然后让第 8 个元素等于 1。

6. 使用 Numpy 库,创建一个 10×10 的 ndarray 对象,且矩阵边界全为 1,里面全为 0。

第11章 数据可视化基础

本章重点内容：数据可视化的基本概念，Python 中常用可视化库 Matplotlib 和 Pyecharts 的基本用法。

本章学习要求：通过本章学习，深入理解数据分析中可视化的概念和优点，会使用可视化库进行数据可视化。

11.1 可视化库 Matplotlib 简介

数据可视化是关于数据视觉表现形式的科学技术研究。数据图表能使表达形象化：使用数据图表可以使冗长的文字表达简洁化，化抽象为具体，使深奥的内容形象化，使阅读者更容易理解所要表达的主题及观点。数据图表便于突出重点；通过对图表中数据的颜色和字体等信息的设置，可以把问题的重点有效地传达给阅读者。数据可视化是数据分析不可或缺的一部分。关于数据可视化的定义有很多，在大数据分析工具和软件中提到的数据可视化，就是运用计算机图形学、图像、人机交互等技术，将采集或模拟的数据映射为可识别的图形、图像。

数据可视化有众多展现方式，不同的数据类型要选择适合的展现方法。常用的统计图形包括柱状图、线状图、条形图、面积图、饼图、点图、仪表盘、走势图，此外还有和弦图、圈饼图、金字塔、漏斗图、K 线图、关系图、网络图、玫瑰图、帕累托图、数学公式图、预测曲线图、正态分布图、迷你图、行政地图、GIS 地图等各种展现形式。

信息的可读性很大程度上依赖于其表达方式，数据可视化就是通过对数据的变化规律进行分析，再以可视化的形式呈现分析结果，从而实现帮助人们更好地分析数据。其实数据可视化的本质就是视觉对话。数据可视化将技术与艺术完美结合，借助图形化的手段，清晰有效地传达与沟通信息。一方面，数据赋予可视化以价值；另一方面，可视化增加数据的灵性。两者相辅相成，帮助企业从信息中提取知识、从知识中收获价值。精心设计的图形不仅可以提供信息，还可以通过强大的呈现方式增强信息的影响力，吸引人们的注意并使其保持兴趣，这是表格或电子表格无法做到的。

Python 中包含了很多可视化的库，其中 Matplotlib 库是比较底层的一个可视化库，它可定制性强，图表资源丰富，简单易用，绘出的图形质量相对较高。

11.1.1 绘制第一个 Matplotlib 图表

Matplotlib 是一个用于创建出版质量图表的桌面绘图包（主要应用在 2D 方面）。该项目由 John Hunter 于 2002 年启动,其目的是为 Python 构建一个 MATLAB 式的绘图接口(API)①。

Python 3.6 以后的版本中,Matplotlib 库的安装已经十分方便了,Windows 系统只需在命令提示符(cmd)下输入以下语句即可自行下载安装:

```
pip install matplotlib
```

Matplotlib API 函数(如 plot()和 close())都位于 matplotlib.pyplot 模块中,可使用如下导入方式:

```
import matplotlib.pyplot as plt
import numpy as np
plt.plot(np.arange(5))
plt.show()
```

运行结果如图 11-1 所示,图中显示绘制了一条直线,可以单击图像右上角的"关闭"按钮来关闭这个图像窗口,也可以单击左下方的"保存"按钮,保存图像。

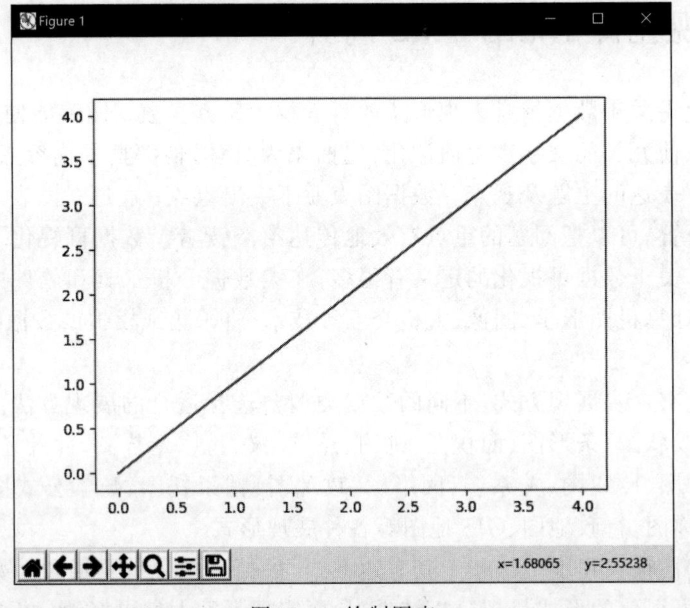

图 11-1　绘制图表

Matplotlib 中的所有图像都位于 figure 对象中,可以使用 figure()函数创建一个空图像:

```
fig = plt.figure()
```

运行结果如图 11-2 所示。

不能直接在空 figure 上绘图,需要使用 add_subplot()函数在 figure 上创建一个或多个副图(subplot)。例如,在 figure 上创建四个副图 ax1、ax2、ax3 和 ax4:

---

① API(Application Programming Interface,应用程序编程接口)是一些预先定义的函数,目的是提供应用程序与开发人员基于某软件或硬件得以访问一组例程的能力,而又无须访问源代码,或理解内部工作机制的细节。

图 11-2 使用 figure()函数创建空图像

```
ax1 = fig.add_subplot(2,2,1)
ax2 = fig.add_subplot(2,2,2)
ax3 = fig.add_subplot(2,2,3)
ax4 = fig.add_subplot(2,2,3)
```

上段代码中，add_subplot()函数传入了三个参数，其中，前两个参数决定了图像的规格(2×2)，最后一个参数决定了该 subplot 的位置(例如 ax1＝fig.add_subplot(2,2,1)表示 fig 当中共包含 4 个 subplot，按照 2×2 规格排列，ax1 是其中的第一个 subplot)。

代码运行结果如图 11-3 所示。

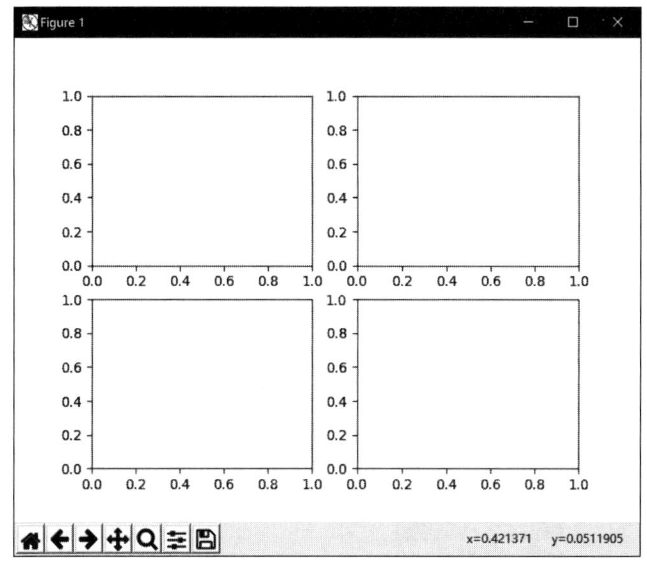

图 11-3 2×2 的图像规格

运行代码：

```
plt.plot([1,2,3,4])
```

Matplotlib 就会在最后一个 subplot(在这里即用最后定义的 ax4)上绘图,运行结果如图 11-4 所示。

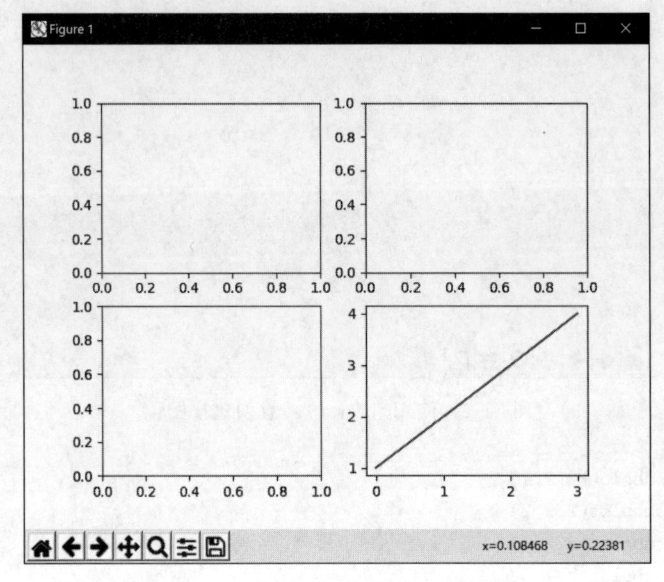

图 11-4 在最后一个 subplot 上作图

也可以通过将绘图函数作为 subplot 对象的后缀方法来指定 Matplotlib 在具体的某个 subplot 上绘制图形:

```
ax1.hist(np.random.randint(10,20,size = 100),bins = 20,color = 'k',alpha = 0.5)
ax2.scatter(np.random.randn(100),np.random.randn(100))
ax3.barh(np.arange(1,6),np.arange(1,6))
```

其中,hist 表示绘制直方图,scatter 表示绘制散布图(也称散点图),barh 表示绘制横向柱状图,绘制的结果如图 11-5 所示。

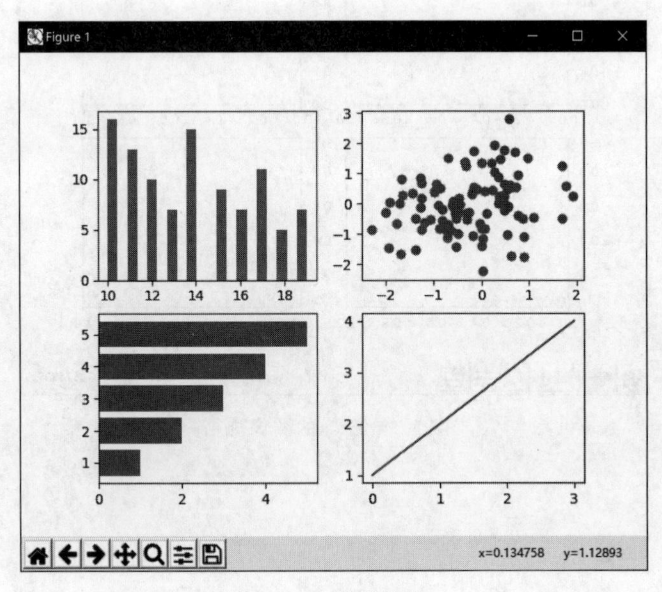

图 11-5 绘图结果

11.1.2 使用 plot()函数绘制线形图表

本节中将详细介绍绘图函数 plot()的使用方法。

plot()函数默认可以接受一组 x 和 y 坐标(通常为列表类型),如:

```
plt.plot([1,2,3],[3,2,4])
```

运行结果如图 11-6 所示。

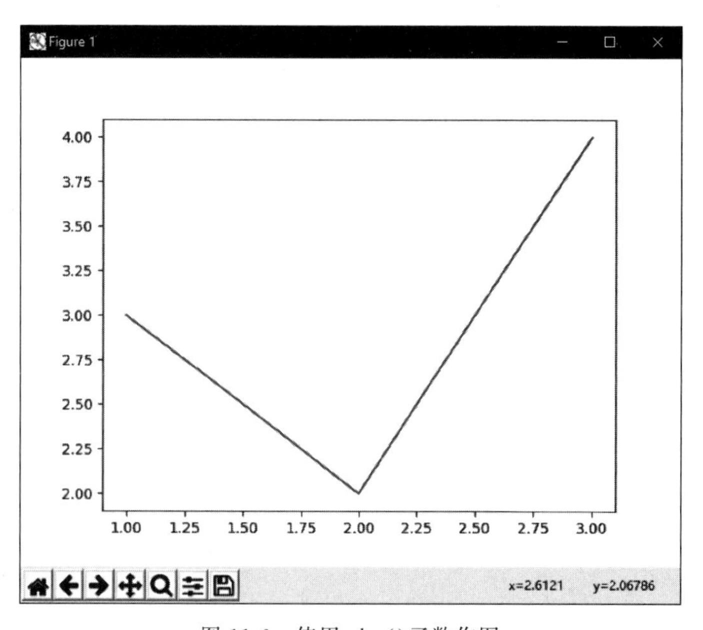

图 11-6 使用 plot()函数作图

在图 11-6 中 Matplotlib 将输入的 x、y 列表值一一对应整合为三个点(1,3)、(2,2)、(3,4),并绘制了一张折线图。

实际上,在使用 plot()函数绘图时如果只传入一组坐标值,Matplotlib 会自动将其作为 y 轴坐标并将对应的 x 轴坐标设置为正整数列(例如,传入[3,4,5]将绘制(0,3)、(1,4)、(2,5)的折线图)。但如果传入了两组坐标值,需要确保两组坐标值的个数是相同的,即 x 轴的值和 y 轴的值是成对的(例如,[1,3,5]和[2,4]是不合法的参数)。

plot()函数的参数设置,除了横纵轴坐标之外,还有线型、颜色、节点标记等,如:

```
plt.plot([1,2,3],[3,2,4],color = 'r',linestyle = ' - ',marker = 'o')
```

上述语句中,color='r'表示绘制红色线条,linestyle='--'表示绘制虚线,marker='o'表示图中的数据点用圈表示出来。运行结果如图 11-7 所示。

plot()函数中规定颜色、线型和标记类型的函数还可以写成缩写形式,用如下的语句也可以得到和图 11-7 一样的效果:

```
plt.plot([1,2,3],[3,2,4],'ro -- ')
```

注:使用缩写形式,须保证顺序为颜色、标记、线型。

表 11-1 中给出 plot()函数的一些常用格式参数。

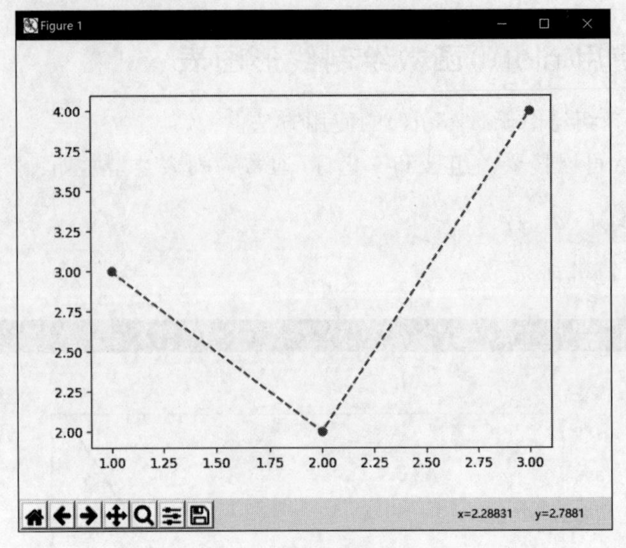

图 11-7 线条的设置

表 11-1 plot()函数的常用格式参数

参 数	功 能	数值举例
linestyle	规定线型	'—'：实线；'--'：虚线；'.'：点
color	规定颜色	'r'：红色；'b'：蓝色
marker	数值点标记	'o'：圈形；'+'：加号
drawstyle	未定义数据点插值方式	'steps-post'：梯度升降

多次使用 plot()函数可以在同一张图上画出多种不同的图案，如图 11-8 所示，在图 11-8 的基础上添加如下代码，则可以在原图上生成另一条折线：

```
plt.plot([1,2,3],[3,5,4],'b + - ')
```

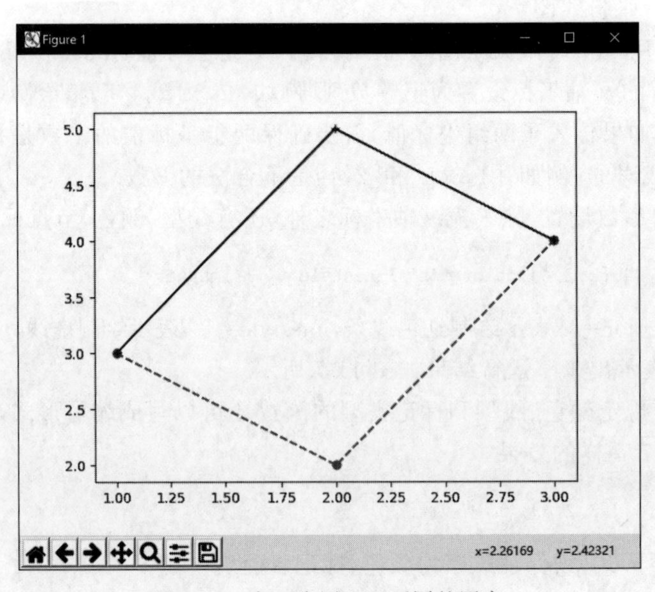

图 11-8 在一张图上画不同的图案

11.1.3 Pandas 中的绘图函数

在数据分析过程中，绘制一张图表，往往要向绘图函数传入很多数据，包括数值、图例、下标等信息。因此，当数据量较大时，手动输入这些数据将会是一项十分繁重的任务。为解决这个问题，Pandas 库中的 Series 和 DataFrame 等变量都添加了可以借助 Matplotlib 实现的绘图功能。Pandas 库绘图示例如图 11-9 所示。

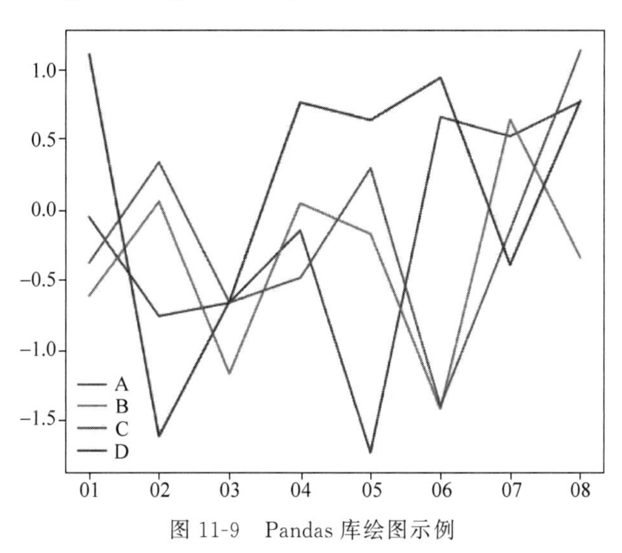

图 11-9　Pandas 库绘图示例

Pandas 库的绘图功能在其开发团队的日益完善下已经变得十分强大，并且现在仍然在不断更新，常用的函数如下。

(1) Series 的 plot()函数。默认情况下，plot()函数会绘制出一条线型图：

```
s = Series(np.arange(0,50,5),np.arange(0,100,10))
s.plot(marker = 'o')
```

从图 11-10 中可以看出，Series 对象的索引作为 Matplotlib 的 x 轴坐标，而 Series 对象的值则被当作 y 轴坐标。

(2) DataFrame 的 plot()函数。该函数和 Series 的 plot()函数没有很大区别，只不过 DataFrame 的 plot()函数会在一个子图中为每个列各绘制一条线，运行结果如图 11-11 所示。

```
data = np.random.randint(0,100,size = 30).reshape(10,3)
frame = DataFrame(data,columns = ['line1','line2','line3'],index = np.arange(1,11))
frame.plot(marker = 'o')
```

可以更改 plot()函数的 kind 参数来绘制其他种类的图表，例如将上例代码语句修改为 frame.plot(kind='bar')，就可以用来绘制条形统计图，如图 11-12 所示。

表 11-2 中给出 Series 和 DataFrame 对象的 plot()函数的常用参数，多数情况下，两种对象的参数是可以通用的。

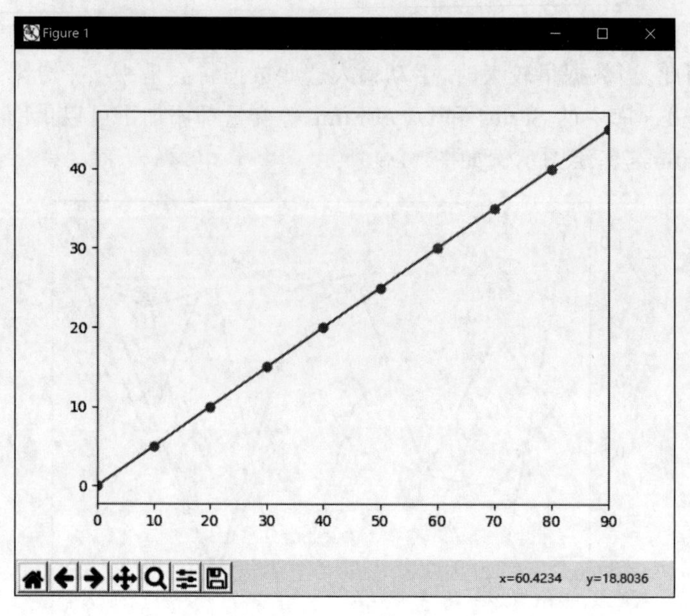

图 11-10 运行结果(1)

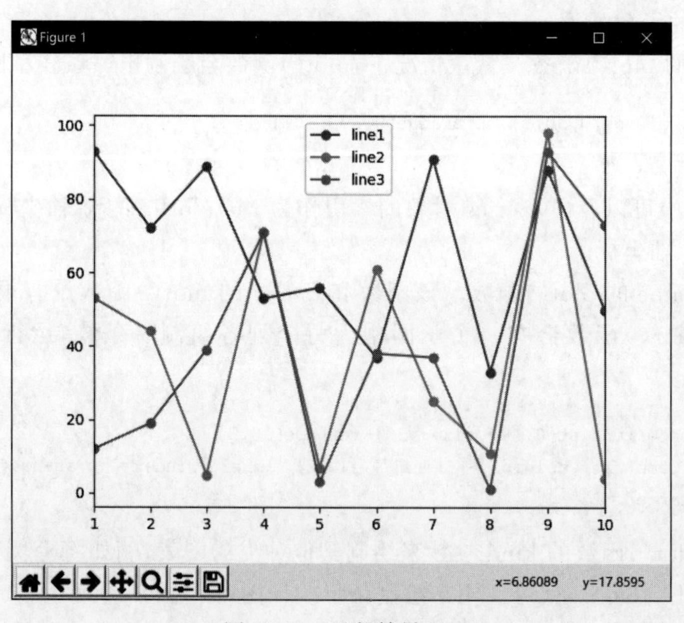

图 11-11 运行结果(2)

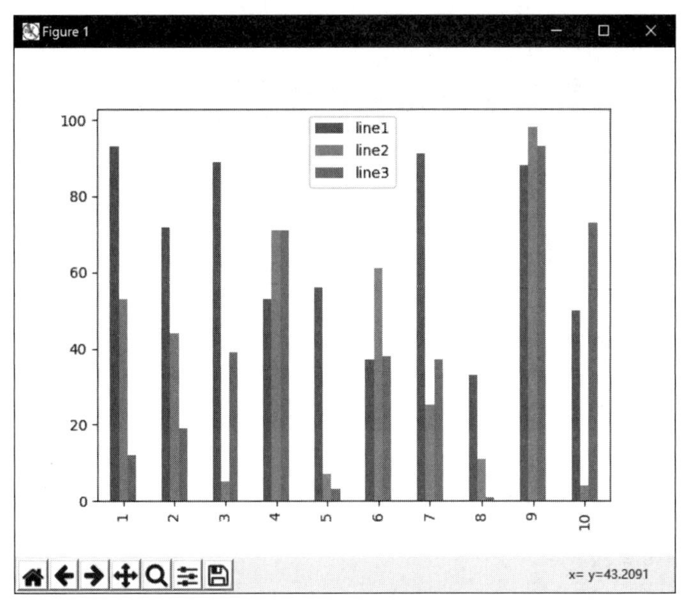

图 11-12　运行结果(3)

表 11-2　Series 和 DataFrame 对象的 plot()函数的常用参数

参　数	功　能	数值举例/备注
title	设置标题	标题会显示在图表的最上方
ax	指定用于绘制的子图	默认为最近一次使用的子图
style	自定义线型、颜色等	例如：style='ro--'
kind	定义图表类型	'line'：线型图；'bar'：竖向条形图；'barh'：横向条形图；'kde'：密度图

【例 11-1】 Excel 文件"193X 班成绩.xlsx"中给出了某班级同学的数学、英语、计算机和物理的成绩，以及相应的最高分、最低分和平均分，要求用柱状图展示出各科的最高分、最低分和平均分。

参考代码：

```
# - * - coding:utf - 8 - * -
import matplotlib.pyplot as plt
import xlrd                                    #导入 xlrd 库打开 Excel 文件

wb = xlrd.open_workbook('score - 2.xlsx')   #按工作簿定位工作表
sh = wb.sheet_by_name('Sheet1')

list_00 = sh.row_values(19)[3:]
list_01 = sh.row_values(20)[3:]
list_02 = sh.row_values(21)[3:]
```

```
name_list = ['Math', 'English', 'Computer', 'Physics']
x = list(range(len(name_list)))
plt.title("Score Histogram")                          #设置图表标题
plt.xlabel("Subject")                                 #设置图表横轴
plt.ylabel("Score")                                   #设置图表纵轴
total_width, n = 0.8, 4
width = total_width / n
plt.bar(x, list_00, width = width, label = 'Max', tick_label = name_list, fc = 'blue')
for i in range(len(x)):
    x[i] = x[i] + width
plt.bar(x, list_01, width = width, label = 'Avg', fc = 'yellow')
for i in range(len(x)):
    x[i] = x[i] + width
plt.bar(x, list_02, width = width, label = 'Min', fc = 'green')
plt.legend()
plt.savefig('1.png')
plt.show()
```

运行结果如图 11-13 所示。

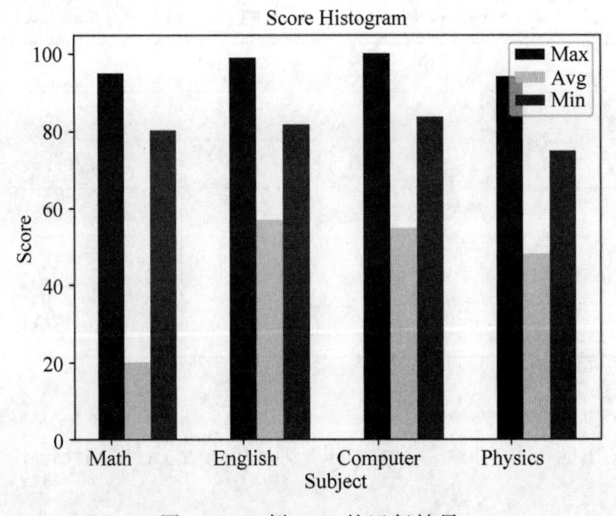

图 11-13　例 11-1 的运行结果

11.2　可视化库 Pyecharts 简介

Pyecharts[①] 是将 Echarts 移植到 Python 的数据可视化工具,相比于 Python 中自带的可视化工具 Matplotlib,Echarts 是百度的一个开源可视化 JavaScript 工具,涵盖各行业图表,具有良好的交互性和美观性。

---

① https://pyecharts.org/#/zh-cn/intro。

Windows 下 Pyecharts 库的安装方法和 Matplotlib 相同，可以使用 pip install pyecharts 命令直接下载和安装。Pyecharts 最突出的特点是交互性强，当鼠标指针在图表上移动时，可动态显示数据和图表变化。Pyecharts 保存图片和其他第三方库没区别，不同的是它可以将绘图结果保存为 html 文件，这样更便于观察图表。bar. render()用来设置保存的路径，也可以不设置，它默认的保存地点是当前工作路径下。图表可以保存为 html 文件，便于观察和使用。

11.2.1 柱状图和折线图

【例 11-2】 以柱状图展示商家 A 和商家 B 六类产品(衬衫、羊毛衫、雪纺衫、裤子、高跟鞋、袜子)的价格。

参考代码：

```
from pyecharts.charts import Bar
from pyecharts import options as opts
# 内置主题类型可查看 pyecharts.globals.ThemeType
from pyecharts.globals import ThemeType
bar = (
    Bar(init_opts = opts.InitOpts(theme = ThemeType.LIGHT))
    .add_xaxis(["衬衫", "羊毛衫", "雪纺衫", "裤子", "高跟鞋", "袜子"])
    .add_yaxis("商家 A", [5, 20, 36, 10, 75, 90])
    .add_yaxis("商家 B", [15, 6, 45, 20, 35, 66])
    .set_global_opts(title_opts = opts.TitleOpts(title = "主标题", subtitle = "副标题"))
)
bar.render()
```

运行结果如图 11-14 所示。

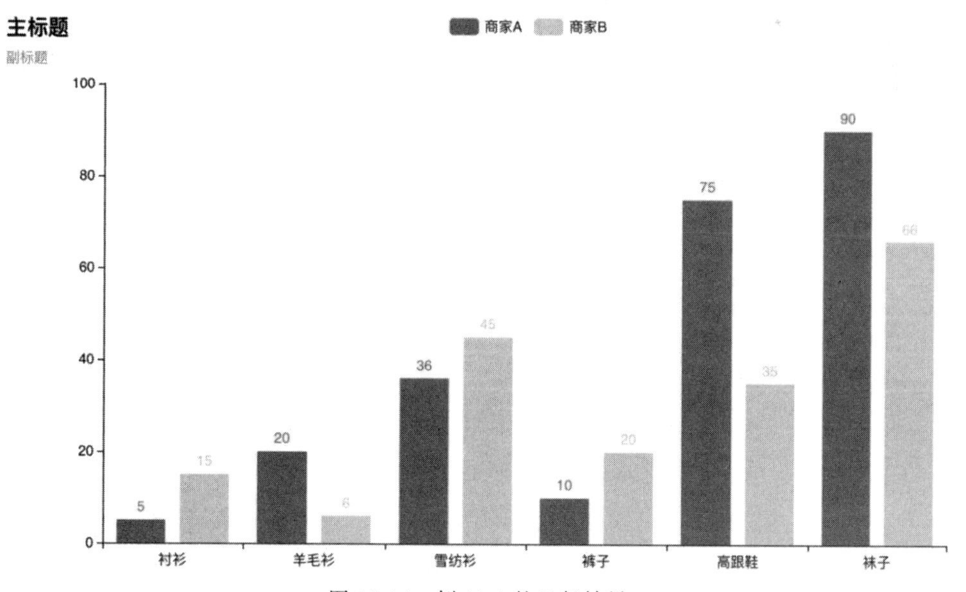

图 11-14 例 11-2 的运行结果

【例 11-3】 文件“2010.csv”中有某省 2010—2020 年的高考成绩,包括分数、排名、人数和年份。以可视化图表的方式分析展示该省份的成绩情况。

(1) 用柱状图展示该省历年的一本分数线。

参考代码:

```
from pyecharts import options as opts
from pyecharts.charts import Bar
from pyecharts.faker import Faker
import pandas as pd
data = pd.read_csv('2010.csv', encoding = 'gbk')
data_eve_years = []
for i in range(2010,2021):
    data_eve_years.append(data[data['年份'].eq(i)])
sum_eve_year = []

colors = ["#5793f3", "#d14a61", "#675bba"]
eve_scores_line = [552,582,540,505,547,529,523,484,499,502,544]
bar = (
    Bar()
    .add_xaxis(list(range(2010,2021)))
    .add_yaxis(series_name = "历年一本线分数", y_axis = eve_scores_line, yaxis_index = 0,
color = colors[0])
    .set_series_opts(
            label_opts = opts.LabelOpts(is_show = True),
            markline_opts = opts.MarkLineOpts(
                data = [
                    opts.MarkLineItem(type_ = "min", name = "最小值"),
                    opts.MarkLineItem(type_ = "max", name = "最大值"),
                    opts.MarkLineItem(type_ = "average", name = "平均值"),
                ]
            ),
        colors = Faker.rand_color()
        )
    .set_global_opts(
            xaxis_opts = opts.AxisOpts(name = "年份",axisline_opts = opts.AxisLineOpts(
                    linestyle_opts = opts.LineStyleOpts(color = colors[1]))),
            yaxis_opts = opts.AxisOpts(
                name = "分数",
                type_ = "value",
                min_ = 400,
                max_ = 600,
                position = "left",
                axisline_opts = opts.AxisLineOpts(
                    linestyle_opts = opts.LineStyleOpts(color = colors[2])
                ),
                axislabel_opts = opts.LabelOpts(formatter = "{value}"),
                axistick_opts = opts.AxisTickOpts(is_show = True),
                splitline_opts = opts.SplitLineOpts(is_show = True),
```

```
            ),
                tooltip_opts = opts.TooltipOpts(trigger = "axis", axis_pointer_type = "cross"),
    )
    .render("历年一本线分数.html")
)
```

运行结果如图 11-15 所示。

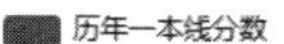
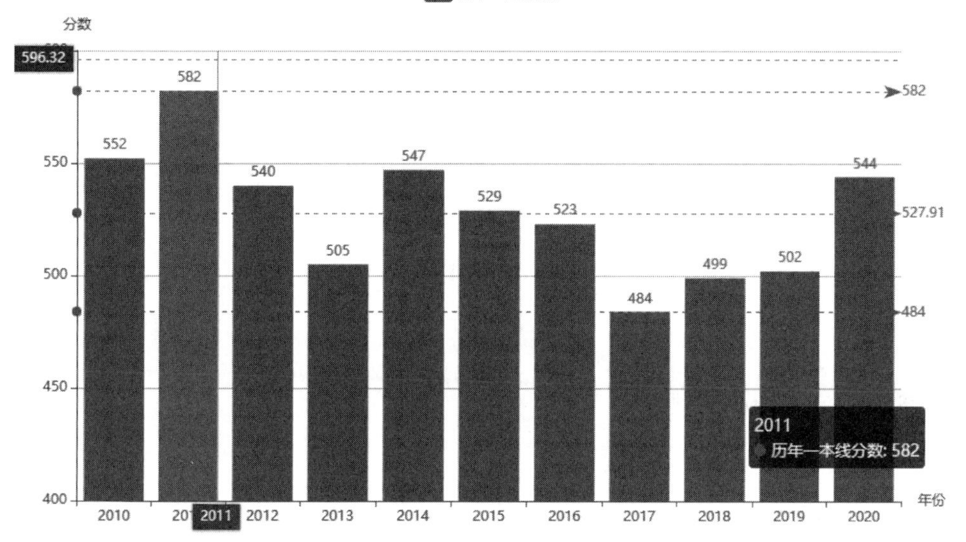

图 11-15　例 11-3 的运行结果(1)

(2) 用折线图展示历年不同位次平均分。

参考代码：

```
import pyecharts.options as opts
from pyecharts.charts import Line
import pandas as pd
data = pd.read_csv('2010.csv', encoding = 'gbk')
data_eve_years = []
for i in range(2010,2021):
    data_eve_years.append(data[data['年份'].eq(i)])
result = []
for k in range(10000, 50000, 10000):
    sum_eve_year  =  []
    for data_years in data_eve_years:
        sum_eve = 0
        for i,t,j in zip(list(data_years['成绩']),list(data_years['排名']),list(data_
years['人数'])):
            if int(t)<= k:
                sum_eve += int(i) * int(j)
            else:
```

```
                    sum_eve += int(i) * int(j)
                    break
            sum_eve_year.append(int(sum_eve / int(t)))
        result.append(sum_eve_year)
print(result)
print(list(range(2010,2021)))
c = (
    Line()
    .add_xaxis(xaxis_data = ['{0}年'.format(i) for i in list(range(2010,2021))])
    .add_yaxis(
        series_name = "前 1 万名",
        y_axis = result[0],
    )
    .add_yaxis(
        series_name = "前 2 万名",
        y_axis = result[1],
    )
    .add_yaxis(
        series_name = "前 3 万名",
        y_axis = result[2],
    )
    .add_yaxis(
        series_name = "前 4 万名",
        y_axis = result[3],
    )
    .set_global_opts(
            xaxis_opts = opts.AxisOpts(name = "年份",axisline_opts = opts.AxisLineOpts(
                linestyle_opts = opts.LineStyleOpts(color = 'r'))),
            yaxis_opts = opts.AxisOpts(
                name = "分数",
                type_ = "value",
                min_ = 500,
                max_ = 700,
                position = "left",
                axislabel_opts = opts.LabelOpts(formatter = "{value}"),
                axistick_opts = opts.AxisTickOpts(is_show = True),
                splitline_opts = opts.SplitLineOpts(is_show = True),
            ),
                tooltip_opts = opts.TooltipOpts(trigger = "axis", axis_pointer_type = "cross"),
    )
    .render("历年不同位次平均分折线图.html")
)
#时间轴
from pyecharts import options as opts
from pyecharts.charts import Pie, Timeline
```

```
from pyecharts.faker import Faker
data_eve_years = []
for i in range(2010,2021):
    a = data[data['年份'].eq(i)]
    a = a[a['成绩'].ge(200)]
    a = a[a['成绩'].le(700)]
    sum_students = max(list(a['排名']))
    dict = {'200 - 300':0, '300 - 400':0, '400 - 500':0, '500 - 600':0, '600 - 700':0}
    for j in range(200,700,100):
        stmp = a[a['成绩'].ge(j)]
        stmp = stmp[stmp['成绩'].le(j + 100)]
        renshu = int(list(stmp['排名'])[ - 1]) - int(list(stmp['排名'])[0])
        dict['{0} - {1}'.format(j,j + 100)] = round(float(renshu/sum_students) * 100,2)
    data_eve_years.append(dict)
attr = Faker.choose()
tl = Timeline()
for i,j in zip(range(2010, 2021),data_eve_years):
    pie = (
        Pie()
        .add(
            "",
            [list(z) for z in zip(list(j.keys()), [j[k] for k in list(j.keys())])],
            rosetype = "radius",
            radius = ["30 %", "55 %"],
        )
        .set_global_opts(title_opts = opts.TitleOpts("{}年各分数段人数占比".format(i)))
        .set_series_opts(label_opts = opts.LabelOpts(formatter = "{b}: {c} %"))
    )
    tl.add(pie, "{}年".format(i))
tl.render("历年各分段人数占比.html")

c = (
    Line()
        .add_xaxis(xaxis_data = ['{0}年'.format(i) for i in list(range(2010, 2021))])
        .add_yaxis(
        series_name = "历年 600～700 分人数占比情况",
        y_axis = [i['600 - 700'] for i in data_eve_years])
        .set_global_opts(
            xaxis_opts = opts.AxisOpts(name = "年份",axisline_opts = opts.AxisLineOpts(
                    linestyle_opts = opts.LineStyleOpts(color = 'r'))),
            yaxis_opts = opts.AxisOpts(
                name = "占比",
                type_ = "value",
                position = "left",
                axislabel_opts = opts.LabelOpts(formatter = "{value} %"),
```

```
                    axistick_opts = opts.AxisTickOpts(is_show = True),
                    splitline_opts = opts.SplitLineOpts(is_show = True),
                ),
                    tooltip_opts = opts.TooltipOpts(trigger = "axis", axis_pointer_type = "cross"),
    )
.render("600～700 分占比折线图.html"))
```

运行结果如图 11-16、图 11-17 和图 11-18 所示。

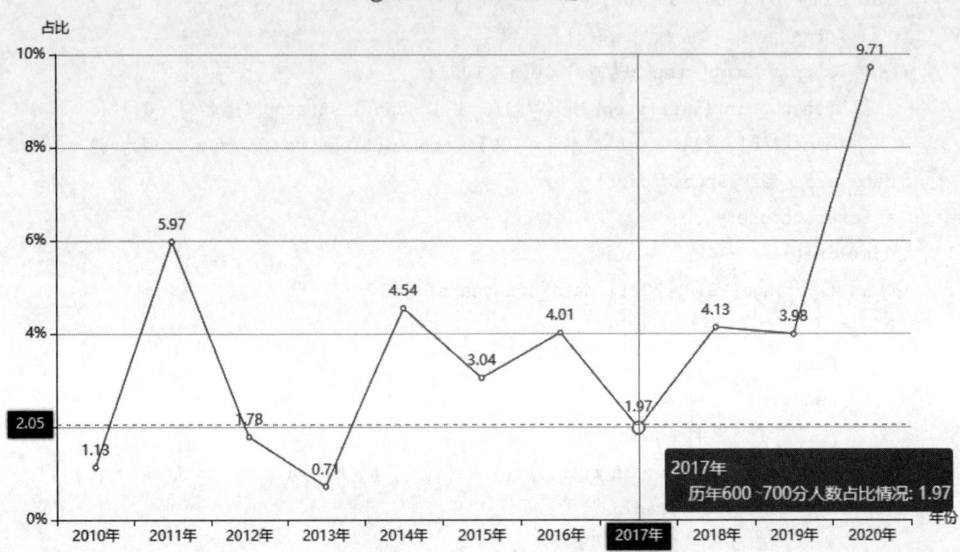

图 11-16　例 11-3 的运行结果(2)

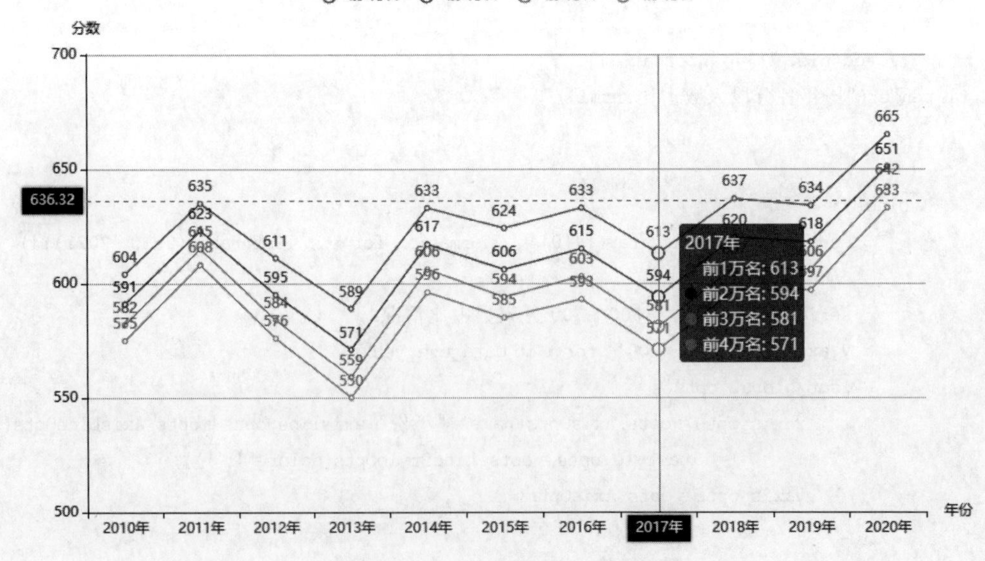

图 11-17　例 11-3 的运行结果(3)

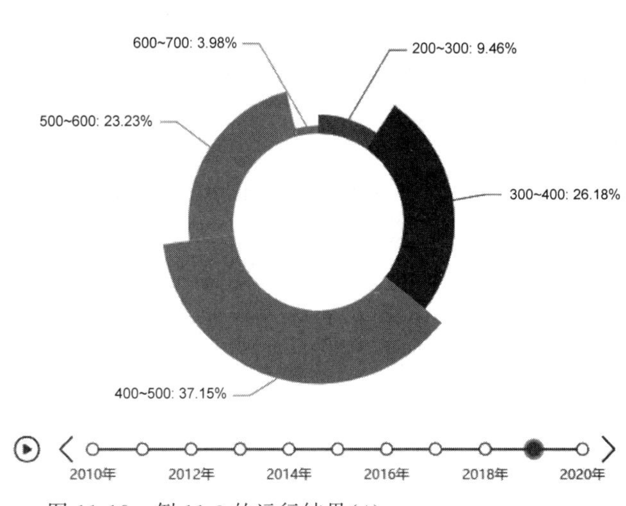

图 11-18 例 11-3 的运行结果(4)

11.2.2 关系图

【例 11-4】 使用 Pyecharts 库绘制关系图,用于展现节点以及节点之间的关系数据。关联图(又称关系图)可以用来表示关系复杂、相互之间有因素关联的单个或多个问题,理清复杂问题中的逻辑关系,还可以用来整理自然语言中的因果逻辑和关联。

参考代码:

```
from pyecharts import options as opts
from pyecharts.charts import Graph
nodes = [
    opts.GraphNode(name = '节点 1', symbol_size = 10),
    opts.GraphNode(name = '节点 2', symbol_size = 20),
    opts.GraphNode(name = '节点 3', symbol_size = 30),
    opts.GraphNode(name = '节点 4', symbol_size = 40),
    opts.GraphNode(name = '节点 5', symbol_size = 50),
]
links = [
    opts.GraphLink(source = '节点 1', target = '节点 2'),
    opts.GraphLink(source = '节点 2', target = '节点 3'),
    opts.GraphLink(source = '节点 3', target = '节点 4'),
    opts.GraphLink(source = '节点 4', target = '节点 5'),
    opts.GraphLink(source = '节点 5', target = '节点 1'),
]
c = (
    Graph()
        .add('', nodes, links, repulsion = 4000, edge_label = opts.LabelOpts(
            is_show = True, position = 'middle', formatter = '{b}'
```

```
        ))
        .set_global_opts(title_opts = opts.TitleOpts(title = 'Graph - GraphNode - GraphLink'))
)
c.render()
```

运行结果如图 11-19 所示。

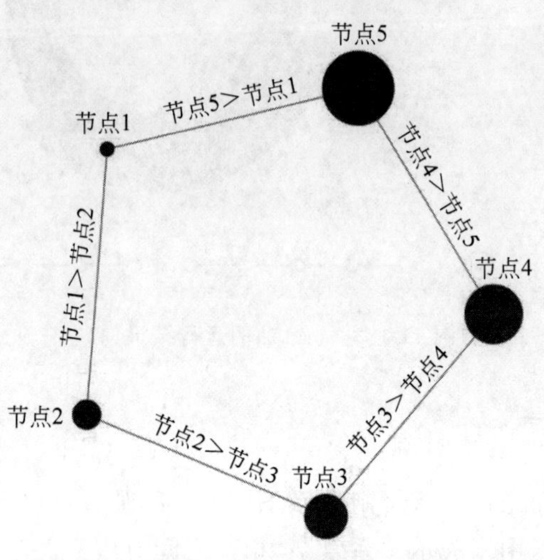

图 11-19 例 11-4 的运行结果

11.2.3 南丁格尔玫瑰图

玫瑰图(又称极坐标区域图)是极坐标化的柱图，其制作原理是将极坐标平面分为若干等角区域，再依据数据大小不同，对相应的等角区域进行填充，使不同大小的等角区域构成一片片玫瑰花瓣。下面给出使用 Pyecharts 库绘制 Pie 玫瑰图的代码：

```
from pyecharts import options as opts
from pyecharts.charts import Page, Pie
from pyecharts.faker import Faker
def pie_rosetype() -> Pie:
    v = Faker.choose()
    c = (
        Pie().add(
            '',
            [list(z) for z in zip(v, Faker.values())],
            radius = ['30 % ', '75 % '],
            center = ['25 % ', '50 % '],
            rosetype = 'radius',
            label_opts = opts.LabelOpts(is_show = False),
        )
        .set_global_opts(title_opts = opts.TitleOpts(title = 'Pie 玫瑰图示例'))
    )
```

```
        return c
def page_simple_layout():
    page = Page(layout = Page.SimplePageLayout)
    page.add(
        pie_rosetype(),
    )
    page.render('page_simple_layout.html')
if __name__ == '__main__':
    page_simple_layout()
```

Pie 玫瑰图示例图如图 11-20 所示。

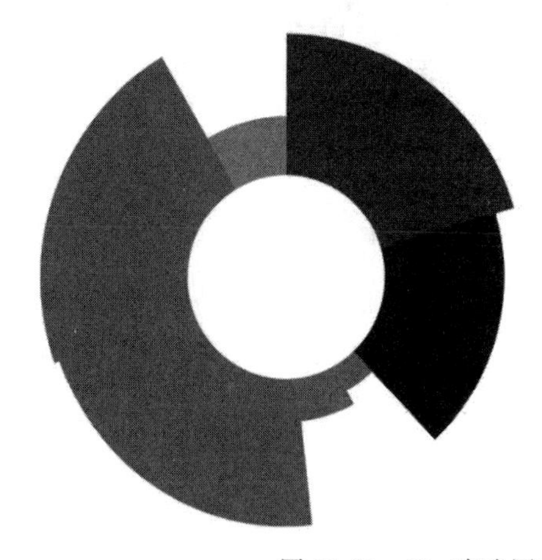

图 11-20 Pie 玫瑰图示例

疫情期间我们经常在网页上看到的五颜六色盘旋得像玫瑰一样的图形，它就是南丁格尔玫瑰图。这是一种圆形的直方图，由一名英国护士发明。她就是弗罗伦斯·南丁格尔(Florence Nightingale，1820 年 5 月 12 日—1910 年 8 月 13 日)，英国护士和统计学家，出生于意大利的一个英国上流社会的家庭。在德国学习护理后，曾往伦敦的医院工作，于 1853 年成为伦敦慈善医院的护士长。

南丁格尔在统计的图形显示方法上，是一个真正的先驱。出于对资料统计的结果会不受人重视的忧虑，她发明出一种色彩缤纷的图表形式，让数据能够更加让人印象深刻。这种图表形式有时也被称作"南丁格尔的玫瑰"，是一种圆形的直方图，相当于现代圆形直方图，用以反映她管理的野战医院内病人死亡率在不同季节的变化。她使用极坐标图、饼图，向不会阅读统计报告的国会议员报告克里米亚战争的医疗条件。

【例 11-5】 以南丁格尔玫瑰图展示我国 2005—2021 年的总人口数变化(数据来源：国家统计局官方网站，网址为 http://www.gov.cn/shuju/hgjjyxqk/detail.html?q=3)。

【分析】 从国家统计局官方网站中获取的数据，经过可视化展示之后，形成的南丁格尔玫瑰图如图 11-21 所示。由于数字变化差异不是很大，因此效果不是很好。可以考虑在每年总人口数的基础上，都减去 12 亿来凸显差异。

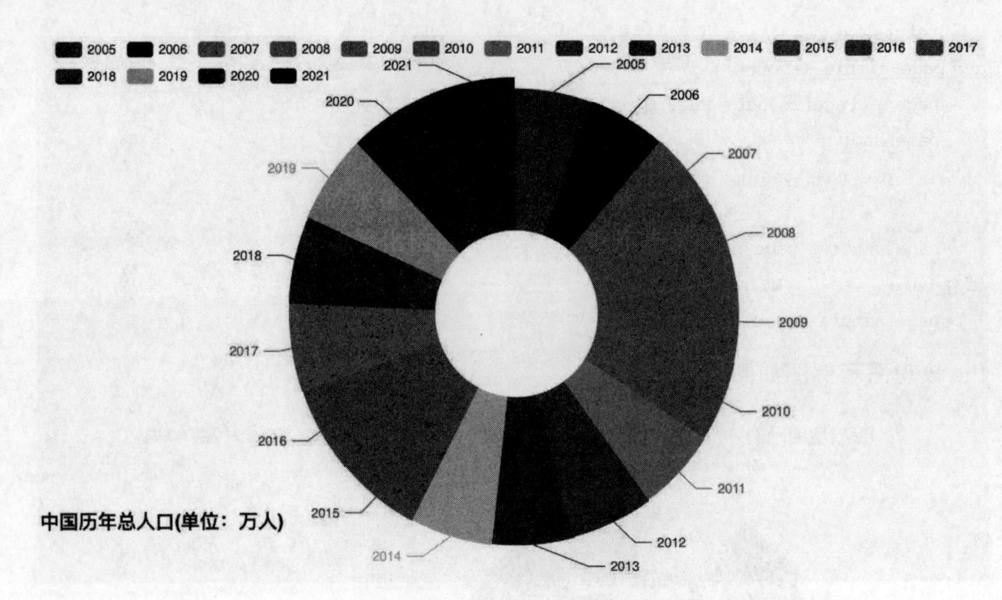

图 11-21 我国 2005—2021 年的总人口数变化的南丁格尔玫瑰图

参考代码：

```
from pyecharts import options as opts
from pyecharts.charts import Pie

def year_population_pie(data) -> Pie:
    years = data[0]
    population = [i - 120000 for i in data[1]]
    c = (
        Pie(init_opts = opts.InitOpts(bg_color = '#fffff0'))
        .add(
            "",
            [list(z) for z in zip(years, population)],
            radius = ["30%", "85%"],
            rosetype = "radius",
            label_opts = opts.LabelOpts(is_show = True),
        )
        .set_global_opts(title_opts = opts.TitleOpts(title = "中国历年总人口(单位：万人)",
pos_bottom = "10%", subtitle = "已于各年人口数据基础上减去 12 亿以表现\n 人口变化趋势"))
        .render("pie_rosetype.html")
        )
    return c

#数据来源：国家统计局官方网站
#网址：http://www.gov.cn/shuju/hgjjyxqk/detail.html?q = 3
#year_population[0]：年份
#year_population[1]：该年份对应总人口(单位：万人)
year_population = [
    [2005, 2006, 2007, 2008, 2009, 2010, 2011, 2012, 2013, 2014, 2015, 2016, 2017, 2018,
2019, 2020, 2021],
    [130756, 131448, 132129, 132802, 133450, 134091, 134916, 135922, 136726, 137646,
```

```
138326, 139232, 140011, 140541, 141008, 141212, 141260]
] #
year_population_pie(year_population)
```

运行结果如图 11-22 所示。

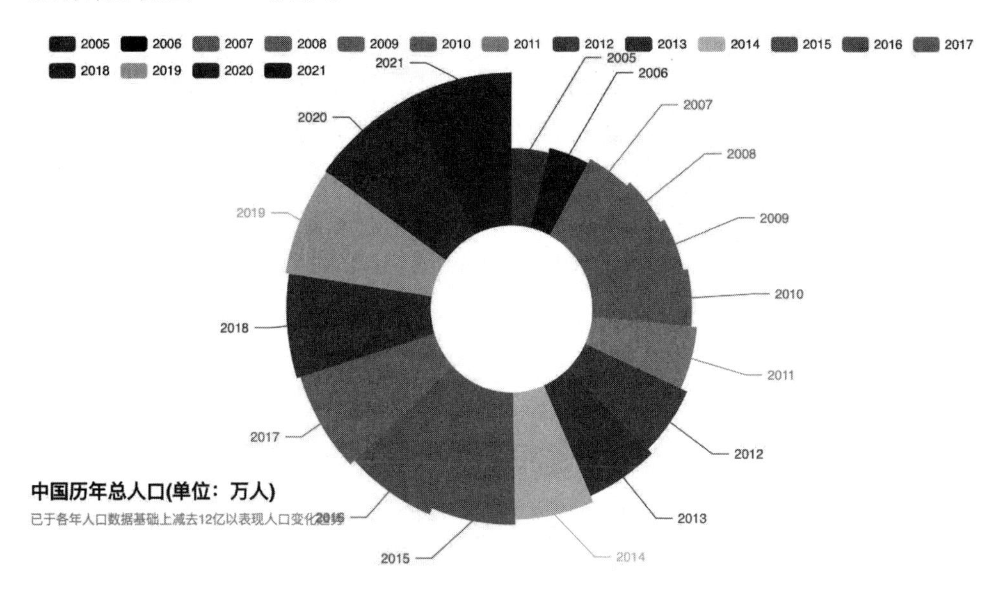

图 11-22　例 11-5 的运行结果

11.3　其他常用可视化库简介

在 Python 中还有很多其他的绘图库。

1. Seaborn

Seaborn 是基于 Matplotlib 的图形可视化 Python 包。它提供了一种高度交互式界面，便于用户能够制作出各种有吸引力的统计图表。

Seaborn 在 Matplotlib 的基础上进行了更高级的 API 封装，从而使得作图更加容易，在大多数情况下使用 Seaborn 能制作出很具有吸引力的图，而使用 Matplotlib 能制作出具有更多特色的图，所以应该把 Seaborn 视为 Matplotlib 的补充，而不是替代物。同时它能高度兼容 Numpy 与 Pandas 数据结构以及 SciPy 与 statsmodels 等统计模式。

2. ggplot 和 plotnine

对于从 R 语言迁移过来的人来说，ggplot 和 plotnine 简直是福音，基本复制了 ggplot2 的所有语法。

ggplot 是基于 R 的 ggplot2 和 Python 的绘图系统。它的构建是为了用最少的代码快速绘制专业又美观的图表。

ggplot 与 Python 中的 Pandas 有着共生关系。如果打算使用 ggplot，最好将数据保存在 DataFrame 中。即若想使用 ggplot，建议先将数据转换为 DataFrame 形式。

横向比较的话，plotnine 的效果更好。ggplot 和 plotnine 这两个绘图包的底层依旧是

Matplotlib,因此,在引用时别忘了使用%matplotlibinline 语句。值得一提的是 plotnine 也移植了 ggplot2 中良好的配置语法和逻辑。

11.4 练习

1. 画出 $y=x^2+2x+1$ 在区间[-5,3]的函数图像,如图 11-23 所示。

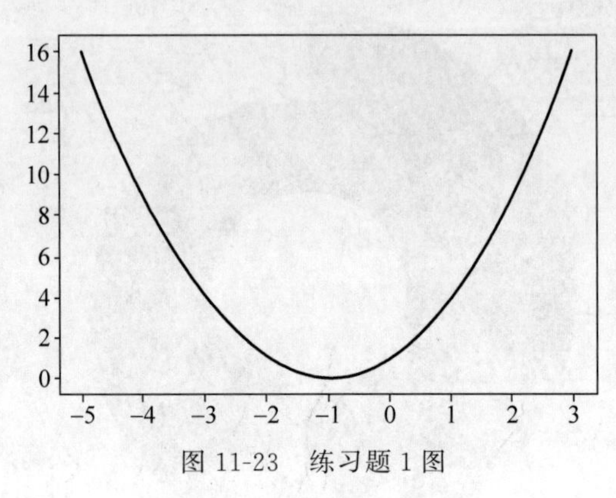

图 11-23 练习题 1 图

2. 在同一张图中创建两个子图,分别画出 sinx 和 cosx 在[-3.14,3.14]上的函数图像。设置线条宽度为 2.5,如图 11-24 所示。

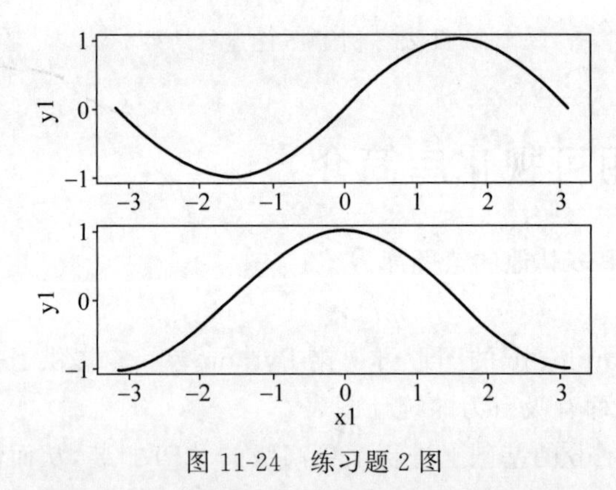

图 11-24 练习题 2 图

3. 某年电影评分如表 11-3 所示,编写代码直观地展示这些数据。

表 11-3 某年电影评分

电影名称	雄狮少年	孤味	你好,李焕英	白蛇传·情	同学麦娜丝	悬崖之上	吉祥如意	无声
评分/分	8.2	8.0	7.7	8.0	7.9	7.6	7.7	7.8

第12章 其他常用库介绍

本章重点内容：Python 其他常用库的使用，如 Sklearn 库、PyTorch 库和爬虫等。使用 Sklearn 库进行机器学习常用算法的实现、进行简单的深度学习，以及进行简单的爬虫进行数据获取等。

本章学习要求：了解 Python 其他常用库的基本使用。

12.1 Sklearn 库简介

12.1.1 Sklearn 简介

Scikit-learn（又称 Sklearn）是一个常用的 Python 第三方模块，对常用的分类、聚类和回归方法进行了封装，其中分类和回归是有标签监督式学习，聚类是无标签非监督式学习。

12.1.2 分类方法

观看视频

可以根据花瓣的长宽和茎的长宽将鸢尾花分为三类。官方自带 150 个鸢尾花数据样本，样本变量类别包括 4 个特征变量和 1 个类别变量，从 Sklearn 库中导入 datasets 数据模块，然后使用 load_iris()函数调用鸢尾花数据集。Sklearn 库中包含大量的数据集，表 12-1 给出 Sklearn 中小数据集的调用方式。

表 12-1 Sklearn 中小数据集的调用方式

类　别	数据集名称	调用方式	适用算法	数据规模
小数据集	鸢尾花	load_iris()	分类	150×4
	糖尿病	load_diabetes()	回归	442×10
	波士顿房价	load_boston()	回归	506×13
	手写数字	load_digits()	分类	5620×64

导入数据集的代码如下：

```
from sklearn import datasets
```

使用 load_iris()函数调用鸢尾花数据集后，使用 train_test_split()函数将鸢尾花数据集分割成训练集和测试集，将测试集的规模定位整体数据集的规模的 30%，即将参数 test_size 设置为 30%。

```
iris = datasets.load_iris()
#特征向量
iris_X = iris.data
#获得目标值
iris_Y = iris.target
X_train, X_test, y_train, y_test = train_test_split(iris_X, iris_y, test_size=0.3)
```

k近邻(KNN)算法是一种基于记忆的学习,属于懒惰学习。使用KNN算法对数据集进行分类,不需要进行前期的训练,把鸢尾花数据集加载到内存后即可进行分类,每次出现一个未知的样本点,就在其附近找 k 个最近的点投票进行分类。KNN算法具体代码如下:

```
knn = KNeighborsClassifier()
#进行填充测试数据进行训练
knn.fit(X_train, y_train)
#预测数据,预测特征值
print(knn.predict(X_test))
```

观看视频

12.1.3 聚类算法

聚类算法有很多,其中最常见的为k-means算法。其中,k为聚类成簇的个数,means表示该簇的中心为该簇中数据值的均值。聚类算法是一种无监督学习算法,根据样本之间的相似性,将样本划分为不同类别。根据不同的相似度计算方法,会有不同的聚类结果。常用的相似度计算方法有欧氏距离法。

算法具体步骤为:

(1) 随机选定 k 个起始质心。

(2) 计算样本数据点到 k 个质心的欧氏距离,将此样本数据点归类到距离最近的那个质心,即将样本点归到最相似的类中。

(3) 根据每个质心所聚集的点,更新质心的位置。

(4) 重复步骤(2)和步骤(3),直到前后两次质心的位置的变化小于一个阈值。由于每次都要计算所有的样本与每一个质心之间的相似度,因此在大规模的数据集上,k-means算法的收敛速度比较慢。

下面实现k-means聚类算法,从Sklearn库导入Kmeans()函数以及datasets数据集。

```
import matplotlib.pyplot as plt
from sklearn.cluster import KMeans
from sklearn import datasets
iris = datasets.load_iris()
iris = datasets.load_iris()
hz_X = iris.data[:, :4]    #表示取特征空间中的4个维度
```

load_iris()导入的鸢尾花数据共有150行,取出特征空间中的4个维度,然后绘制数据分布图。

```
#绘制数据分布图
plt.scatter(hz_X[:, 0], hz_X[:, 1], c='red', marker='o', label='see')
plt.xlabel('length')
plt.ylabel('width')
```

```
plt.legend(loc = 2)
plt.show()
```

数据分布如图 12-1 所示。

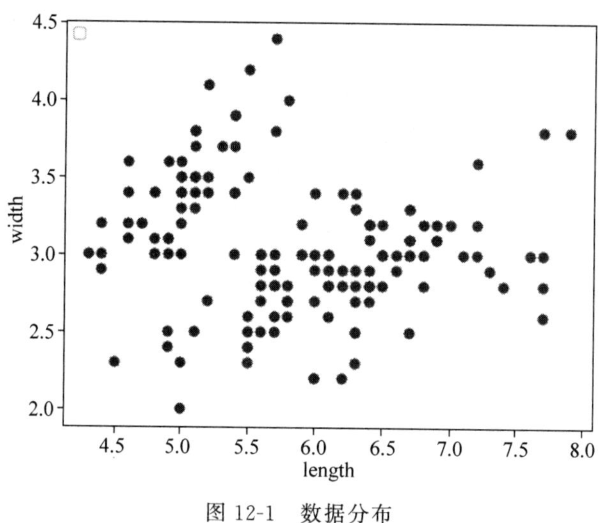

图 12-1 数据分布

查看聚类情况,假设要聚类的类别数为 2 个时,代码如下:

```
estimator = KMeans(n_clusters = 2)          # 构造聚类器
estimator.fit(hz_X)                         # 聚类
label_pred = estimator.labels_              # 获取聚类标签
# 绘制 k - means 结果
x0 = hz_X[label_pred == 0]
x1 = hz_X[label_pred == 1]
plt.scatter(x0[:, 0], x0[:, 1], c = 'red', marker = 'o', label = 'label0')
plt.scatter(x1[:, 0], x1[:, 1], c = 'green', marker = ' * ', label = 'label1')
```

输出聚类类别数为 2 个的聚类情况如图 12-2 所示。

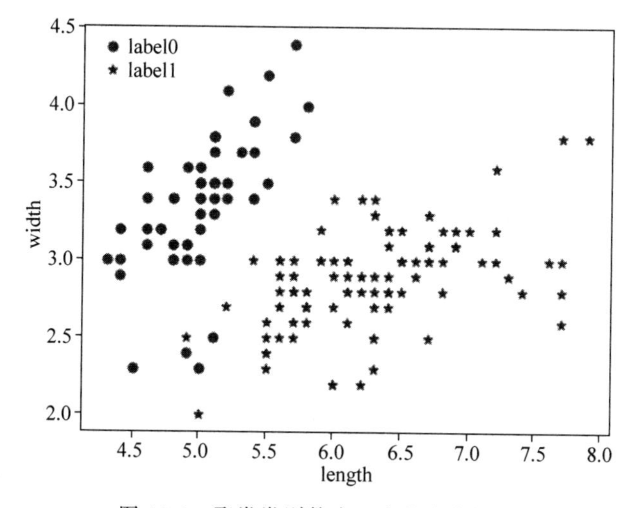

图 12-2 聚类类别数为 2 个的聚类情况

假设聚类的类别数为 3 个时,输出聚类类别数为 3 个的聚类情况如图 12-3 所示。

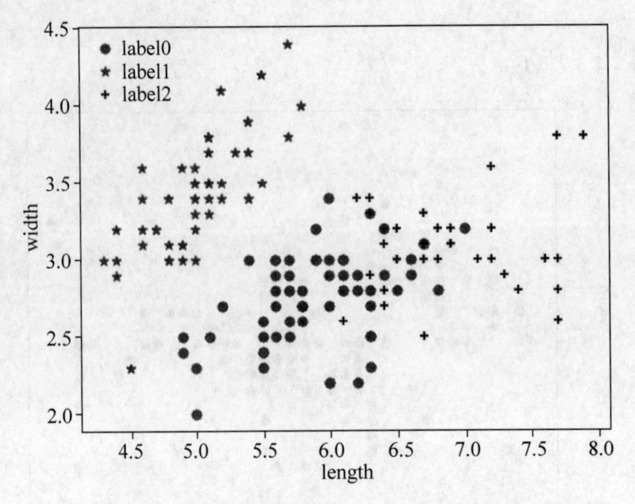

图 12-3 聚类类别数为 3 个的聚类情况

假设聚类的类别数为 4 个时,输出聚类类别数为 4 个的聚类情况如图 12-4 所示。

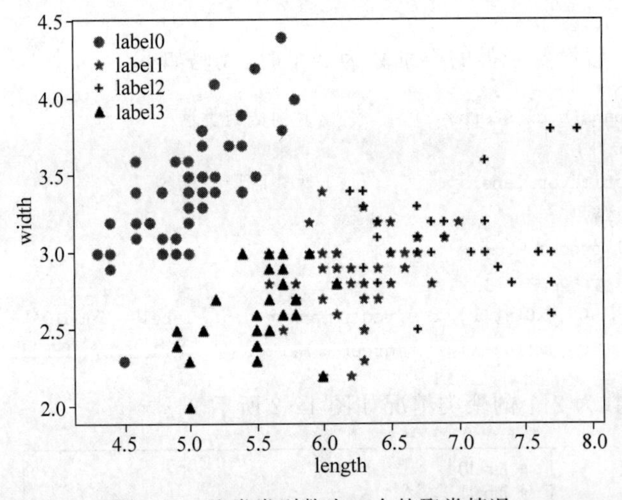

图 12-4 聚类类别数为 4 个的聚类情况

看到上面的聚类效果其实并不理想,可以选择鸢尾花的最后两个特征继续尝试聚类。

12.1.4 线性回归

线性回归是利用回归分析来确定两种或两种以上变量间的函数关系的一种统计分析方法,这种函数是一个或多个模型参数的线性组合。一个输入变量和一个输出变量的问题称为简单回归问题,$y=\omega_0+\omega_1 x$;由多个输入变量构成线性约束的问题称为多元线性回归问题,$y=\omega_0+\omega_1 x_1+\omega_2 x_2+\cdots+\omega_n x_n$;由多个输入变量构成非线性关系约束的问题称为多元非线性回归问题,$y=\omega_0+\omega_1 x_1+\omega_2 x_2^2+\cdots+\omega_n x_n^n$。训练数据是由自变量的历史观测值和对应的因变量构成的,所训练出的模型可以预测不在训练数据中的自变量对应的因变量值。

以一元线性回归问题为例进行讲解，通过分析比萨直径与售卖价格的关系，来预测任意直径比萨的售卖价格。部分比萨直径与售卖价格构成训练数据，如表12-2所示。

表 12-2　训练样本数据

训练样本	直径/in	价格/元
1	6	45
2	8	58
3	10	64.5
4	14	90
5	18	116

使用如下代码绘画比萨直径与售卖价格的散点图。

```
def runplt(size = None):
    plt.figure(figsize = size)
    plt.title('比萨价格与直径数据', fontproperties = font)
    plt.xlabel('直径/in', fontproperties = font)
    plt.ylabel('价格/元', fontproperties = font)
    plt.axis([0, 20, 0, 120])
    plt.grid(True)
    return plt
plt = runplt()
x = [[6], [8], [10], [14], [18]]
y = [[45], [58], [64.5], [90], [116]]
plt.plot(X, y, 'k.')
plt.show()
```

比萨直径与售卖价格散点图如图12-5所示，x 轴表示比萨直径，y 轴表示比萨售卖价格，比萨的售卖价格与直径的关系呈正相关。

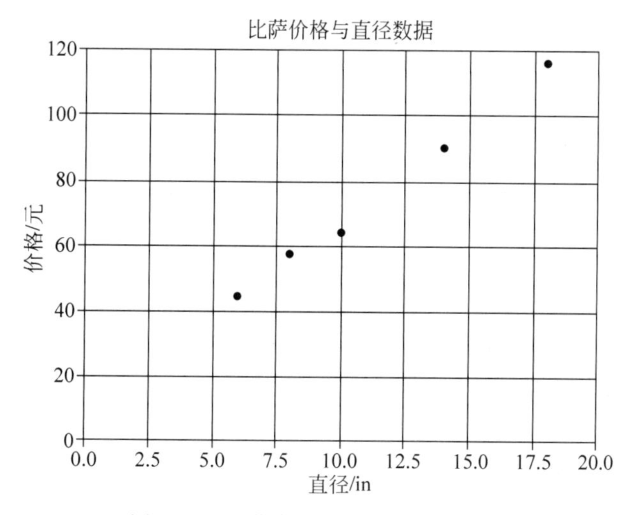

图 12-5　比萨直径与售卖价格散点图

在Sklearn库中线性模型linear_model下调用LinearRegression()函数，所需参数有4个：fit_intercept、normalize和copy_X均为布尔型参数，分别表示是否计算该模型截距、X

在回归前是否进行归一化以及X是否被复制；n_jobs是整型参数，用来设定CPU运行情况。调用线性回归函数 model.fit(X,y,sw)拟合输入输出数据，其中X是训练变量，y是目标量，sw是分配给各个样本的权重数组，X、y以及fit()函数返回的值均为二维数组。

在Python的Sklearn库中，估计器(estimator)是一类实现了算法的API，LinearRegression就是一个线性回归器，描述自变量和因变量之间存在的线性关系。Sklearn库中所有的估计器都带有fit()和predict()方法，使用fit()方法进行模型参数的分析算出模型，使用predict()方法对自变量进行预测。使用fit()方法分析下面的一元线性回归模型：

$$y=\alpha+\beta x$$

其中，y表示因变量的预测值，本例中为比萨价格预测值；x是自变量，本例中为比萨直径，图中直线显示比萨直径与价格的线性关系。使用线性回归模型，可以使用Sklearn粗略估计不同直径比萨的价格，本例中预测一张12in的比萨价格，代码如下，结果如图12-6所示。

```
from sklearn import linear_model
model = linear_model.LinearRegression()
model.fit(X, y)
a = model.predict([[12]])
#a[0][0]
print('预测一张12in比萨的价格:{:.2f}'.format(model.predict([[12]])[0, [0]))
```

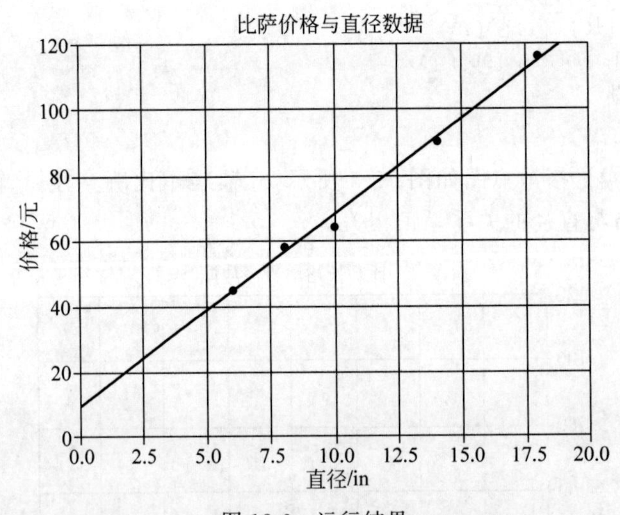

图12-6 运行结果

常用普通最小二乘法或线性最小二乘法进行一元线性回归拟合模型中的参数估计。先定义出拟合成本函数的模型，再对其中的参数进行数理统计。定义成本函数(损失函数)衡量模型预测值与样本训练集数据的误差，这个误差称为训练误差(残差)，本例中即为模型预测的比萨价格与测试集数据的误差，是y轴上的误差，即纵向距离。使用如下代码可以进行计算。

```
plt runplt()
plt.plot (X,y,'k.')
X2 = [[0], [10], [14], [25]]
```

```
model = linear_model.LinearRegression ()
model.fit (X,y)
y2 model.predict (x2)
plt.plot (X,y,'k.')
plt.plot(X2,y2,'g-')
#残差预测值
yr = model.predict (x)
#enumerate()函数可以把一个列表变成索引-元素对
for idx,x in enumerate(X):
    pit.plot ([x,x],[y[idx],yr[idx]],'r-')
plt.show ()
```

模型预测的比萨价格与测试集数据的残差如图 12-7 所示。

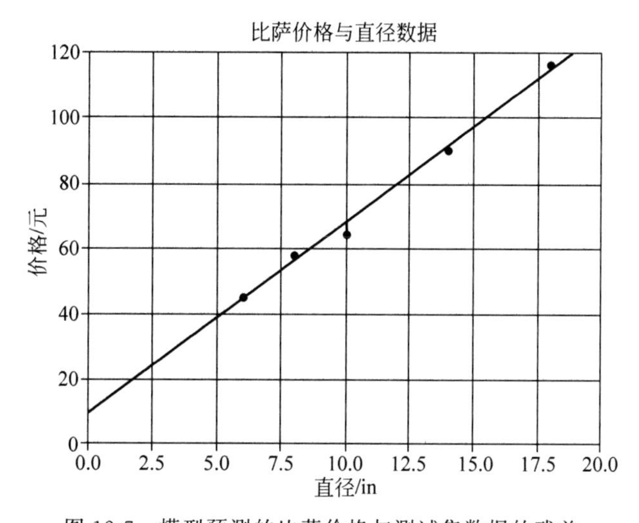

图 12-7　模型预测的比萨价格与测试集数据的残差

在线性回归模型中，设计的目标是让模型预测值与训练集的数据尽可能接近，通过最小化残差之和实现最佳拟合。也可以通过最小化模型预测值与训练集数据残差的平方之和进行模型评估和预测，其中评估模型拟合度的函数被称为残差平方和成本函数，如下式所示。

$$S_{res}=\sum_{i=1}^{n}(y_i-f(x_i))^2$$

其中，y_i 是样本数据观测值，$f(x_i)$是评估模型的预测值。残差平方和可以通过如下代码进行计算，本例中计算得到残差平方和为 3.64。

```
import numpy as np
print('残差平方和:{:.2f}'.format(np.mean((model.predict(X) - y) ** 2))
```

12.2　PyTorch 简介

PyTorch 是一个基于 Torch 的以 Python 优先的开源深度学习框架，可用于处理自然语言，能实现 GPU 加速的张量计算(如 Numpy)，并且支持动态神经网络。PyTorch 的设计遵循高维数组(张量)、自动求导(变量)和神经网络三个由低到高的抽象层次，三者之间紧密联系,可以同时进行修改和操作,PyTorch 的设计追求简洁,非常适合科研与小型任务。

12.2.1 张量

张量是指若干坐标满足一定转化关系的有序数组成的集合,是矢量和矩阵的推广。标量是零维的张量,向量是一维的张量,矩阵是二维的张量。

下面用 Python 代码随机初始化构造一个 3×2 矩阵并获取它的维度信息:

```
import torch
x = torch.rand (3,2)
print (x)
print (x.size())
```

输出结果:

```
tensor([[0.2095,0.1661],
        [0.2869,0.6285],
        [0.5298,0.8994]])
torch.Size([3,2])
```

12.2.2 张量的基本运算

使用两种方式进行张量的加法运算:

```
import torch
x = torch.rand(3,2)
y = torch.rand(3,2)
print(x + y)                                    #方式1
print(torch.add(x,y))                           #方式2
```

将 x+y 输出到 z,其代码如下

```
z = torch.empty(3, 2)
torch.add (x, y, out = z)
print (z)
```

将 x+y 赋值给 y,其代码如下:

```
#adds x to y
y.add_(x)
print (y)
```

改变张量大小:如果想改变一个张量的大小,可以使用 view()函数,再使用 item()函数来获得这个张量大小值。

```
x1 = torch.randn (3, 2)
y1 = x1.view(6)
z1 = x1.view(2, 3)
print(x1[1,1].item())
```

12.2.3 自动梯度 autograd 软件包

autograd 软件包是 PyTorch 中神经网络的核心,该软件包为张量上的所有操作提供自动微分，torch. Tensor 是该软件包的核心类。其属性 requires_grad 用于表征是否需要在计算中保留当前张量对应的梯度信息，当设置为 True 时会跟踪张量的所有操作，可以使用 backward()函数来自动计算梯度，张量的梯度将累积到 grad 属性中。如果张量包含一个元素数据，则直接使用 backward()函数不需要指定其他参数；但若有更多元素，则需指定一个梯度参数来描述张量的形状。可以使用 detach()函数来停止对张量历史记录的跟踪，将其与计算历史记录分离，并防止将来的计算被跟踪，还可以使用 with torch. no_grad()将代码块包装起来。当进行模型训练时，设置 requires_grad = True，有利于调节参数，而在进行评估时不需要梯度。

12.2.4 卷积神经网络

下面通过 torch.nn 软件包构建第一个卷积神经网络，torch.nn 构建于自动梯度 autograd 软件包之上，nn. Module 是 nn 中重要的类，包含网络各层的定义及 forward 方法。

图 12-8 是一个卷积神经网络中的手写字体识别模型 LeNet5，由 Yann LeCun 在 1994 年提出，是最早的卷积神经网络之一。为减少计算成本，LeNet5 利用卷积、参数共享、池化等操作进行特征提取，最后使用全连接神经网络进行分类识别，从输入层→C1 卷积层→S2 池化层→C3 卷积层→S4 池化层→C5 卷积层→F6 全连接层→输出层，整个训练过程包括以下六点：

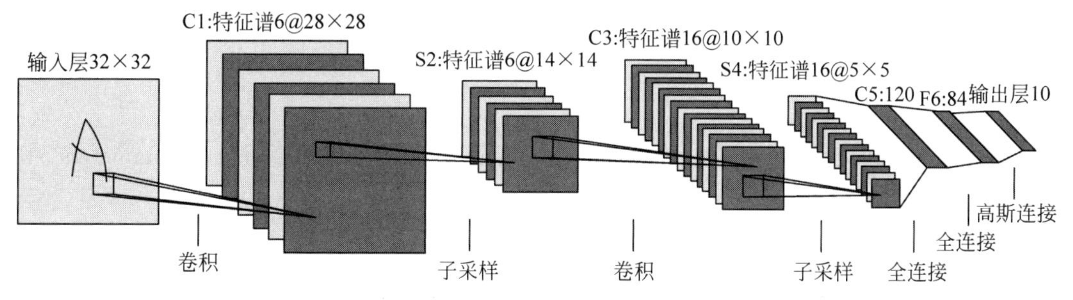

图 12-8 数字图片识别的简单的前馈卷积神经网络

(1) 定义一个包含可训练参数的神经网络；
(2) 迭代整个输入；
(3) 通过神经网络处理输入；
(4) 计算损失；
(5) 反向传播梯度到神经网络的参数；
(6) 更新网络的参数，典型地用一个简单的更新方法：权重=权重－学习率×梯度。

代码分段实现如下。

首先定义卷积神经网络，包含两个卷积层(conv1 和 conv2)、三个全连接层(aff1、aff2 和 aff3)以及对两个卷积层进行的池化操作，2×2 大小的池化层使用的是平均池化，步长为 2。

```
import torch
import torch.nn as nn
import torch.nn.functional as Fun
#定义神经网络
class Network(nn.Module):
```

```
    def __init__ (self):
        super(Network, self).__init__()
        #1 输入图像通道,6 输出信道,5x5 方形卷积核
        self.conv1 = nn.Conv2d(1, 6, 5)
        self.conv2 = nn.Conv2d(6, 16, 5)
        #执行仿射操作: y = Wx + b
        self.aff1 = nn.Linear(16 * 5 * 5, 120)
        self.aff2 = nn.Linear(120, 84)
        self.aff3 = nn.Linear(84, 10)
    def forward(self,hz x):
        #在一个(2,2)的窗口进行最大池化
        hz_x = Fun.max pool2d(Fun.relu(self.conv1(hz_x)),(2,2))
        hz_x = Fun.max pool2d(Fun.relu(self.conv2(hz_x)),2)
        hz_x = hz x.view (-1,self.nff(hz_x))
        hz_x = Fun.relu(self.aff1(hz_x))
        hz_x = Fun.relu(self.aff2(hz_x))
        hz_x = self.aff3(hz_x)
        return hz_x
    def nff(self,hz_x):
        size = hz_x.size()[1:  ]
        num_f = 1
        for s in size:
            num_f = num_f * s
        return num_f
hz_net = Network()
print (hz_net)
```

通过 autograd 定义 forward()和 backward()函数。模型的学习参数由 net. parameters()函数返回:

```
params = list(net.parameters())
```

输入层为 32×32 的灰度图像,是一个二维的矩阵,没有红、绿、蓝三个通道。本层不算入 LeNet-5 的网络结构:

```
input = torch.randn (1,1,32,32)
out = hz_net (input)
```

将所有梯度参数缓存器置 0,使用随机梯度进行反向传播:

```
hz_net.zero_grad()
out.backward(torch.randn (1,10))
```

一个损失函数需要两个输入参数:模型输出值和目标值,然后计算一个值来评估输出距离目标有多远。nn 软件包中常用的损失函数有 nn. MSELoss()、nn. L1Loss()和 nn. CrossEntropyLoss()。其中,nn. MSELoss()函数使用均方差函数计算损失值,定义函数时无须传入参数,调用函数时需要传入参数;nn. L1Loss()函数使用平均绝对误差计算损失值,定义函数时无须传入参数,调用函数时要传入两个维度一样的参数;nn. CrossEntropyLoss()函数使用计算交叉熵,定义函数时无须传递参数,调用函数时需要输入两个满足交叉熵的计算条件的参数。此处使用 nn. MSELoss()损失函数。

```
output = hz_net (input)
target = torch.randn(10)                    #一个虚拟目标
target = target.view(1, -1)                 #使它与输出的形状相同
criterion = nn.MSELoss()
loss = criterion(output,target)
```

清空当前存储的梯度后，通过反向传播函数 loss. backward()来实现可训练参数的更新。使用 loss. backward()函数查看 conv1 的偏置项在反向传播前后的变化：

```
hz_net.zero_grad() #将所有参数的渐变缓冲置零
loss.backward()
```

更新神经网络参数，最简单的更新规则就是随机梯度下降(SGD)，建立了一个小包：torch. optim 实现了 SGD 方法。

```
import torch.optim as optim
#创建优化器
optimizer = optim.SGD (hz_net.parameters(), lr = 0.01)
#in your training loop
optimizer.zero_grad()                       #将梯度缓冲置 0
output = hz_net(input)
loss = criterion(output,target)
loss.backward()
optimizer.step() #更新
```

12.2.5 实例：使用 PyTorch 进行人脸标注

1. 下载数据集

从 https://download.pytorch.org/tutorial/faces.zip 下载公开的人脸数据集存放到指定位置，此数据集是一个面部姿态的数据集。

2. 读取数据集

将人脸特征点 csv 文件中的标注点数据读入 label_frame 数组，该数组是一个行为特征点数量 N、列为 2 的数组。使用如下代码进行数据读取：

```
import os
import torch
import numpy as np
import pandas as pd
import matplotlib.pyplot as plt
from torch.utils.data import Dataset
from torchvision import transforms
from skimage import io, transform
label_frame = pd.read csv('data/faces/face landmarks.csv')
n = 66
img_name = label_frame.iloc[n,0]
labels = label_frame.iloc [n,1:].values
labels = labels.astype('float').reshape ( -1,2)
```

构建 show_labels()函数来展示一张图片和它对应的标注点：

```
def show_labels(image, labels): #显示带有地标的图片
    plt.imshow(image)
    plt.scatter(labels[:,0], labels[:,1], s = 10, marker = '.', c = 'r')
    plt.pause(0.002) #稍作等待
plt.figure()
plt.show()
```

代码运行结果如图 12-9 所示。

3. 面部标记数据集类

此步骤创建一个面部标记数据集类。为了节省内存空间，在初始化函数 init()中读取人脸特征点 csv 的数据，在 getitem()函数中读取图片，运行的结果是只在需要读取图片时才进行读取操作而不是将图片全部存进内存然后进行读取。按{'image': image, 'labels': labels}设置数据集，并添加参数 transform 进行预处理样本。面部标记数据集类如下：

图 12-9 图片及其标注点结果

```
class FacelabelsDataset(Dataset): #面部标记数据集
    def __init__(self, csv_file, image_dir, transform = None):
        self.label_frame = pd.read_csv(csv_file)
        self.image_dir = image_dir
        self.transform = transform
    def len (self):
        return len(self.label_frame)
    def getitem (self,idx):
        img_name = os.path.join(self.image_dir, self.label_frame.iloc[idx,0])
        image = io.imread(img_name)
        labels = self.label_frame.iloc[idx, 1:]
        labels = np.array([labels])
        labels = labels.astype('float').reshape(-1,2)
        hz_sample = ('image':image, 'labels':labels)
        if self.transform:
            hz_sample = self.transform(hz_sample)
        return hz_sample
```

4. 数据可视化

实例化面部标记数据集类并遍历读取数据样本，输出图例 3、图例 4 和图例 5 的图片尺寸并展示对应人脸特征点 csv 标注的面部特征点，其实现代码如下：

```
face_dataset =
FacelabelsDataset(csv_file = 'data/faces/face landmarks.csv', image_dir = 'data/faces/')
fig plt.figure()
for i in range(0,3):
    hz_sample = face_dataset[i + 3]
    print(i,hz_sample['image'].shape,hz_sample['labels'].shape)
    ax = plt.subplot(1,3,i + 1)
    plt.tight_layout ()
```

```
    ax.set_title('hz_sample #{}'.format(i + 3))
    ax.axis('off')
    show_labels( ** hz_sample)
    if i == 3:
        plt.show()
        break
```

代码运行后结果如图12-10所示。

图12-10　数据化批量显示结果

控制台输出结果如下：

```
0 (434, 290, 3) (68, 2)
1 (828, 630, 3) (68, 2)
2 (402, 500, 3) (68, 2)
```

5. 数据变换

数据集中的照片尺寸不是一致的，而大部分卷积神经网络会假定所处理的图片集尺寸一致，这就要求提前进行预处理操作。

此处给出三个预处理操作：

(1) Scale()函数，其功能是对图片进行缩放；

(2) Rcut()函数，其功能是对图片进行随机裁剪；

(3) Tchange()函数，其功能是将Numpy格式图片转换为Torch格式。注：下面的例子中，使用的图片本身是所需要的格式，因此不需要此操作，所以下面未介绍该函数。

使用Compose()函数来实现Scale()和Rcut()函数的组合变换，将图像的短边调整为256，然后随机裁剪为边长224的正方形。具体实现代码如下：

```
scale = Scale(256)
crop = Rcut (128)
composed = transforms.Compose ([Scale (256), Rcut(224)])
# 在样本上应用上述每个变换
fig = plt.figure()
hz_sample = face_dataset[n]
for i, tsfrm in enumerate([scale, crop, composed]):
    transformed_hz_sample = tsfrm(hz_sample)
    ax_plt.subplot(1,3,i + 1)
    plt.tight_layout()
    ax.set_title(type(tsfrm).__name__)
    show_labels ( ** transformed_hz_sample)
    plt.show()
```

结果运行如图 12-11 所示①。

图 12-11 组合变换结果

12.3 爬虫

12.3.1 网络爬虫的概念

网络爬虫是一种按照自己设置的规则自动地爬取互联网数据信息的脚本,也被称为网页蜘蛛、网络机器人或网页追逐者。它模拟人类访问互联网的形式,按人类的要求和规则自动地从网页下载目标数据。可以根据不同的需求定制各种各样的爬虫,获得任何想要的存在于网络中的数据信息,但需要注意的是不要违反相关的法律法规。

12.3.2 爬虫的基本使用

首先分析爬虫的算法流程,分析爬虫模仿人类请求网页的过程。

利用 Python 实现请求一个网页:打开浏览器,输入要访问的目标网址,通过浏览器加载网页,发出访问请求,等待对方服务器返回数据;

利用 Python 实现解析请求到的网页:从网页中找到自己需要的数据(文本、图片、文件等);保存自己需要的数据。

首先安装第三方类库 requests:

```
pip3 install requests
```

使用 requests 类库请求华为主页,使用 get 命令请求网址 https://www.huawei.com,并将返回的结果输入到变量 responese 中。

```
import requests
responese = requests.get('https://www.huawei.com/')  #请求华为主页
print(responese)                                      #输出请求结果的状态码
print(responese.content)                              #输出请求的网页源码
```

网站请求成功,会返回状态码 200,否则返回其他状态码。下面给出无法成功返回的案例。对 https://www.google.com/发起请求,则返回错误状态码[WinError 10060],提示连接尝试失败,因为连接方在一段时间后没有正确答复或连接的主机没有反应。

① https://www.pytorch123.com/。

12.3.3　实例1：爬取指定搜索内容

使用爬虫进行数据爬取是为了模仿人类爬取搜索指定内容。假设人类进行手动搜索，访问界面为 https://search.sina.com.cn/news? q=疫情&c=news&from=index。

首先设置用户代理User-Agent(UA)，有些网站设置了UA权限，如果不以浏览器格式进行访问，就会访问不成功，UA的功能是帮助服务器识别客户所使用的操作系统及版本、CPU类型、浏览器及版本、浏览器渲染引擎、浏览器语言等。本实例中使用谷歌浏览器进行爬虫脚本UA部分代码的编写，在浏览器中输入about://version则可看到用户代理部分的代码模块，将其赋值给headers变量。参数由四个参数组成：q、c、from和编码方式，将q赋值为key，c赋值为news，from赋值为index，就可以模仿人类搜索指定内容。运行代码如下：

```
import requests
#1.设置url1
url = 'https://search.sina.com.cn/?'
#2.设置headers和parameter,再发请求
headers = {
    'user-agent': 'Mozilla/5.0 (Windows NT 10.0; Win64; x64)
AppleWebkit/537.36 (KHTML, like Gecko) Chrome/92.0.4515.131
Safari/537.36',}
key = '疫情'                                            #搜索内容
nz_params = {'q': key,
'c': 'news'
'from': 'index',
'ie': 'utf-8',}
response = requests.get(url,headers = headers, params = hz_params)
print(response)
with open('sina_news.html','w', encoding = 'utf-8') as fp:
    fp.write(response.content.decode ('utf-8'))
```

运行结果写入sina_news.html文件，返回状态码。

12.3.4　实例2：爬取网页图片

通过以下三个步骤爬取指定网页中的图片。

(1) 指定网站链接，抓取该网站的源代码。

```
import urllib.request                                   #Python自带url库
import re                                               #正则表达式
#返回url的html的源代码
def getHtmlCode (url):
    headers = {
    'user-agent':'Mozilla/5.0 (Windows NT 10.0;Win64;x64)
    AppleWebkit/537.36 (KHTML,like Gecko) Chrome/92.0.4515.131
    Safari/537.36',}
    url = urllib.request.Request (url,headers = headers)
    #将url页面的源代码保存成字符串
    page = urllib.request.urlopen(url).read()           #字符串转码
```

```
        page = page.decode ('UTF - 8')
        return page
```

(2) 为了匹配要抓取的数据信息,根据需要抓取的数据信息设置正则表达式。

```
imageList = re.findall(r'(https:[^\s] * ?(jpg|png|gif))"', repr(page))
```

(3) 设置循环列表,重复抓取和保存内容。

```
def getImage(page):
    #[^\s] * ?表示最小匹配,两个括号表示列表中有两个元组
    imageList = re.findall(r'(https:[^\s] * ?(jpglpnglgif))"', repr (page))
    x = 0
    #循环列表
    for imageUrl in imageList:
        try:
            print('正在下载: %s' % imageUrl[0])
            #先创建好 imgs 文件夹
            image_save_path = 'imgs/%d.png' % x
            urllib.request.urlretrieve(imageUrl[0], image_save_path)
            x  = x + 1
        except:
            continue
        pass
```

编写主程序,抓取 csdn 网址中的图片并存储。

```
if __name__ == __main__:
    url = "https://www.csdn.net/"
    #得到该网站的源代码
    page = getHtmlCode(url)
    #爬取该网站的图片并且保存
    getImage(page)
    #print (page)
```

12.4 练习

1. 什么是张量? 张量的基本运算有哪些?

2. 什么是网络爬虫? 它的作用是什么? 合理合法使用爬虫需要注意哪些方面?

3. Sklearn 库是目前通用机器学习算法库中各种算法实现的比较完善的库,其中还包含大量的数据集,查阅资料,总结 Sklearn 库中包含的数据集。

4. 加载 Sklearn 库中的乳腺癌数据,查看该数据集中记录的个数、每条记录属性的个数和总体标签(类别)的个数,尝试分别用三种算法在该数据集上进行分类训练和预测,最后比较三种算法的性能。